河南省"十二五"普通高等教育规划教材
普通高等教育土木类专业"十四五"系列教材

U0176056

土木工程CAD

（第2版）

●主编 李静斌

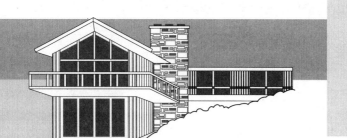

郑州大学出版社

内容简介

本书系统介绍了计算机辅助技术在土木工程领域中的应用,分基础篇和应用篇两部分,主要内容有:CAD 技术概论、AutoCAD 入门、AutoCAD 二维绘图基本操作、AutoCAD 二维绘图高级操作、AutoCAD 三维建模、建筑施工图绘制、结构施工图绘制、道路施工图绘制、桥梁施工图绘制、地下建筑基坑支护施工图绘制。本书可作为普通高等教育、远程教育的土木工程、交通工程、建筑环境与能源应用工程、道路桥梁与渡河工程、工程管理等土建类相关专业的本科生的教学用书,并可供相关专业的设计、施工、管理人员学习和参考。

图书在版编目(CIP)数据

土木工程 CAD / 李静斌主编. —2 版. — 郑州:郑州大学出版社,2023.7
(2024.7 重印)
 ISBN 978-7-5645-4420-1

Ⅰ.①土… Ⅱ.①李… Ⅲ.①土木工程 – 建筑制图 – 计算机制图 – AutoCAD 软件 – 高等学校 – 教材 Ⅳ.①TU204-39

中国国家版本馆 CIP 数据核字(2023)第 128531 号

土木工程 CAD
TUMU GONGCHENG CAD

策划编辑	崔青峰　祁小冬	封面设计	苏永生
责任编辑	王红燕	版式设计	苏永生
责任校对	李 蕊	责任监制	李瑞卿
出版发行	郑州大学出版社	地　址	郑州市大学路 40 号(450052)
出 版 人	孙保营	网　址	http://www.zzup.cn
经　销	全国新华书店	发行电话	0371-66966070
印　刷	郑州龙洋印务有限公司	印　张	22.75
开　本	787 mm×1 092 mm　1 / 16	字　数	542 千字
版　次	2011 年 2 月第 1 版 2023 年 7 月第 2 版	印　次	2024 年 7 月第 5 次印刷
书　号	ISBN 978-7-5645-4420-1	定　价	59.00 元

本书作者

主　编　　李静斌

副主编　　宋国华　葛素娟　张燕燕

编　委　　陈代海　张景伟　李婷婷

　　　　　祁培培　杨全胜　杨收港

　　　　　周宜松　黄小林

前言
(第二版)

本教材第一版于 2011 年出版后,因其具有全面深入的基础知识讲解、丰富多样的例题习题、紧密结合土木工程及相关专业施工图纸案例化讲解的特点,多年来被郑州大学等多所高校选用为土木工程及相关专业本科教材,受到一致好评,并于 2015 年入选河南省"十二五"普通高等教育规划教材。土木工程 CAD 技术伴随着计算机软、硬件的快速发展而不断更新,本教材所依托的 AutoCAD 软件更是每年都推出新的版本,因此现在亟须对本教材进行修订,本教材第一版使用的软件是 AutoCAD 2008,第二版更新为 AutoCAD 2023。本版对第一版部分章节的内容进行了改写,对部分例题进行了修订,并新增大量课后练习题。此外,结合土木工程相关专业设置情况,相比第一版,增加了针对城市地下空间工程这一新设专业而编写的"地下建筑基坑支护施工图绘制"这一章内容,并根据本科培养方案课程设置的调整,以及课程总学时数的减少,将第一版中涉及专业软件的章节内容删除,使其与土木工程 CAD 的课程教学大纲更加贴近。同国内同类教材相比,本教材既包含 AutoCAD 软件二维绘图、三维建模等基础知识的讲解,又包含土木工程、交通工程、城市地下空间工程等各专业的施工图绘图方法与技巧的内容,这使得本书具有鲜明的特色,能够充分适应土木工程及相近专业差异化的教学需要。

本书由郑州大学李静斌任主编,并负责全书统稿。郑州大学宋国华、葛素娟,郑州商学院张燕燕任副主编。郑州大学陈代海、张景伟,郑州商学院祁培培,信阳学院黄小林、周宜松,商丘工学院杨收港、李婷婷,基准方中建筑设计股份有限公司杨全胜参与本书编写。

　　由于编者水平有限,书中欠缺和不妥之处在所难免,敬请读者不吝指正。

编者

于郑州大学盛和苑

2023 年 4 月 17 日

前言
(第一版)

在计算机科学飞速发展的今天,计算机辅助设计——CAD技术已广泛应用于土木工程专业的各个领域。应用CAD技术可显著提高土木工程产品的设计质量、缩短设计周期、降低设计成本,并有助于产品数据的高效管理。因此,针对土木工程专业各个领域中应用现代CAD技术的需要,紧密结合当前CAD技术的发展水平和前进方向,编者结合多年来的教学和科研实践经验,编写了这本教材。

本书内容丰富,可满足土木工程各专业、方向的应用要求。全书内容分为基础篇、应用篇和提高篇三部分,共12章。基础篇为第1~5章,主要内容有CAD技术概论、AutoCAD入门、AutoCAD二维绘图基本操作、AutoCAD二维绘图高级操作和AutoCAD三维绘图;应用篇为第6~10章,主要内容有建筑施工图绘制、结构施工图绘制、道路施工图绘制、桥梁施工图绘制和三维绘图在土木工程中的应用;提高篇为第11、12章,主要内容有PKPM应用初步、MIDAS/Civil应用初步。

根据教材使用对象的不同,在学习内容上可有所选择、侧重。专科阶段的教学可选用本书的前10章,即基础篇和应用篇。本科阶段的教学可选用本书的全部12章内容。按照普通高等教育土木工程专业"宽口径"培养的方针,学习内容可根据具体的专业、方向选讲:基础篇的第1~5章是土木工程各专业、方向的共同基础;应用篇的第6、7章和提高篇的第11章适用于土木工程专业的房屋建筑方向,以及建筑工程、建筑工程管理等专业;应用篇的第 8 章、第 9 章和提高篇的第 12 章适用于土木工程专业的道路桥梁方向，以及交通工程、桥梁与隧道工程、道路工程等专业。

本书突出实用性强、便于自学的特点，以 AutoCAD 软件具体操作和实际应用的讲解为导引，由浅入深，一步步带领读者逐步学习和深入掌握使用 AutoCAD 绘制二维图形和三维图形的方法和技巧，并最终能够完成建筑、结构、道路、桥梁等各种平面施工图的绘制，掌握三维建模和图形渲染的技巧。书中提供了大量从简单到复杂的绘图示例，并详细列出了具体操作过程，特别适合于学习者自学实践。通过对 PKPM 建筑工程系列软件、MIDAS/Civil 结构分析与设计软件的初步学习，还能够使读者了解和初步掌握本专业结构设计、有限元分析的主流软件，为今后从事设计工作打下一定的基础。

全书各章开始处的"内容提要"便于读者尽快了解学习要点。各章结尾处附有大量难度适中的思考题和练习题。思考题便于读者及时总结学习内容；练习题包含大量工程图样，可供读者上机操作使用。

本书由郑州大学李静斌任主编，并负责全书统稿。各章的编写分工如下：第 1、2、3、4 章由李静斌编写，第 5、10 章由郑州大学陈远编写，第 6、7、11 章由郑州大学宋国华编写，第 8、9、12 章由郑州大学葛素娟编写。

由于编者水平有限，书中欠缺和不妥之处在所难免，敬请读者不吝指正。

编者
于郑州大学盛和苑
2010 年 7 月 29 日

目 录

基础篇

基础篇

第1章 CAD 技术概论

内容提要　　　本章介绍计算机辅助设计——CAD 的基本概念,CAD 技术的起源和各个发展阶段,CAD 系统的组成(CAD 硬件系统与软件系统),土木工程常用 CAD 软件的主要功能和用途,最后提出如何正确认识 CAD 技术。

1.1　CAD 的基本概念

CAD(computer aided design)——计算机辅助设计,指利用计算机软件及其相关硬件设备帮助设计人员完成设计工作的一种技术和方法。在工程技术领域和产品设计中,计算机可以帮助设计人员担负计算分析、信息存储、图形绘制、实物模拟等各项工作,应用 CAD 技术能够把计算机快速、准确、直观的特点与设计者的逻辑思维、综合分析、设计经验融为一体,可显著提高设计质量,缩短设计周期,降低产品成本,并有助于产品数据的高效管理。随着 CAD 技术的不断发展,计算机辅助设计不仅仅应用于工程设计行业,还被广泛应用于科研教育、影视传媒、医疗卫生等诸多领域。

CAD 有时也可写作"computer assisted design"、"computer aided drafting",以及 CAAD(computer aided architectural design),含义为计算机辅助建筑设计。这些术语基本上同义,都指使用计算机而不是传统的绘图板来进行各种项目的设计并完成工程图纸绘制。通常由 CAD 创建的工程项目图纸范围很广,包括建筑图、机械图、电路图,以及其他各种形式的设计交流方式。现在,它们都已经成为计算机辅助设计这个更为广泛的概念的一部分。

现代 CAD 系统所应具备的主要功能包括:

(1)几何造型和图形处理。

(2)设计组件重复使用。

(3)简易设计修改和版本控制功能。

(4)设计标准组件的自动生成。

(5)无须建立物理原型的设计仿真模拟。

(6)对设计对象的检验与优化。

（7）工程信息的合理存储与有序管理。

（8）计算机绘图与工程文档输出。

随着计算机硬件水平和软件技术的飞速发展，在 CAD 技术发展的基础上，又不断涌现出一些其他的计算机辅助技术，与 CAD 技术共同组成计算机辅助 4C（CAD/CAE/CAPP/CAM）系统，后 3 种的基本概念为：

（1）CAE（computer aided engineering）——计算机辅助工程，指利用计算机辅助求解复杂工程和产品结构的力学特性及结构响应的一种近似数值分析方法，其中 FEM（finite element method），即有限单元法，是工程领域应用最为典型的 CAE 方法。

（2）CAPP（computer aided process planning）——计算机辅助工艺过程设计，指借助于计算机软硬件技术和支撑环境，利用计算机进行数值计算、逻辑判断和逻辑推理等功能来制订零件的机械加工工艺过程。

（3）CAM（computer aided manufacturing）——计算机辅助制造，指利用计算机来进行生产设备管理控制和操作的过程，其核心是计算机数值控制（简称数控技术）。

随着计算机科技的日益发展，计算机硬件性能的提升和更加低廉的价格，计算机辅助设计已经从单纯的平面设计转向平面设计和立体设计并重，并向工程和产品的全生命周期设计方向发展。

在建筑设计领域，建筑信息模型（building information modeling，BIM）技术是目前发展最为迅猛的一种建筑物全生命周期设计技术，该技术采用数字化的建筑组件表示真实世界中用来建造建筑物的构件，并将数字化设计理念贯穿到建筑物的规划设计、施工建造、营运使用的全生命周期过程，这充分展现了计算机在工程设计中强大的生命力和创造性，代表了当前 CAD 技术在建筑设计领域的最新发展趋势。

1.2 CAD 技术的起源与发展

CAD 技术是计算机应用科学的一大分支，其产生源于工程界对提高设计效率、加快绘图速度的迫切需求，其发展与计算机硬件水平、计算机绘图技术的发展息息相关。

工程图是工程师的语言，绘图是工程设计乃至整个工程建设中的一个重要环节。然而，图纸的绘制是一项极其烦琐的工作，不但要求简明、精确，而且随着环境、需求等外部条件的变化，设计方案也会随之变化，一项工程图的绘制通常是在历经数遍修改完善后方可完成。早期的工程图完全采用手工绘制，但由于工程项目的多样性、多变性，使得手工绘图周期长、效率低、重复劳动多，从而阻碍了工程设计乃至工程建设的发展。因此，工程师们梦想着何时能甩开图板，实现自动化画图，将自己的设计思想用一种简洁、美观、标准的方式表达出来，并便于修改，易于重复利用，从而提高劳动效率。

1.2.1 准备酝酿期（20 世纪 50 年代）

1946 年世界第一台电子计算机 ENIAC 的诞生，标志着计算机科学的创立，并随着计算机硬件的发展和提高，不断推动着许多学科的发展和新学科的建立。计算机绘图技术就是在这一环境下逐渐兴起并发展起来的。在 20 世纪 50 年代中期以前,计算机主要用于处理科学计算,尽管当时已在计算机系统中配置了显示器,但由于计算机图形显示技术的理论还未形成,因此只能显示字符,还不具备人机交互的功能。

1952 年美国麻省理工学院(MIT)研制成功的世界上第一台三坐标数控铣床,采用 APT 语言编程控制,可以定义零件的形状和大小,能够驱动刀具沿预定义的轨迹加工零件。基于这一原理,当时在美国学习的奥地利人 H. J. Gerber 于 1958 年为波音公司研制出了世界上第一台平板式绘图机。1959 年,美国 Calcomp 公司根据打印机的原理研制出世界上第一台滚筒式绘图机。虽然早期的绘图机还不能实现交互设计,但开创了由计算机辅助绘图代替人工绘图的历史,使古老的绘图技术有了突破性的发展。

20 世纪 50 年代末期,美国麻省理工学院林肯实验室研制出的空中防御系统,能够将雷达信号转换为显示器上的图形,操作者可以用光笔指向显示器屏幕上的目标图形,从而拾取到所需要的信息。这种功能的出现标志着交互式图形技术的诞生,进一步为 CAD 技术的诞生做好了物质准备。

1.2.2　初步应用期(20 世纪 60—70 年代)

1963 年,美国麻省理工学院林肯实验室的 I. E. Sutherland 在他的博士论文《Sketchpad:一个人机通信的图形系统》中首次提出了交互式计算机绘图的概念,并提出了计算机图形学、交互技术、分层存储符号的数据结构等新思想。在他所提出的系统中,可以用光笔在图形显示器上实现选择和定位等交互功能,并且计算机可以根据光笔指定的点在屏幕上画出直线,或者用光笔在屏幕上指定圆心和半径后可画出圆。尽管该系统比较原始,但这些基本理论和技术作为现代图形技术的基础,至今仍在使用。

20 世纪 60 年代中后期,专用 CAD 系统开始问世,标志着 CAD 技术已进入初步应用阶段。1964 年,美国通用汽车公司推出了世界上第一个机械 CAD 系统——"计算机设计扩展系统",它可用于汽车车身结构和外观设计。随后,IBM 公司和 LOCKHEED 公司又联合开发了著名的 CAD/CAM 系统——"计算机图形增强与制造软件包(CADAM)",该系统具有绘图、二维线框模型建立、三维结构分析和数据加工等功能。

在硬件方面,1963 年,D. Engelbart 在斯坦福研制成功了世界上第一个鼠标器,尽管是木制的,但他的思想极大地影响了以后交互式绘图技术的发展。20 世纪 70 年代初,Xerox 公司发明了第一个数字化鼠标器,并于 1975 年制订了鼠标器的规范。此外,20 世纪 70 年代中期出现的光栅扫描图形显示器,能以更高的频率对屏幕图形刷新,显示分辨率也不断提高,使得 CAD 技术得以更快的发展。

1.2.3　蓬勃发展期(20 世纪 80—90 年代)

20 世纪 80 年代以后,随着个人计算机(IBM-PC 及兼容机)、MS-DOS 操作系统以及其他计算机软硬件的飞速发展,CAD 技术也进入了一个蓬勃发展的时期,大量的专用、通用 CAD 系统不断问世并不断更新,例如著名的 AutoCAD 软件的首个版本就是在 1982 年由 Autodesk 公司推出的。CAD 技术除了在传统的航空、汽车、机械、化工、石油等工业领域得到应用外,还不断进入教育科研、医疗卫生、行政事务管理等其他领域。图形系统和

CAD/CAM 工作站的销售量与日俱增,用户从大中型企业向小型企业不断扩展,在美国安装有图形系统的计算机从 20 世纪 70 年代末的一万多台迅速发展到 20 世纪 80 年代末的数百万台。

进入 20 世纪 90 年代后,CAD 软件的功能除了随着计算机图形设备的发展而提高外,其自身也朝着标准化、集成化和网络化的方向发展。科学计算的可视化、虚拟现实技术的应用又对 CAD 技术提出了许多更新更高的要求,这使得三维图形处理及显示技术在真实性和实时性方面都有了飞速的发展。

1.2.4 成熟完善期(21 世纪)

进入 21 世纪以后,低廉的价格使得高性能大容量存储的个人电脑几乎已成为人手一台的基本工作、学习用具,网络技术的高速发展正在从方方面面改变着人类的社会生活方式。CAD 技术的发展也日趋成熟,大型通用 CAD 软件通常都具有良好的开放性、高度集成化的操作环境、标准化的图形接口以及实时共享的网络数据传输功能。而开发出具有图像识别、自然语言处理、专家系统、机器学习的智能 CAD 系统,已成为计算机科学的一大研究热点。CAD 技术的应用领域不仅涵盖了传统的工程建设、产品设计与制造、传媒和娱乐业,并且在建筑、土木、机械、电子、化学、化工、汽车、船舶、航空航天、医学等各个行业和领域都得到了深入的应用,不断地为提高社会生产力和推动社会进步发挥其巨大的作用。

1.3 CAD 系统的组成

CAD 系统包括硬件系统和软件系统两大部分。硬件系统即我们通常所说的计算机及其外部设备,软件系统包括系统软件、支撑软件和各种应用软件。

1.3.1 CAD 硬件系统

CAD 硬件系统是一个能进行图形操作的具有高性能计算能力及交互能力的计算机硬件系统。目前的微型计算机的硬件系统都能满足 CAD 硬件系统的基本功能需求。

从组成上讲,计算机硬件系统包括运算器、控制器、存储器、输入设备和输出设备等五大部件。其中,运算器、控制器和内部存储器构成微型计算机的主机,外部存储器、输入设备和输出设备构成微型计算机的外设。

(1)运算器(arithmetic unit)

运算器是计算机中执行各种算术运算和逻辑运算操作的部件。运算器由算术逻辑单元、累加器、状态寄存器、通用寄存器等组成。算术逻辑运算单元的基本功能为加、减、乘、除四则运算,与、或、非、异或等逻辑操作,以及移位、求补等操作。运算器的处理对象是数据,所以数据长度和计算机数据表示方法,对运算器的性能影响极大。目前的微型计算机通常以 32 个或 64 个二进制位作为运算器处理数据的位数,即我们常说的 32 位系统或 64 位系统。

（2）控制器（controller）

控制器由程序计数器、指令寄存器、指令译码器、时序产生器和操作控制器组成,它是计算机发布命令的"决策机构",负责完成协调和指挥整个计算机系统的操作。计算机运行时,运算器的操作和操作种类由控制器决定。运算器处理的数据来自存储器;处理后的结果数据通常送回存储器,或暂时寄存在运算器中。运算器与控制器共同组成了中央处理器(CPU)的核心部分。

（3）存储器（memory）

存储器是计算机系统中的记忆设备,用来存放程序和数据。计算机中的全部信息,包括输入的原始数据、计算机程序、中间运行结果和最终运行结果都保存在存储器中。它根据控制器指定的位置存入和取出信息。按照与 CPU 的接近程度,存储器分为内部存储器与外部存储器,简称内存与外存。内部存储器又常称为主存储器(简称主存),属于主机的组成部分;外部存储器又常称为辅助存储器(简称辅存),属于外部设备。CPU 不能像访问内存那样,直接访问外存,外存要与 CPU 或输入、输出设备进行数据传输,必须通过内存进行。

（4）输入设备（input device）

输入设备为向计算机输入数据和信息的设备,是计算机与用户或其他设备通信的桥梁。键盘、鼠标、摄像头、扫描仪、光笔、手写输入板、游戏杆、语音输入装置等都属于输入设备,用于把原始数据和处理这些数据的程序输入到计算机中。目前,图形、图像、声音等都可以通过不同类型的输入设备输入到计算机中,进行存储、处理和输出。

（5）输出设备（output device）

输出设备是对将外部世界信息发送给计算机的设备和将处理结果返回给外部世界的设备的总称。它是人与计算机交互的一种部件,用于数据的输出。它把各种计算结果数据或信息以数字、字符、图像、声音等形式表示出来。常见的输出设备有显示器、打印机、绘图仪、影像输出系统、语音输出系统等。

1.3.2　CAD 软件系统

软件（software）是一系列按照特定顺序组织的计算机数据和指令的集合。CAD 软件系统是指由系统软件、支撑软件和应用软件组成的计算机软件系统,它是计算机系统中由软件组成的部分。

（1）系统软件（system software）

系统软件负责管理计算机系统中各种独立的硬件,使得它们可以协调工作。系统软件使得计算机使用者和其他软件将计算机当作一个整体而不需要顾及到底层每个硬件是如何工作的。其中操作系统是最主要的系统软件,是一种管理电脑硬件与软件资源的程序,同时也是计算机系统的内核与基石。操作系统身负诸如管理与配置内存、决定系统资源供需的优先次序、控制输入与输出设备、操作网络与管理文件系统等基本事务。操作系统也提供一个让使用者与系统交互的操作接口。

（2）支撑软件（supporting software）

支撑软件是支撑各种软件的开发与维护的软件,又称为软件开发环境（SDE）。它主要包括环境数据库、各种接口软件和工具组。支撑软件包括一系列基本的工具(比如编译器、数据库管理、存储器格式化、文件系统管理、用户身份验证、驱动管理、网络连接等方面的工具)。

(3)应用软件(application software)

应用软件是为了某种特定的用途而被开发的软件。它可以是一个特定的程序,比如一个图像浏览器;也可以是一组功能联系紧密,可以互相协作的程序的集合,比如微软的 Office 软件;也可以是一个由众多独立程序组成的庞大的软件系统,比如数据库管理系统。目前常用的应用软件主要可分为办公室软件、互联网软件、多媒体软件、商务软件、数据库软件等。

1.4 土木工程常用 CAD 软件

在软件系统的架构内,各种 CAD 软件均属于应用软件的范畴。根据其应用领域的不同,可分为通用 CAD 软件和专用 CAD 软件。通用 CAD 软件是指可应用于多个行业的 CAD 软件,如 AutoCAD、Revit、ANSYS 等。专用 CAD 软件是指针对一个行业或专业的 CAD 软件,如 PKPM、SAP 2000、ETABS、MIDAS 等。

下面,对土木工程常用的通用及专用 CAD 软件作简要介绍。各软件名称、功能简介列于表 1-1 中。

表 1-1　土木工程常用 CAD 软件简介

类型	软件名称	软件简介	开发商
通用 CAD 软件	AutoCAD	提供卓越的二维及三维制图与设计功能,广泛应用于土木、机械、水利、环境、建筑、设备、化工、汽车、航空、航天等各种工程领域	美国 Autodesk 公司
	Revit	可帮助建筑、工程和施工团队创建高质量的建筑和基础设施。以参数化准确性、精度和简便性在三维环境中对形状、结构和系统进行建模;可随着项目的变化,对平面图、立面图、明细表和剖面进行即时修订,从而简化文档编制工作;可使用专业工具组合和统一的项目环境为多规程团队提供支持	美国 Autodesk 公司
	ANSYS	大型通用有限元分析软件,可进行结构、流体、电磁场、声场和热场分析,广泛应用于土木、水利、机械、仪表、热工、电子、汽车、生物医学等各种工程领域	美国 ANSYS 公司

续表 1-1

类型	软件名称	软件简介	开发商
专用 CAD 软件	PKPM	是一套集建筑、结构、设备(给排水、采暖、通风空调、电气)、概(预)算、施工设计于一体的集成化 CAD 系统,目前国内用户最多的建筑工程类 CAD 软件	中国建筑科学研究院
	SAP 2000 ETABS	集成化的通用结构分析与设计软件,主要用于土木工程结构的建模、分析和设计,能够进行线性、非线性、P-Delta、特征屈曲、特征值、反应谱、瞬态动力学等各种结构分析。SAP 2000 主要针对桥梁、大跨建筑,ETABS 主要针对高层建筑结构	美国 CSI 公司
	MIDAS/Civil MIDAS/Gen MIDAS/Building	集成化的结构分析与设计软件包,广泛应用于各种类型的土木桥梁、岩土隧道、建筑结构的分析与设计,Civil 主要针对桥梁,Gen 主要针对复杂空间结构,Building 主要针对高层建筑	韩国 MIDAS 公司

目前,在土木工程的各个领域,CAD 主要应用于以下设计方面:

(1)建筑设计:包括方案设计、三维造型、建筑渲染图设计、平面布景、建筑构造设计、小区规划等。

(2)结构设计:包括有限元分析、结构平面设计、框架结构计算和分析、高层建筑结构分析与设计、地基及基础设计、钢结构设计等。

(3)设备设计:包括水、电、暖各种设备及管道设计。

(4)城市规划、城市交通设计:如城市道路、高架、轻轨、地铁等各类市政工程设计。

(5)市政管线设计:如自来水、污水排放、煤气、电力、暖气、通信等各类市政管道线路设计。

(6)交通工程设计:如公路、桥梁、铁路、航空、机场、港口、码头等。

(7)水利工程设计:如大坝、水渠、河海工程等。

(8)其他工程设计与管理:如房地产开发及物业管理、工程概(预)算、施工过程控制与管理、旅游景点设计与布置、智能大厦设计等。

1.5　正确认识 CAD 技术

1.5.1　对 CAD 技术的正确认识

目前,CAD 技术已广泛应用于各种工程领域,在产品开发与设计方面替代了大量的人力劳动,发挥着重要的作用。

传统设计方法的一般过程为:①人工查阅资料;②手工计算;③手工绘图。因此,传统设计方法必然存在耗费大量人力和资源、设计周期长、计算精度差、难以准确完成高度复杂结构的计算等缺点。

与传统设计方法相比,CAD 技术的优点主要表现在:

(1)减少绘图劳动量和直接设计费用。

(2)降低设计难度,提高设计质量。

(3)缩短设计周期,提高设计效率。

(4)易于修改设计,建立标准图及标准设计库。

但不可忽视的是,CAD 技术在为我们带来快捷与便利的同时,如不能正确掌握 CAD 技术的使用方法,必然会引发一些问题。尽管 CAD 功能十分强大,但它并没有自我更新能力,没有创造性,必须由人控制它如何工作,设计过程中仍然离不开人的主观判断和决策,计算机仍然不能替代人的主观能动作用,完全实现计算机的"人工智能化"尚待计算机科学的进一步发展。例如在结构分析时,计算结果的正确性依赖于操作者的专业知识和软件应用水平,仅仅会使用软件本身而欠缺必要的力学和结构概念很容易出现重大错误。

1.5.2　CAD 技术与计算机绘图的关系

首先需要明确一个概念:

CAD ≠ 计算机绘图,计算机绘图只是 CAD 的一项重要组成部分。

计算机绘图还包括:图形信息的输入、输出;图形的生成、变换;图形之间的运算;人机交互作图等主要功能。

计算机绘图还是其他应用领域的重要组成部分,其典型应用领域有:

(1)办公自动化系统中的图形、图表制作。

(2)管理工作中的图形,如工作规划图、生产进度图、统计图等。

(3)勘测图形,如气象卫星云图、水文资料图、环境污染监测图等。

(4)数值信息图形可视化,如应力场分布、应变分布、温度场分布等。

(5)商业广告及影视动画制作。

(6)计算机辅助教学和仿真模拟。

(7)计算机辅助设计中的图形生成和图形输出。

那么,CAD 技术应当包括哪些内容呢? 以土木工程专业为例,读者可以用下面一个简单的概念来理解:

CAD ≈ 概念设计 + 结构分析 + 构件设计 + 施工图绘制。

可见,除了掌握计算机绘图技能,能绘制符合规范要求的施工图外,对各种简单或复杂结构的概念设计、结构分析与构件设计是绘制施工图的前提和基础,这也正是土木工程专业各门主干课程所讲述的内容。

思考和练习

1.思考题

(1)什么是计算机辅助设计？主要应用领域有哪些？

(2)现代 CAD 系统所应具备的主要功能有哪些？

(3)CAE、CAPP、CAM 这几个英文术语的概念是什么？与 CAD 分别有哪些区别？

(4)CAD 技术的发展经历了哪几个阶段？

(5)CAD 硬件系统包含哪些主要部件？其主要功能是什么？

(6)CAD 软件系统包含哪些类型的软件？其主要功能是什么？

(7)在土木工程领域,目前主要有哪些常用的通用及专用 CAD 软件？各种软件的功能是什么？

(8)如何正确认识 CAD 技术的优点和缺点？

(9)CAD 技术与计算机绘图是一个等价的关系吗？如不是,以土木工程专业为例,CAD 技术主要应包含哪些内容？

(10)结合本专业,规划一下你到毕业前应学习掌握哪几种主流 CAD 应用软件,并分别达到何种应用水平。

第2章 AutoCAD 入门

内容提要　　　　本章首先简要介绍了 Autodesk 公司的主要产品以及 AutoCAD 软件,然后对 AutoCAD 软件的用户界面组成、命令调用方式、系统变量、常用快捷键与功能键、坐标系类型、坐标输入方法进行详细讲述,最后在学习几组简单命令的基础上,通过对 2 个简单图形绘制过程的详细讲解,引导初学者达到 AutoCAD 入门的学习目标。

2.1 Autodesk 公司的主要产品

Autodesk(欧特克)公司,是目前全球最大的二维和三维设计、工程建设与传媒娱乐软件开发公司。Autodesk 公司始创于 1982 年,目前为遍及全球 150 多个国家的四百多万用户提供设计建模软件、Internet 门户服务、无线开发平台及专业定点应用服务。

Autodesk 公司的系列产品主要涉及工程建设与施工、产品设计与制造、传媒与娱乐三大应用领域,提供以 AutoCAD 为代表的几十种产品,以满足不同类型用户的差异性需要。下面简要介绍 Autodesk 公司部分主要产品的基本功能,列于表 2-1 中。

表 2-1　Autodesk 公司主要产品功能简介

应用领域	软件名称	基本功能
工程建设与施工	AutoCAD	面向各行业的二维和三维设计软件,提供二维设计和三维建模的基础功能和专业化的工具组合及应用
	Revit	面向设计师、建筑师和工程师的 BIM 软件,使用强大的建筑信息模型来规划、设计、建造和管理建筑
	Civil 3D	土木工程设计和施工文档编制软件,适用于土木基础设施的全面详细设计和文档编制
	Advance Steel	用于钢结构深化设计的三维建模软件

续表 2-1

应用领域	软件名称	基本功能
产品设计与制造	Inventor	用于三维机械设计、仿真、可视化和文档编制的专业级产品设计和工程工具
	Navisworks	三维模型审阅、协调和冲突检测工具,用于在 BIM 中协调设计和施工团队并实施项目审阅
	Alias	用于绘制草图、概念建模、曲面建模和工程可视化的工业设计软件
传媒与娱乐	3Ds Max	用于游戏和设计可视化的三维建模、动画和渲染软件,可创建宏伟壮观的三维模型世界和高质量的三维模型设计
	Maya	用于电影、电视和游戏的三维动画和渲染软件,可创建规模宏大的世界、复杂的角色和炫酷的特效
	Arnold	全局照明渲染软件,用于渲染详细的三维角色和场景
	ShotGrid	面向 VFX、游戏和动画团队的审核和制作跟踪工具组合

需要说明的是,AutoCAD 作为 Autodesk 公司最重要的产品,其应用领域既属于工程建设与施工,又属于产品设计与制造。另外,Autodesk 公司还提供了 AutoCAD 的简化版本 AutoCAD LT,Revit 的简化版本 Revit LT 等,以满足中小公司及个人用户的基础性功能需求。

2.2　AutoCAD 软件简介

Autodesk 公司创立之初发布的第一个产品就是 AutoCAD,是 1982 年为微机上应用 CAD 技术而开发的计算机辅助绘图与设计软件,用于二维绘图、设计修改、工程图纸输出和三维设计建模,现已成为国际上广为流行的设计建模工具,由 AutoCAD 所生成的 dwg 文件目前已成为二维绘图的事实上的标准。

AutoCAD 具有良好的图形用户界面,通过功能区面板、交互菜单、工具栏或命令行等多种方式可以进行建筑及其他工业行业的二维图形绘制、三维模型创建及修改的各种操作,它的集成化的多文档设计环境,能够让非计算机专业人员快速学习和使用,并在不断实践的过程中更好地掌握它的各项应用技能,从而不断提高绘图与设计工作效率。应用 AutoCAD 可绘制任意的二维和三维图形,同传统的手工绘图相比,用 AutoCAD 绘图速度更快,精度更高。AutoCAD 具有广泛的适应性,它可在各种操作系统支持的微型计算机和工作站上运行,并支持多种图形显示设备及绘图仪、打印机等图纸输出设备。AutoCAD 是一种适用于各个行业的通用 CAD 系统,但其简单、易用的二次开发环境,便于用户或第三方的软件公司在 AutoCAD 平台上开发出各种专业性更强的专用 CAD 系统,从而为 AutoCAD 的普及和推广奠定了良好的基础。

从 1982 年起,Autodesk 公司不断推陈出新,几乎每年都推出 AutoCAD 新的版本,软件功能也越来越完善。AutoCAD 最早期的版本序号以 V（Version）加数字命名,例如 V1.0、V1.2、V2.5 等。随后,在 1987 年,AutoCAD 的版本序号改为 R（Release）,例如 R9、R12、R13、R14 等。2000 年之后,基于商业销售方面的考虑,Autodesk 公司每年都会推出一个 AutoCAD 的新版本,版本号通常采用下一年的公元纪年,在之前使用的 Version 或 Release 版本号则被隐藏。每一个新发布的版本都会有或多或少的完善与改进,但其核心的二维绘图功能早在 20 世纪发布的 AutoCAD R14 版本中就已经基本完善。

AutoCAD 2000 以后用年代号命名的各个版本,其对应的 Release 版本号分别为: AutoCAD 2000 和 AutoCAD 2002 对应 R15 版,AutoCAD 2004 ～ AutoCAD 2006 对应 R16 版,AutoCAD 2007 ～ AutoCAD 2009 对应 R17 版,AutoCAD 2010 ～ AutoCAD 2012 对应 R18 版,AutoCAD 2013 ～ AutoCAD 2014 对应 R19 版,AutoCAD 2015 ～ AutoCAD 2016 对应 R20 版,AutoCAD 2017 对应 R21 版,AutoCAD 2018 对应 R22 版,AutoCAD 2019 ～ AutoCAD 2020 对应 R23 版,AutoCAD 2021 ～ AutoCAD 2023 对应 R24 版。

关于 AutoCAD 各个版本之间的文件兼容性问题,总的来说,高版本向下兼容低版本,属于同一个 Release 版序号的软件保存的文件互相兼容,这是一个基本的原则。另外,为了避免图形文件格式过于繁多,R19 ～ R21 采用同一种图形文件格式（AutoCAD 2013 文件格式）,R22 ～ R24 采用同一种图形文件格式（AutoCAD 2018 文件格式）。采用高版本的 AutoCAD 对文件进行保存时,用户可以选择保存为较低版本类型的文件,例如,使用 AutoCAD 2023 在保存文件时,默认的保存格式为 AutoCAD 2018 文件格式,也可以选择保存为早期的 AutoCAD 2013、AutoCAD 2010、AutoCAD 2007、AutoCAD 2004、AutoCAD 2000,乃至 AutoCAD R14 等版本的图形文件,这就打通了不同年代 AutoCAD 版本之间文件的互通性,为很多仍然使用早期版本的用户提供了方便。

由于目前同时流行的 AutoCAD 的版本众多,初学者往往不知如何选择。实际上,如果用户仅从事基本的二维绘图工作,AutoCAD 2004（R16）的功能已经足够用;而如果用户对三维建模更感兴趣,建议选择 AutoCAD 2010（R18）或更新的版本。当然,更新的版本依旧意味着耗用更多的系统资源和硬盘空间,以及对计算机整体性能的更高要求。

2.3　AutoCAD 的用户界面

下面以 AutoCAD 2023 中文版为例,介绍软件的下载、安装及登录。

进入 Autodesk 公司的官网,使用邮箱和手机注册个人账号后,可以下载并在线安装最新的 AutoCAD 2023 中文版（以下简称 AutoCAD 2023）。Autodesk 公司为普通用户提供了 30 天的软件免费试用期。如果用户符合 Autodesk 公司的教育版许可条件并上传相应的资格证明文件,经 Autodesk 公司审核通过后则可有为期一年的教育版使用权。

AutoCAD 2023 安装成功后,运行该软件,将显示如图 2-1 所示的软件启动页面,随后便进入到 AutoCAD 2023 的许可登录页面,如图 2-2 所示。

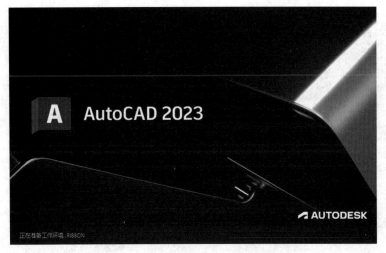

图 2-1　AutoCAD 2023 启动页面

图 2-2　AutoCAD 2023 许可登录页面

使用用户下载安装 AutoCAD 2023 时注册的个人账号（Autodesk ID）进行登录,根据用户的许可类型及当前状态,经网络验证通过后就可进入 AutoCAD 的用户界面,如图 2-3 所示。

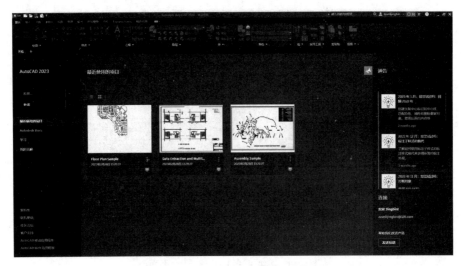

图 2-3   AutoCAD 2023 默认用户界面

单击左上角的"新建图形文件"图标,软件弹出"选择样板"对话框,如图 2-4 所示。按照默认设定,选择以"acadiso"图形样板文件(dwt 文件)作为新建图形文件绘图环境的基本设置方式,单击该对话框中的"打开",即可进入新文件的绘制,此时软件默认的新建文件的名称为"Drawing1.dwg",开启的用户界面如图 2-5 所示。

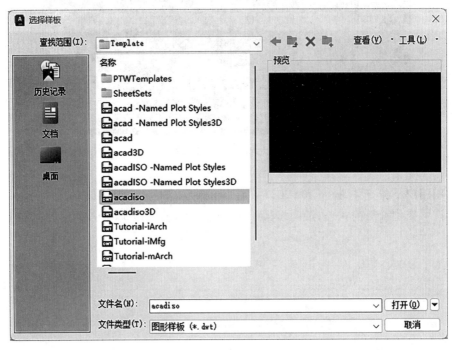

图 2-4   "选择样板"对话框

图 2-5　AutoCAD 2023 用户界面(颜色主题:暗;统一背景:黑色)

　　单击左上角的 AutoCAD 主图标,启动 AutoCAD 控制菜单,如图 2-6 所示。在控制菜单中有一个非常重要的工具按钮——"选项"按钮。单击该按钮后,软件弹出"选项"对话框,在该对话框内有 10 个标签页,在其中可对 AutoCAD 软件运行环境的绝大多数参数进行设置,如图 2-7 所示。

图 2-6　AutoCAD 2023 控制菜单

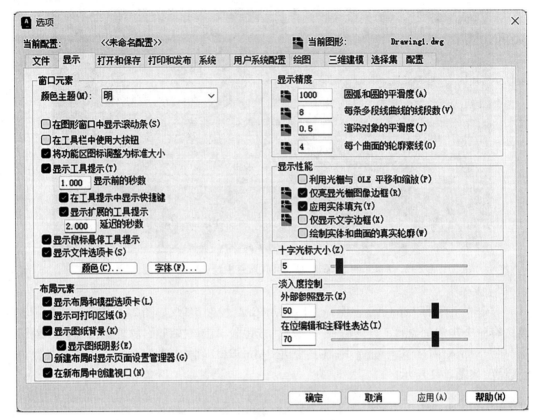

图 2-7 "选项—显示"对话框

在"选项"对话框的第二个标签页"显示"页面中,可将"窗口元素"区域中的"颜色主题"由默认的"暗"修改为"明",并可进一步单击其中的"颜色"按钮,随后弹出"图形窗口颜色"对话框,在其中可将"二维模型空间"的"统一背景"颜色修改为"白",单击"应用并关闭"按钮后,回到上一步的"选项"对话框,单击"确定",AutoCAD 的用户界面就可以改为比较明亮的色调,并且绘图区域的底色也被修改为白色,如图 2-8、图 2-9 所示。

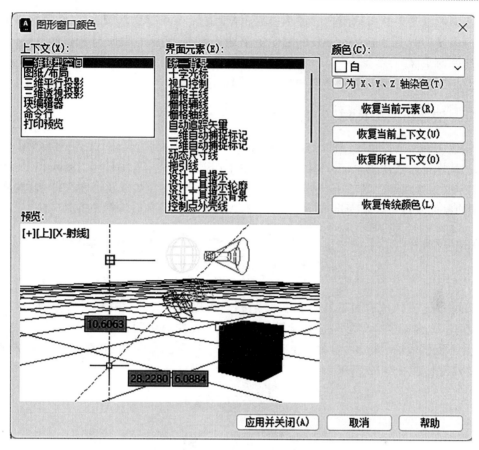

图 2-8　"图形窗口颜色"对话框

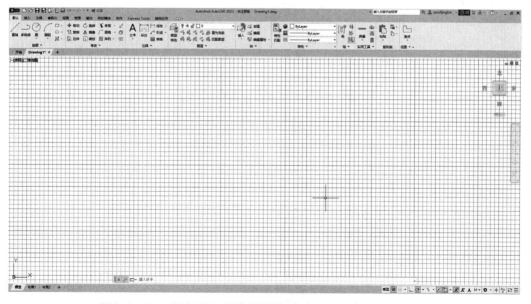

图 2-9　AutoCAD 2023 用户界面(颜色主题:明;统一背景:白色)

下面就以图 2-9 所示用户界面为基础,详细讲解 AutoCAD 2023 用户界面的各个组成部分及其功能。对于 AutoCAD 的其他更早期的版本,其用户界面与之非常类似,读者可参照学习掌握。

AutoCAD 2023 用户界面主要包括以下 7 个功能区域。

2.3.1 快速访问工具栏

快速访问工具栏也叫作标题栏,位于用户界面的最上面,占据一行的位置,如图 2-10 所示。从左至右依次为 AutoCAD 主图标、文件管理类命令、文件打印、Undo 和 Redo 命令、自定义快速访问工具栏下拉列表按钮、共享图形、软件版本号及当前文件名称、搜索栏、用户账号及许可期限、Autodesk 应用程序、Autodesk 社区和软件帮助等。

图 2-10　快速访问工具栏

单击自定义快速访问工具栏下拉列表按钮,可以自定义该栏的显示内容,如图 2-11 所示。其中,前面有"√"的是按系统默认设定显示在快速访问工具栏中的命令及控件。单击最下面倒数第二行的"隐藏菜单栏"控件,就可以调出菜单栏,并显示在快速访问工具栏的下方,如图 2-12 所示。

图 2-11　自定义快速访问工具栏下拉列表

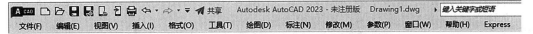

图 2-12　在快速访问工具栏下方显示菜单栏

2.3.2　菜单栏

在 AutoCAD 的早期版本中,菜单栏是用户进行命令调用和软件环境设定的最重要的工具之一。后来由于功能区的使用日益普及,用户调用菜单栏执行 AutoCAD 命令的方式就降低到比较次要的地位,以至于在 AutoCAD 2023 中,按照软件的默认设定,菜单栏是被隐藏的。只有按照 2.3.1 节中的操作,才能够在快速访问工具栏下方显示菜单栏。

菜单栏提供了 AutoCAD 各类命令和操作的集成,对于 AutoCAD 的很多老用户,依然习惯于使用菜单栏的功能进行软件操作。在 AutoCAD 2023 中,如图 2-12 所示,共有"文件"、"编辑"、"视图"、"插入"、"格式"、"工具"、"绘图"、"标注"、"修改"、"参数"、"窗口"、"帮助"和"Express"等 13 个一级菜单,每个一级菜单由若干菜单项组成,可用来执行一些功能相近的命令与操作。图 2-13 所示为最常用的"绘图"菜单。

图 2-13　"绘图"菜单

在各个菜单中,如菜单项后面附带有">"箭头符号,则表示该命令下面还有子命令,例如图 2-13 中的"圆弧"、"圆"等;如菜单项后面附带有三个点组成的省略号,则表示执行该命令可打开一个对话框,例如图 2-13 中的"表格"、"图案填充"等。通过执行一级菜单及子菜单的各项命令,可实现 AutoCAD 的绝大多数功能。

2.3.3 功能区

功能区位于快速访问工具栏(或菜单栏)的下方,是 AutoCAD 2009 之后提供给用户的工具集成模块。功能区由一系列选项卡组成,各选项卡按照命令的逻辑关系分组,为用户提供了一个简洁紧凑的选项面板,用以进行各项命令的调用。AutoCAD 2023 中预设了"默认"、"插入"、"注释"、"参数化"、"视图"、"管理"、"输出"、"附加模块"、"协作"、"Express Tools"、"精选应用"11 个功能区选项卡,每一个又包括了若干个面板。如图 2-14 所示,在"默认"功能区中,就包含了"绘图"、"修改"、"注释"、"图层"、"块"、"特性"、"组"、"实用工具"、"剪贴板"、"视图"10 个面板。在每个面板中,分别集成了数量不等的命令和控件。功能区可水平固定在绘图窗口的顶部(默认),也可垂直固定在绘图窗口的左边或右边,还可处于浮动状态。单击功能区选项卡最右侧的箭头按钮,可以采用 4 种不同的方式显示功能区:完整功能区(默认)、最小化为选项卡、最小化为面板标题、最小化为面板按钮。

图 2-14 "默认"功能区选项卡

单击"默认"功能区中的左边第一个"绘图"面板,可以展开并固定该面板,如图 2-15 所示,其中集成了大多数常用的绘图类命令。读者可以对比图 2-13 与图 2-15 中所包含命令的异同。

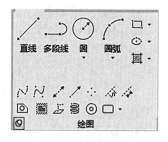

图 2-15 "默认"功能区"绘图"面板

2.3.4 工具栏

工具栏是 AutoCAD 早期版本提供命令调用的一种快捷方式,它包含许多由工具栏按钮集合组成的工具条。后来,同样由于功能区调用命令方式逐渐被用户所接受,采用工具栏调用命令的使用方式逐渐减少。在 AutoCAD 2023 中,按照默认的系统设定,工具栏不再显示,如需使用工具栏,则需要执行一些操作首先把工具栏在用户界面中调用出来。

　　单击菜单栏中的"工具"菜单,执行第三行的"工具栏"→"AutoCAD"子命令,软件将显示 AutoCAD 提供的各种工具栏的列表,如图 2-16 所示。

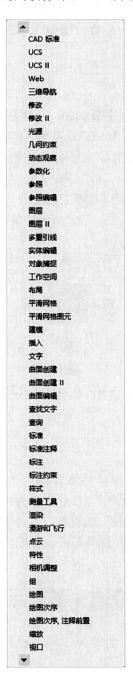

图 2-16　AutoCAD 2023 工具栏列表

在 AutoCAD 2023 中,总共提供了多达 52 个预设的工具栏。如需调用某些工具栏,在工具栏列表中相应的名称前勾选即可。例如,图 2-17 给出了常用的"绘图"工具栏。读者可进一步对比图 2-13、图 2-15 和图 2-17 中的命令。

图 2-17 "绘图"工具栏

2.3.5 绘图窗口

绘图窗口是 AutoCAD 用户界面中最大的一个区域,也称作绘图区或编辑区,是进行图形绘制、修改、打印的工作空间。AutoCAD 启动后的初始状态显示的是"模型"空间,单击绘图窗口左下角可切换到"布局"空间。在绘图窗口中,左上角设有"视口"、"视图"和"视觉样式"控件,右上角设有"ViewCube"导航工具,左下角设有坐标轴。以上工具为用户进行二维绘图,特别是三维建模提供了极大的便利。此外,在绘图窗口中,还显示有十字光标,用来表示当前鼠标的位置。图 2-18 所示为"ViewCube"导航工具。

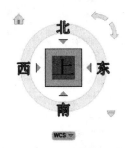

图 2-18 绘图窗口中的"ViewCube"导航工具

2.3.6 命令窗口

命令窗口(图 2-19)位于绘图窗口的下方,用于记录用户输入的各项命令,并显示 AutoCAD 的各种提示信息。默认设定下,命令窗口为浮动状态,也可以通过拖动将其改为固定状态。可通过单击"F2"功能键,实现单行的命令窗口与浮动状态的多行的文本窗口之间进行切换,该操作适用于执行查询等有较多提示信息的命令。快捷键"Ctrl+9"可用来开启或关闭命令窗口。

图 2-19 命令窗口

2.3.7　状态栏

　　状态栏位于用户界面的最下一行,集成了最常用的一些辅助工具,例如当前光标的坐标值、栅格、捕捉等各种常用精确制图工具的切换按钮,以及其他最为常用的状态切换工具按钮。单击状态栏最右侧的按钮,调出状态栏显示设定列表,可对状态栏的显示内容进行自定义设置,如图 2-20 所示。读者可通过这个列表,熟悉集成在状态栏中的各种工具。AutoCAD 早期版本中,状态栏的最左侧都显示有当前光标的三维坐标值,但是在 AutoCAD 2023 中,该项显示功能默认被隐藏。读者可以勾选图 2-20 中第一行的"坐标",选择在状态栏中显示坐标值,如图 2-21 所示。状态栏右侧倒数第二个按钮为"全屏显示",对应的快捷键为"Ctrl+0",该功能在查看大图形时对用户很有帮助。

图 2-20　状态栏显示设定列表

图 2-21　状态栏

2.4　AutoCAD 的命令调用和系统变量

命令调用就是向 AutoCAD 程序发出指令，以完成某项操作。在 AutoCAD 中，用户选择功能区的某个按钮，或选择某个菜单项，以及单击某个工具栏按钮，在大多数情况下都相当于执行一条命令。虽然已经过了四十多年的持续不断地软件升级与更新，但应用 AutoCAD 软件进行二维绘图、三维建模的基本方法没有改变，仍然是用户通过调用某项命令，向 AutoCAD 发出指令，从而完成交互式绘图。因此，命令是 AutoCAD 软件应用的核心，用户首先应掌握命令调用的各种方式。

2.4.1　命令调用方式

在 AutoCAD 2023 中，通常可以采用以下 4 种方式进行命令调用：

（1）通过键盘直接输入命令

即在命令窗口中使用键盘直接输入 AutoCAD 命令的英文全称或简称调用命令。键盘输入命令时不必区分英文字母的大小写。绝大多数命令输入后软件会提示用户作进一步的参数选择，以决定该项命令的具体执行方式。例如在命令窗口输入"Line"或仅输入"L"，即可调用绘制直线段命令。

（2）通过功能区调用命令

即通过单击功能区各个选项卡上集成的命令按钮来调用某项 AutoCAD 命令。例如绘制直线段命令，可通过单击图 2-15 所示"绘图"面板左上角第一个按钮来调用。

（3）通过菜单调用命令

即通过单击菜单栏中各菜单项或子菜单项来调用某项 AutoCAD 命令。例如绘制直线段命令，可通过单击图 2-13 所示"绘图"菜单第二行的"直线"菜单项来调用。

（4）通过工具栏调用命令

即通过单击工具栏上的工具按钮来调用某项 AutoCAD 命令。例如绘制直线段命令，可通过单击图 2-17 所示"绘图"工具栏左侧第一个按钮来调用。

2.4.2　命令简称及修改

以上 4 种命令调用方式为用户操作 AutoCAD 软件提供了多种选择，具体采用何种方式，每个用户可能都有自己的习惯，但总的来说，命令操作速度最快、效率最高的方法就是最合理的方法。

对于初学者，推荐采用的命令调用方式为：

（1）最常用的绘图类和修改类命令通过键盘输入其简称来调用；

（2）其他命令使用功能区、菜单或工具栏中用户认为最便捷的一种来调用。

当然，用户不一定都会同时用到功能区、菜单和工具栏，可结合个人习惯综合考虑使用方式。

在 AutoCAD 中，大多数常用命令都有其对应的命令简称，如上文提到的"Line"的简称为"L"，其他诸如"Circle"的简称为"C"，"Copy"的简称为"CO"和"CP"。命令简称一般为该命令对应的英文单词的前 1 个或前 2 个字母，采用键盘输入命令简称的方法能够大大提高绘图的效率，毕竟，在应用 AutoCAD 进行二维绘图时，最经常调用的绘图类和修改类命令也不过只有 30 个左右。常用命令及其简称存储在一个名称为"acad. pgp"的文本文件中，打开该文件的方法为：执行下拉菜单"工具"→"自定义"→"编辑程序参数（acad. pgp）"，即可弹出"acad. pgp"文件，默认情况下采用 Windows 的记事本打开，如图 2-22 所示。

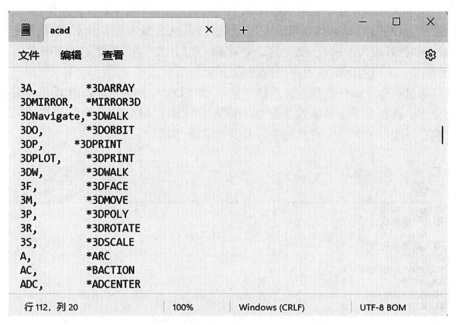

图 2-22　程序参数 acad. pgp 文件

在该文件中，用户可查询所列命令与其简称的对应关系，并可按照自己的习惯对该文件进行修改，保存后重新启动 AutoCAD 则修改生效。例如由于复制命令"Copy"通常比画圆命令"Circle"更为常用，那么将"Copy"的简称改为"C"并仍保留原来定义的"CO"和"CP"，同时将"Circle"的简称改为"CC"，无疑对提高绘图效率会起到一定作用。熟悉该文件也是初学者尽快掌握 AutoCAD 常用命令的一种方法。

2.4.3　命令输入约定

在 AutoCAD 的命令窗口输入各项命令及其参数时，应遵循以下约定：

（1）命令的输入不区分字母的大小写。

（2）只有当命令窗口出现"键入命令："提示时，方可输入并执行一条新的 AutoCAD 命令（透明命令除外，例如 help、zoom、pan 等）。

（3）对于绝大多数命令，执行后还需作进一步的参数选择，待选参数用"[　]"括起，中间用"/"分隔，参数集合"[　]"之前的选项为该命令的缺省选项。

（4）执行某项命令后若对其结果不满，可在"键入命令："提示后输入"U"，即可回退至最近一次操作之前的状态。

（5）要中途退出某项命令，可按下"Esc"键，有些命令的退出需连按两次"Esc"键。

（6）在命令窗口单击鼠标右键，可调出命令输入的历史记录。

2.4.4　系统变量

除了命令外，AutoCAD 软件还定义了大量的系统变量，以用来控制某些命令工作方式的设置。系统变量名通常用较长的英文单词来定义，系统变量值通常为整数，也有采用字符串类型、位码类型的系统变量。与命令相比，系统变量主要用来控制单个设置。例如：用来控制打开或关闭模式，如"捕捉"、"栅格"或"正交"；用来设定填充图案的默认比例；用来存储有关当前图形或程序配置的信息等。

可以通过在命令窗口直接输入系统变量名，然后输入系统变量新值的方法来更改该变量的设置。若在命令窗口输入命令"Setvar"，按"Enter"键后输入"?"，再按"Enter"键，则可以在命令窗口中列出所有系统变量及其当前值，如图 2-23 所示。

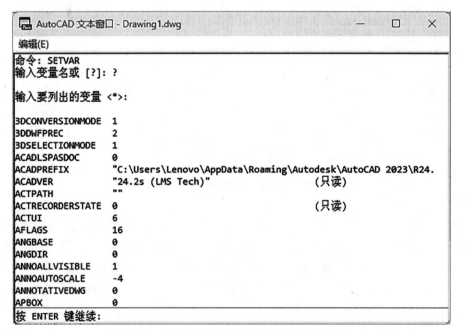

图 2-23　命令文本窗口中显示的部分系统变量

2.4.5　功能键与快捷键

一部分系统变量值的改变,控制着某个命令工作状态的切换。对于最常用的状态切换或命令,除了可在状态栏中单击相应的工具按钮来实现外,AutoCAD 还把一些功能赋予 F1 ~ F12 等功能键,以便于用户快速启用。功能键的具体功能说明如表 2-2 所列。

表 2-2　功能键及其功能说明

键	功　能	说　明
F1	帮助	显示活动工具提示、命令、选项板或对话框的帮助
F2	展开历史记录	在命令窗口中显示展开的命令历史记录,或显示文本窗口
F3	对象捕捉	打开和关闭对象捕捉
F4	三维对象捕捉	打开和关闭其他三维对象捕捉
F5	等轴测平面	循环浏览二维等轴测平面设置
F6	动态 UCS	打开和关闭 UCS,以及平面曲面的自动对齐
F7	栅格显示	打开和关闭栅格显示
F8	正交	锁定光标按水平或垂直方向移动
F9	栅格捕捉	限制光标按指定的栅格间距移动
F10	极轴追踪	引导光标按指定的角度移动
F11	对象捕捉追踪	从对象捕捉位置水平和垂直追踪光标
F12	动态输入	显示光标附近的距离和角度,并在字段之间使用 Tab 键时接受输入

此外,利用 Ctrl、Shift、Alt 和数字键或字母键的组合,AutoCAD 还预设了若干组快捷键,用来定义一些常用命令或操作。由 Ctrl+数字、Ctrl+单字母的快捷键及其具体功能如表 2-3 所列。

表 2-3　部分快捷键及其功能

快捷键	功　能	快捷键	功　能
Ctrl+0	切换"全屏显示"	Ctrl+I	切换坐标显示
Ctrl+1	切换特性选项板	Ctrl+J	重复上一个命令
Ctrl+2	切换设计中心	Ctrl+K	插入超链接
Ctrl+3	切换"工具选项板"窗口	Ctrl+L	切换正交模式
Ctrl+4	切换"图纸集管理器"	Ctrl+M	重复上一个命令
Ctrl+6	切换"数据库连接管理器"	Ctrl+N	创建新图形
Ctrl+7	切换"标记集管理器"	Ctrl+O	打开现有图形

续表 2–3

快捷键	功　能	快捷键	功　能
Ctrl+8	切换"快速计算器"选项板	Ctrl+P	打印当前图形
Ctrl+9	切换"命令行"窗口	Ctrl+Q	退出应用程序
Ctrl+A	选择图形中未锁定或冻结的所有对象	Ctrl+R	循环浏览当前布局中的视口
Ctrl+B	切换捕捉	Ctrl+S	保存当前图形
Ctrl+C	将对象复制到 Windows 剪贴板	Ctrl+T	切换数字化仪模式
Ctrl+D	切换动态 UCS	Ctrl+V	粘贴 Windows 剪贴板中的数据
Ctrl+E	在等轴测平面之间循环	Ctrl+X	将对象从当前图形剪切到 Windows 剪贴板
Ctrl+F	切换执行对象捕捉	Ctrl+Y	取消前面的"放弃"动作
Ctrl+G	切换栅格	Ctrl+Z	恢复上一个动作

2.5　坐标系与坐标输入方法

在绘图过程中要对某个对象精确定位时,必须以某个坐标系作为参照,方可精确拾取对象关键点的位置。初学者必须养成精确绘图的习惯,熟练掌握 AutoCAD 的坐标系及坐标输入方法。

2.5.1　直角坐标系和极坐标

在 AutoCAD 中,坐标系分为 2 类,即直角坐标系和极坐标系。

直角坐标系又称为笛卡儿坐标系,由一个坐标为$(0,0,0)$的原点和 X、Y、Z 三个通过原点且相互垂直的坐标轴组成。X 轴水平向右为正,Y 轴竖直向上为正,Z 轴垂直于 XY 平面,其正向根据 X 轴、Y 轴的正向按照右手螺旋法则确定。

极坐标系使用距离和角度来确定点的位置。在二维平面上,极坐标系由一个坐标为$(0,0)$的极点和一个极轴构成,极轴的方向为水平向右,二维平面上的任何一个点可通过该点到极点之间连线的长度(称为极径)与该连线同极轴之间的交角(称为极角,默认情况下逆时针旋转为正)来定义。在三维空间中也可使用极坐标系,根据具体输入格式的不同,又可分为柱面坐标系和球面坐标系。

2.5.2　绝对坐标和相对坐标

无论在直角坐标系还是在极坐标系中,均可采用绝对坐标或相对坐标确定点的位置。

绝对坐标是以原点(或极点)为基点来定位所有的点,在已知待输入点的坐标的精确值时,可以使用绝对坐标。

更一般的情况是,用户需要直接通过点与点之间的相对位移来绘制图形,而无须指定每个点的绝对坐标值。所谓相对坐标,就是某一个点与其相对点的相对位移值,在 AutoCAD 中相对坐标采用坐标值前输入"@"符号来标识。

2.5.3　坐标输入方法

下面给出二维平面和三维空间上的点在上述坐标系下的输入格式,如表 2-4 所示。

表 2-4　坐标输入方法

输入类型	坐标系		输入格式	说明
二维平面	绝对	直角坐标	X , Y	X、Y 坐标值之间采用"逗号"分隔
		极坐标	R < θ	极径 R、极角 θ 之间采用"小于号"分隔
	相对	直角坐标	@ X , Y	相对坐标前加"@"符号
		极坐标	@ R < θ	同上
三维空间	绝对	直角坐标	X , Y , Z	X、Y、Z 坐标值之间均采用"逗号"分隔
		柱面坐标	R < θ , Z	Z 表示输入点关于坐标轴 Z 的坐标值
		球面坐标	R < θ < Φ	Φ 表示输入点到极点的连线与 XY 平面间的交角
	相对	直角坐标	@ X , Y , Z	相对坐标前加"@"符号
		柱面坐标	@ R < θ , Z	同上
		球面坐标	@ R < θ < Φ	同上

此外,AutoCAD 中还提供了"动态输入"模式("DYN"模式),单击"F12"键可切换到该模式。在"动态输入"模式下,输入第二个点及后续点的坐标时,默认方式为相对极坐标,此时不需要首先输入"@"符号;如需要使用绝对坐标,则必须在坐标值前输入"#"符号。

2.5.4 世界坐标和用户坐标

AutoCAD 系统为用户提供了一个永恒不变的绝对的坐标系,称为世界坐标系(WCS, world coordinate system)。在创建一个新图形时,AutoCAD 会自动将世界坐标系定义为当前坐标系。虽然世界坐标系不能更改,但可以从任意角度、任意方向来观察。

相对于每个图形文件中唯一的世界坐标系,用户可根据绘图需要自行创建任意多的其他的坐标系,这些坐标系通称为用户坐标系(UCS,user coordinate system)。用户可以使用"UCS"命令来对用户坐标系执行定义、保存、恢复、移动等一系列操作。熟练掌握用户坐标系的操作方法,是进行三维绘图的基础,本书在第 5 章将对此作详细讲解。

这里需要重点说明的是,用户坐标系是用户所定义的一些新的坐标系,其原点及坐标轴的方位、指向都可能同初始的世界坐标系不同;而直角坐标与极坐标的概念,以及绝对坐标与相对坐标的概念,其区别仅在于坐标值的输入方法,读者应注意明辨这几组概念。

2.6　几组简单命令的学习

本节学习几组最简单的 AutoCAD 命令,目的是使初学者能够在最短时间内完成自己的第一幅 AutoCAD 作品,并初步掌握计算机绘图的基本过程。

2.6.1　图形文件管理命令

最常用的图形文件管理命令包括新建图形文件、打开图形文件和保存图形文件。

■新建图形文件

命令名称:New

关于命令的学习,本书不但给出命令的全称,大多数命令再给出命令的简称。该命令所对应的功能区图标、菜单项及工具栏按钮,读者可结合所使用的 AutoCAD 版本和个人使用习惯自行掌握。

新建图形文件命令的启动方式由系统变量 Startup 确定。

默认情况下 Startup = 0,调用"New"命令后将打开"选择样板"对话框,如图 2-4 所示。在"选择样板"对话框中,用户可在样板列表框中选中某个样板文件。样板文件的扩展名为 dwt,其中包含与绘图相关的一些通用设置。选用合适的样板文件,可以提高绘图效率并可保证一套图形文件的一致性。

如设定系统变量 Startup = 1(即在命令行键入 Startup,然后再将变量当前值修改为 1),调用"New"命令后将打开"创建新图形"对话框,其中包含 3 种创建方式,分别是"从草图开始"、"使用样板"及"使用向导",如图 2-24 所示。

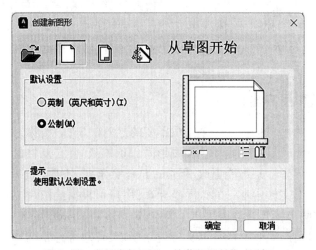

图 2-24　"创建新图形—从草图开始"对话框

选择"使用向导"创建方式,该方式又分为"高级设置"和"快速设置"。选择"高级设置",弹出的对话框如图 2-25 所示。设置过程分为 5 个步骤,读者可按步骤逐步熟悉

AutoCAD 绘图环境的设置方法。

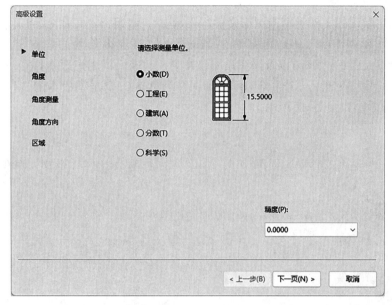

图 2-25　"创建新图形—使用向导—高级设置"对话框

■打开图形文件

命令名称:Open

打开图形文件有 4 种方式:"打开"、"以只读方式打开"、"局部打开"、"以只读方式局部打开"。其中,"局部打开"功能在打开大型文件时非常有用,用户可根据需要只加载图形的部分内容。调用"Open"命令后,"选择文件"对话框如图 2-26 所示。

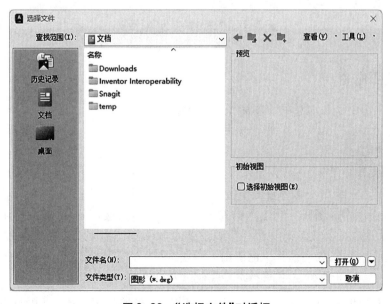

图 2-26　"选择文件"对话框

■保存图形文件

命令名称:Save

AutoCAD 默认的文件类型为图形文件(∗.dwg)。调用"Save"命令,也可将当前文件保存为图形样板文件(∗.dwt,可存储在 Template 文件夹内作为用户自定义的样板文件)、图形标准文件(∗.dws)以及 ASCII 编码文件(∗.dxf,可用记事本打开,用于同其他应用程序间的数据交换)。文件类型可选择保存为 AutoCAD 早期版本的文件格式。"图形另存为"对话框如图 2-27 所示。

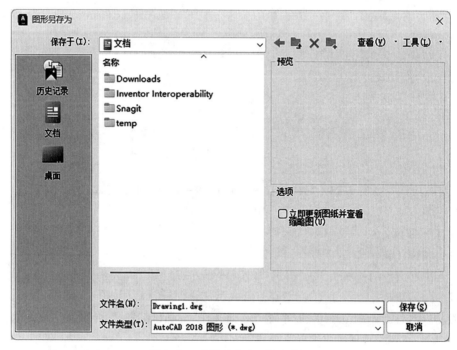

图 2-27 "图形另存为"对话框

2.6.2 绘图命令

本节仅学习 1 个最简单的绘图命令,绘直线。

■绘直线

命令名称:Line

命令简称:L

该命令可用来绘制一系列首尾衔接的直线段。调用"Line"命令后,提示用户输入第一点,可按照 2.5 节中各种坐标输入的方法输入一点,或直接用鼠标在绘图窗口任意拾取一点;系统提示输入第二点,输入后系统再次提示输入第三点……。在画线过程中,键入"U"可退回到上一点,如当前至少已画出 2 段线,可键入"C"结束命令并构成闭合图形。

2.6.3 修改命令

本节仅学习 1 个最简单的修改命令,删除对象。

■删除对象

命令名称:Erase

命令简称:E

该命令用来删除绘图窗口中的一个或若干个对象。调用"Erase"命令后,系统提示用户选择对象,这时十字光标变为"□"形光标。根据待选对象的多少,可采用鼠标拉出矩形窗口的方式进行窗选,也可采用"□"形光标点压在对象上的方式进行点选。对象的选择可分多次完成,选择结束后输入回车键,则所选对象被删除。

2.6.4 视图平移及缩放命令

AutoCAD 绘图窗口所代表的三维空间及其二维投影平面是无限的,但显示屏的大小是有限的。因此,绘图过程中经常需要移动或缩放当前绘图窗口的显示内容。虽然可采用绘图窗口滚动条上的滑块来控制当前显示区域,但更常用的方法是调用视图平移与缩放命令。

■视图实时平移

命令名称:Pan

命令简称:P

■视图实时缩放

命令名称:Zoom

命令简称:Z

除实时平移、实时缩放外,命令"Pan"和"Zoom"都还有其他的一些操作模式,这里不再详述。另外,在执行平移或缩放操作过程中,单击鼠标右键,在弹出的快捷菜单中可进行快速切换。熟练掌握平移、缩放的操作技巧,是 AutoCAD 入门的必经之路。

2.6.5 对象捕捉

对象捕捉是 AutoCAD 的一种最常用的精确绘图辅助工具,前文已学习过可使用"F3"功能键对其开启或关闭。使用鼠标右键在状态栏上的对象捕捉按钮上单击后选择"对象捕捉设置",可弹出"草图设置"对话框,在打开的"对象捕捉"页面上选中"□端点"、"△中点"前面的方框,清除其他的选项,如图 2-28 所示。端点及中点本身的含义很清楚,这2 项被选中,表示当对象捕捉功能开启时,如需要在绘图窗口中执行拾取点的操作,可在已有对象的端点、中点实现精确捕捉。关于其他对象捕捉模式的功能,将在第 3 章详细讲解。

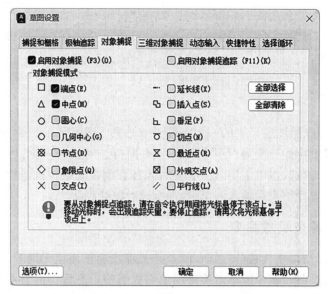

图 2-28 "草图设置—对象捕捉"对话框

2.7 软件帮助

从 2.3 节开始,本章依次介绍了 AutoCAD 的用户界面、AutoCAD 的命令调用和系统变量、坐标系与坐标输入方法、几组简单命令的学习等内容。这些内容是学习 AutoCAD 软件的基础,是进入后续章节学习 AutoCAD 二维绘图和三维建模的必经之路。随着计算机硬件的发展,AutoCAD 必然会不断推陈出新,在新的版本中增加新的功能和命令,这就要求用户在掌握了软件的基本功能后还应学会使用软件帮助,从而自己能够解决学习过程中遇到的问题。

2.7.1 显示工具提示

AutoCAD 2023 为用户提供了快捷方便的工具提示。初始状态下,当用户将光标停留在功能区任意一处按钮上时,AutoCAD 将显示该工具的基本提示,包括命令中文名称、命令功能、英文命令全称。当光标悬停 1 秒后(初始值),还会继续显示该工具的扩展提示,进一步通过图形示例的方式给出该命令的功能操作。

如图 2-7 所示,在"选项—显示"对话框中,"显示工具提示"及"显示鼠标悬停工具提示"前面的复选框按默认设定是开启的,如今后对 AutoCAD 的命令已基本掌握后,可以关闭其中的扩展提示,或增大延迟秒数,以提高软件的运行速度。

2.7.2 软件帮助

更多的帮助内容可执行"帮助"菜单中的各个菜单项,或者在开启任意一个对话框或进行其他命令操作过程中按"F1"功能键进入到帮助界面。AutoCAD 2023 的帮助主页如图 2-29 所示。用户可根据需要在搜索框输入关键字进行检索,也可按帮助主题进行分类检索。

图 2-29　AutoCAD 2023 帮助主页

2.8　简单图形绘制示例

应用前面各节所学习的 AutoCAD 命令,本节详细讲解 2 个简单图形的绘制过程。

★例题 2-1

如图 2-30 所示,按照图中尺寸绘制三角形屋架正立面图。

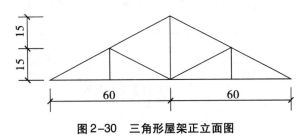

图 2-30　三角形屋架正立面图

【操作过程】

命令:line ↙ (↙代表输入回车键)

指定第一点:在绘图窗口拾取任一点

指定下一点或[放弃(U)]:@60,0 ↙

指定下一点或[放弃(U)]:@0,30 ↙

指定下一点或[闭合(C)/放弃(U)]:C ↙ (至此,三角形屋架左侧上、下弦杆,中腹杆完成)

命令:F3 键开启对象捕捉,并按照图 2-28 所示启用端点、中点捕捉

命令:line ↙

指定第一点:移动光标到左侧下弦杆中点附近,捕捉该点

指定下一点或[放弃(U)]:移动光标到左侧上弦杆中点附近,捕捉该点

指定下一点或[放弃(U)]:移动光标到中腹杆下端点附近,捕捉该点

指定下一点或[闭合(C)/放弃(U)]:@60,0 ↙

指定下一点或[闭合(C)/放弃(U)]:移动光标到中腹杆上端点附近,捕捉该点

指定下一点或[闭合(C)/放弃(U)]:↙

命令:line ↙

指定第一点:移动光标到中腹杆下端点附近,捕捉该点

指定下一点或[放弃(U)]:移动光标到右侧上弦杆中点附近,捕捉该点

指定下一点或[放弃(U)]:移动光标到右侧下弦杆中点附近,捕捉该点

指定下一点或[闭合(C)/放弃(U)]:↙

【补充说明】

保存该图形文件前可调用"Zoom"命令并输入 A 参数,以实现全图视图保存。

★例题 2-2

如图 2-31 所示,按照图中尺寸绘制单层房屋正立面图。

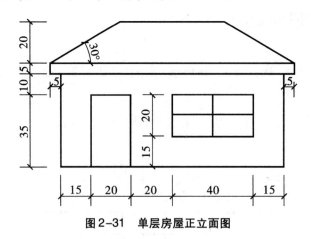

图 2-31 单层房屋正立面图

【操作过程】

提示:如必要,可调用 Pan、Zoom 命令将当前绘图窗口调整到合适的显示范围。

命令:line ↵

指定第一点:在绘图窗口拾取任一点

指定下一点或[放弃(U)]:@15,0 ↵

指定下一点或[放弃(U)]:@20,0 ↵

指定下一点或[闭合(C)/放弃(U)]:@20,0 ↵

指定下一点或[闭合(C)/放弃(U)]:@40,0 ↵

指定下一点或[闭合(C)/放弃(U)]:@15,0 ↵

指定下一点或[闭合(C)/放弃(U)]:@0,45 ↵

指定下一点或[闭合(C)/放弃(U)]:@5,0 ↵

指定下一点或[闭合(C)/放弃(U)]:@0,5 ↵

指定下一点或[闭合(C)/放弃(U)]:@ –120,0 ↵

指定下一点或[闭合(C)/放弃(U)]:@0, –5 ↵

指定下一点或[闭合(C)/放弃(U)]:@5,0 ↵

指定下一点或[闭合(C)/放弃(U)]:C ↵ (完成房屋下部外轮廓线绘制)

命令:F3 键开启对象捕捉,并按照图 2-28 所示启用端点、中点捕捉

命令:line ↵

指定第一点:移动光标到左下角第一根水平线段右端点附近,捕捉该点

指定下一点或[放弃(U)]:@0,35 ↵

指定下一点或[放弃(U)]:@20,0 ↵

指定下一点或[闭合(C)/放弃(U)]:@0, –35 ↵

指定下一点或[闭合(C)/放弃(U)]:↵ (完成门线绘制)

命令:line ↵

指定第一点:移动光标到下部第三根水平线段右端点附近,捕捉该点

指定下一点或[放弃(U)]:@0,15 ↵

指定下一点或[放弃(U)]:@40,0 ↵

指定下一点或[闭合(C)/放弃(U)]:@0,20 ↵

指定下一点或[闭合(C)/放弃(U)]:@ –40,0 ↵

指定下一点或[闭合(C)/放弃(U)]:@0, –20 ↵

指定下一点或[闭合(C)/放弃(U)]:↵

命令:line ↵

指定第一点:移动光标到窗左端竖直线中点附近,捕捉该点

指定下一点或[放弃(U)]:移动光标到窗右端竖直线中点附近,捕捉该点

指定下一点或[放弃(U)]:↵

命令:line ↵

指定第一点:移动光标到窗下端水平线中点附近,捕捉该点

指定下一点或[放弃(U)]:移动光标到窗上端水平线中点附近,捕捉该点

指定下一点或[闭合(C)/放弃(U)]：↙

命令：erase ↙

选择对象：用光标选择窗左下角下侧绘图辅助线↙

选择对象：↙（删除多余定位辅助线，完成窗线绘制）

命令：line ↙

指定第一点：移动光标到檐口底部水平线右端点附近，捕捉该点

指定下一点或[放弃(U)]：移动光标到檐口底部水平线左端点附近，捕捉该点

指定下一点或[放弃(U)]：↙

命令：line ↙

指定第一点：移动光标到檐口顶部水平线左端点附近，捕捉该点

指定下一点或[放弃(U)]：@40<30 ↙（采用相对极坐标输入，绘制坡屋面斜线）

指定下一点或[放弃(U)]：↙

命令：line ↙

指定第一点：移动光标到檐口顶部水平线右端点附近，捕捉该点

指定下一点或[放弃(U)]：@40<150 ↙

指定下一点或[放弃(U)]：移动光标到左侧坡屋面斜线右上角端点附近，捕捉该点

指定下一点或[闭合(C)/放弃(U)]：↙

【补充说明】

实际上，只要准确知道各点坐标，仅采用"Line"命令就能绘出本例图形。坐标输入时，读者应根据需要，灵活选用相对直角坐标或相对极坐标；也可在"极轴追踪状态"开启的前提下，采用更加简便的"直接距离输入"的坐标输入方法，或者用"F12"功能键开启"动态输入"方式进行坐标值的输入，此处不再赘述。

 思考和练习

1.思考题

(1)Autodesk 公司的主要产品有哪些？

(2)AutoCAD 的软件发展过程中曾用过几种版本号类型？

(3)AutoCAD 的用户界面由哪几部分组成？

(4)在 AutoCAD 的状态栏中，共集成了哪些辅助工具？

(5)AutoCAD 的命令调用方式有几种？

(6)如何修改 AutoCAD 的命令简写？

(7)AutoCAD 中，F1~F12 各标准功能键的作用分别是什么？

(8)AutoCAD 中，Ctrl+数字、Ctrl+单字母的组合快捷键的功能分别是什么？

(9)AutoCAD 中有几种坐标系，在二维及三维空间中分别如何进行坐标的输入？

(10)通过什么方法可在新建图形文件时调出"创建新图形"对话框？

(11)AutoCAD 中共有几种文件类型？有什么区别？

(12)视图全图缩放和实时缩放有何不同？

2. 练习题

（1）按照给定尺寸绘出题 2-1 图中各梁截面轮廓图，并保存文件，不需标注尺寸。

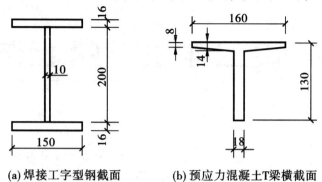

(a) 焊接工字型钢截面　　　(b) 预应力混凝土T梁横截面

题 2-1 图　梁横截面轮廓绘图练习

（2）按照给定尺寸绘出题 2-2 图中各门、窗大样图，并保存文件，不需标注尺寸。

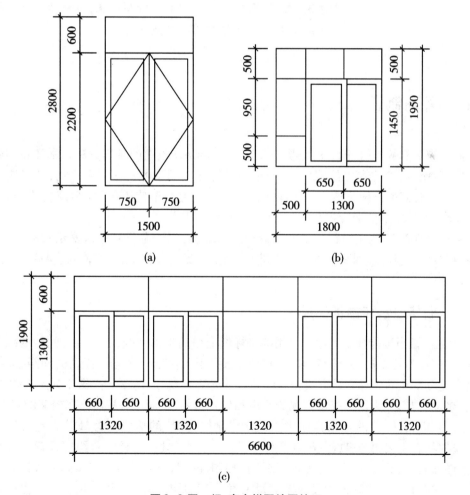

(a)　　　　　　　　(b)

(c)

题 2-2 图　门、窗大样图绘图练习

第3章 AutoCAD 二维绘图基本操作

内容提要　　本章以掌握 AutoCAD 二维绘图基本操作技能为目标,首先介绍了 AutoCAD 的 7 类精确制图辅助工具,随后详细讲解了 21 个二维图形绘制常用命令;在对图形对象选择方法进行全面介绍后,重点讲解了 23 个二维图形编辑常用命令;最后通过 3 个二维图形绘图示例的分析与演练,帮助读者迅速提高 AutoCAD 二维绘图的综合实战能力。

3.1　精确制图

通过第 2 章的学习,读者已经初步掌握了 AutoCAD 绘图的基本方法。本章我们将对如何应用 AutoCAD 绘制二维图形,进行更加系统深入的学习。在学习之初,读者应当努力培养一种良好的绘图习惯——在任何情况下都要习惯于使用各种"精确制图"辅助工具来绘图,所绘制的图形应当是合乎比例的"精确图形"。

AutoCAD 2023 为用户提供了多种精确制图辅助工具,主要有栅格显示和栅格捕捉、极轴追踪和正交模式、对象捕捉和对象捕捉追踪、三维对象捕捉、动态输入、快捷特性和选择循环等。

3.1.1　栅格显示和栅格捕捉

"栅格"相当于传统手工绘图使用的坐标纸上面的坐标网线,是一些等间距的纵横正交栅格线,可为绘图提供坐标参考。"栅格捕捉"用于设定十字光标移动的间距,即把坐标值为连续变化的光标移动方式变为间断式的光标移动方式。采用"栅格显示"和"栅格捕捉"辅助工具,可为用户提供直观的距离和位置参照,从而达到提高绘图效率的目的。

启用"栅格显示"的功能键为"F7",启用"栅格捕捉"的功能键为"F9"。也可通过单击对应的状态栏按钮开启或关闭这两种工具。单击菜单栏"工具"→"绘图设置",在弹出的"草图设置"对话框中当前显示的就是"捕捉和栅格"选项卡,可对其具体方式进行设置和修改。初始状态下,软件预设的栅格间距值为 10,捕捉间距值也为 10。二者也可设为相同或不同的其他值。虽然启用"栅格显示"和"栅格捕捉"是相互独立的,但通常二者宜同时开启后配合使用。"栅格捕捉"的类型有"矩形捕捉"和"等轴测捕捉",以及需要同"极轴追踪"工具配合使用的"PolarSnap"捕捉;在"自适应栅格行为"中可复选"允许以小于栅格间距的间距再拆分",这样当视图缩放后,会通过增减栅格线来控制栅格显示的密度。"草图设置—捕捉和栅格"对话框如图 3-1 所示。

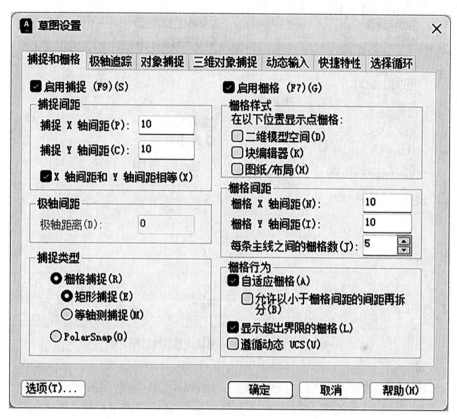

图 3-1　"草图设置—捕捉和栅格"对话框

3.1.2　极轴追踪和正交模式

"极轴追踪"的含义是按预先设定的角度增量来追踪特征点。启用"极轴追踪"的功能键为"F10",或通过单击状态栏相应按钮开启。单击菜单栏"工具"→"绘图设置",在弹出的"草图设置"对话框中选择"极轴追踪"选项卡,可对其具体方式进行设置和修改。"草图设置—极轴追踪"对话框如图 3-2 所示。

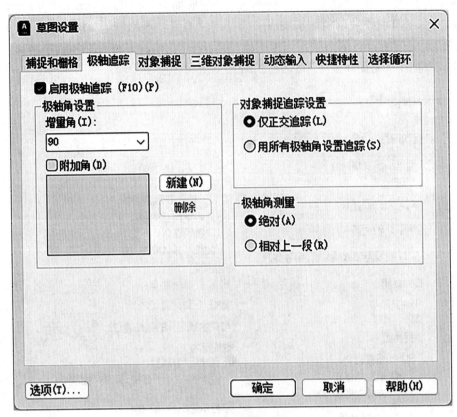

图 3-2 "草图设置—极轴追踪"对话框

当启用"极轴追踪"功能后,在要求指定点时,AutoCAD 会按照图 3-2 中预先设定的"增量角"及"附加角"在绘图窗口动态显示出一条无限延伸的辅助线(用虚线显示),此时仅需输入下一点到当前点的相对距离(极坐标中的极径)即可在当前显示的角度上确定该点位置。例如,若将"增量角"设为 30,"附加角"设为 22.5,则含义为可追踪的角度为 0°、22.5°、30°、60°、90°…。该辅助工具特别适合于极角为已知固定值时多个点的输入。

"正交模式"功能实际上是"极轴追踪"功能的一个特例,即相当于启动"极轴追踪"后将"增量角"设为 90°。但由于在绘图过程中,水平线和垂直线的绘制很常见。因此,AutoCAD 单独把"正交模式"从"极轴追踪"中独立出来,采用"F8"功能键启用这一工具。应注意的是,"正交模式"和"极轴追踪"互相排斥,即二者不能同时开启。

3.1.3 对象捕捉和对象捕捉追踪

"对象捕捉"是一种使用频率最高的精确制图辅助工具。启用"对象捕捉"的功能键为 F3。单击菜单栏"工具"→"绘图设置",在弹出的"草图设置"对话框中选择"对象捕捉"选项卡,可对其具体方式进行设置和修改。二维绘图中常用的对象捕捉设置方式如图 3-3 所示。

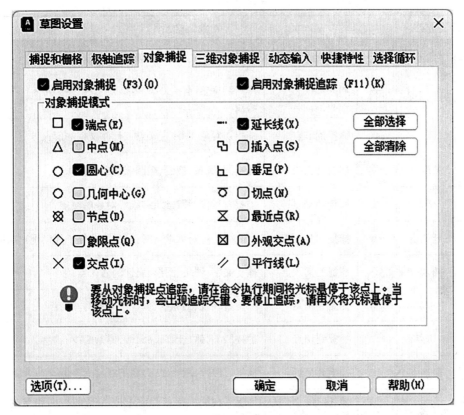

图 3-3 "草图设置—对象捕捉"对话框

在 AutoCAD 中,所绘制的各种图形元素通称为对象,也可称为图元。由于 AutoCAD 的图形文件是一种矢量文件,所有对象在文件中的存储是以该对象各个关键点的存储为基础的。每一种对象,例如点、直线段、样条曲线、圆、圆弧、图块、文字、标注等均有描述其空间位形的各种关键点。启用"对象捕捉",实际上就是捕捉各个对象上的各种类型的关键点;"对象捕捉模式"的选定,就是从如图 3-3 中所列的 14 种对象关键点中选择出一种供当前采用的关键点捕捉组合方案。在表 3-1 中,详细列出了这 14 种对象关键点的标志、名称,以及相对应的对象捕捉工具的图标、名称和功能。

表 3-1 对象关键点及对象捕捉工具

对象关键点		对象捕捉工具		
标志	名称	图标	名称	功能
▣	端点	↗	捕捉到端点	捕捉直线段、圆弧线、多线等对象的最近端点
△	中点	↗	捕捉到中点	捕捉直线段、圆弧线、多线等对象的中点

续表 3-1

对象关键点		对象捕捉工具	
⊚	圆心	⊙ 捕捉到圆心	捕捉圆、圆弧、椭圆、椭圆弧的圆心
⊙	几何中心	⊡ 捕捉到几何中心	捕捉到多段线、二维多段线和二维样条曲线的几何中心点
⊠	节点	▫ 捕捉到节点	捕捉点对象、标注定义点或标注文字的起点
◈	象限点	✥ 捕捉到象限点	捕捉圆、圆弧、椭圆、椭圆弧的象限点
✕	交点	✕ 捕捉到交点	捕捉直线段、圆弧线、多线等对象的交点
┅	延长线	┅ 捕捉到延长线	当光标经过对象端点时,显示临时延长线供用户捕捉
⌸	插入点	⌸ 捕捉到插入点	捕捉文字、图块、图形、属性的插入点
⌐	垂足	⊥ 捕捉到垂足	捕捉直线段、圆弧线、多线等对象的垂足点
⊙	切点	⌀ 捕捉到切点	捕捉圆、圆弧、椭圆、椭圆弧、样条曲线的切点
⊠	最近点	✗ 捕捉到最近点	捕捉直线段、圆弧线、多线等对象的最近点
⊠	外观交点	✗ 捕捉到外观交点	捕捉不在同一平面但看起来在当前视图相交的对象交点
∥	平行线	∥ 捕捉到平行线	捕捉与指定线形对象平行的线形对象上的点

　　启用"对象捕捉追踪"的功能键为"F11"。使用"对象捕捉追踪",可以沿着基于对象捕捉点的对齐路径进行追踪。对齐路径用虚线显示,已获取的追踪点将显示一个小加号(+),一次最多可以获取 7 个追踪点。获取追踪点之后,当在绘图路径上移动光标时,将显示相对于获取点的水平、垂直或极轴对齐路径。"对象捕捉追踪"的应用十分灵活,熟练掌握该工具的使用技巧后可以大大提高作图效率。

3.1.4　三维对象捕捉

　　"三维对象捕捉"的功能和使用方法与"对象捕捉"类似,开启后在三维建模时使用。启用"三维对象捕捉"的功能键为"F4"。单击菜单栏"工具"→"绘图设置",在弹出的"草图设置"对话框中选择"三维对象捕捉"选项卡,可对其具体方式进行设置和修改。三维建模中常用的三维对象捕捉设置方式如图 3-4 所示。在"草图设置—三维对象捕捉"对话框中可以对 6 种对象关键点及 8 种点云的关键点进行复选。所谓点云是指通过三维激光扫描仪或其他技术获取的大型"点"集合,并且可用于创建现有结构的三维表示。6 种三维对象关键点的标志、名称,以及相对应的三维对象捕捉工具的图标、名称和功能列于

表 3-2 中。应注意表 3-2 中的三维对象关键点的标志虽然与表 3-1 中对象关键点的标志相同,但其含义并不一样。另外,开启"三维对象捕捉"辅助工具,AutoCAD 的运行速度可能会受到一定影响,用户应根据需要谨慎选择使用。

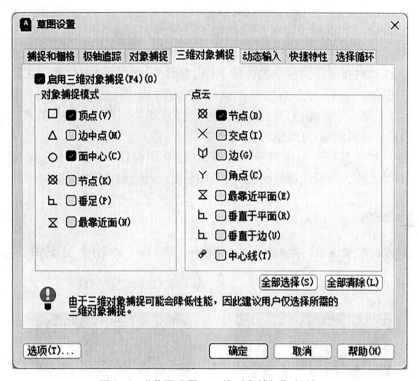

图 3-4　"草图设置—三维对象捕捉"对话框

表 3-2　三维对象关键点及三维对象捕捉工具

三维对象关键点		三维对象捕捉工具		
标志	名称	图标	名称	功能
▣	顶点	⌖	捕捉到顶点	捕捉三维对象的最近顶点
△	边中点	⌖	捕捉到中点	捕捉边的中点
◎	面中心	⊙	捕捉到中心	捕捉面的中心
⊠	节点	▣	捕捉到节点	捕捉样条曲线上的节点
⌐	垂足	⊥	捕捉到垂足点	捕捉垂直于面的点
⊠	最靠近面	⌖	捕捉到最近点	捕捉最靠近三维对象面的点

3.1.5 动态输入

"动态输入"是一种高效率的精确制图辅助工具,可使用"F12"功能键启用该工具。"动态输入"的主要功能是在输入点及标注输入时,在光标附近为用户提供一个提示和输入的窗口,以帮助用户更加专注于绘图区域而不用再去看命令窗口。启用"动态输入"后,工具栏提示将在光标附近显示信息,该信息会随着光标的移动而动态更新。当某条命令为活动时,工具栏提示将为用户提供输入(包含命令、坐标等)的位置。在活动信息栏中输入值并按"Tab"键后,该信息栏将显示一个锁定图标,并且光标会受用户输入的值约束。随后可以在第二个活动信息栏中输入值。另外,如果用户输入值然后按"Enter"键,则第二个信息栏将被忽略,且该值将被视为直接距离输入。

单击菜单栏"工具"→"绘图设置",在弹出的"草图设置"对话框中选择"动态输入"选项卡,可对动态输入的模式进行设置。"草图设置—动态输入"对话框如图 3-5 所示。

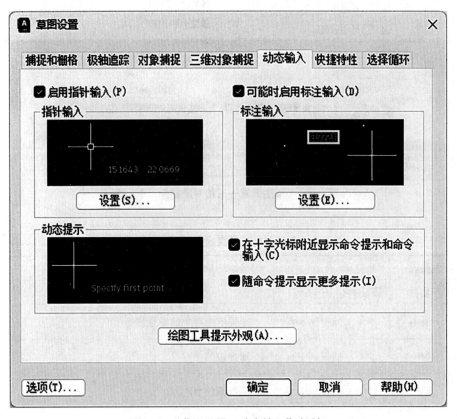

图 3-5 "草图设置—动态输入"对话框

3.1.6 快捷特性

"快捷特性"工具可使用组合键"Ctrl+Shift+P"开启,或单击状态栏上相应的按钮进行开启或关闭。单击菜单栏"工具"→"绘图设置",在弹出的"草图设置"对话框中选择"快捷特性"选项卡,可对"快捷特性"选项板进行设置,如图 3-6 所示。

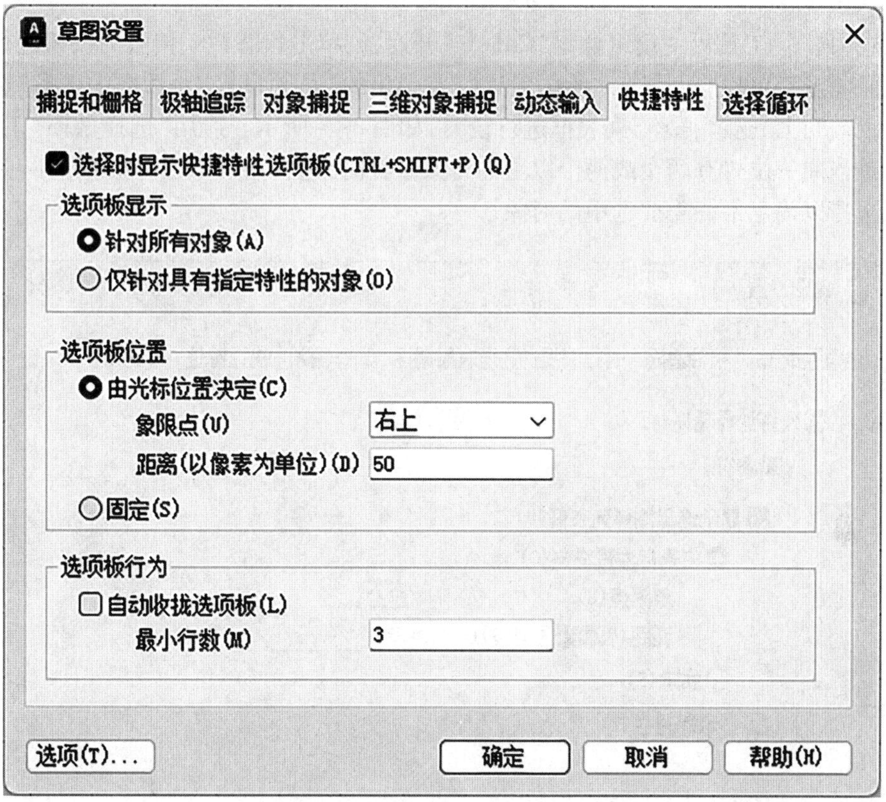

图 3-6　"草图设置—快捷特性"对话框

"快捷特性"工具开启后,当用户选择了若干个对象后,将在绘图窗口的光标附近或用户设置的固定位置显示一个"快捷特性"选项板。该选项板中详细统计了当前已选择对象的总数量、类型,每一种类型的数量,如选择其中的一个对象,将在选项板中列出该对象的一些特性。例如,图 3-7 所示为选择了绘图窗口中的一个圆后显示的"快捷特性"选项板。在该选项板中,所选择的圆的颜色、图层、线型、圆心坐标、半径、直径、周长、面积等均被列出。

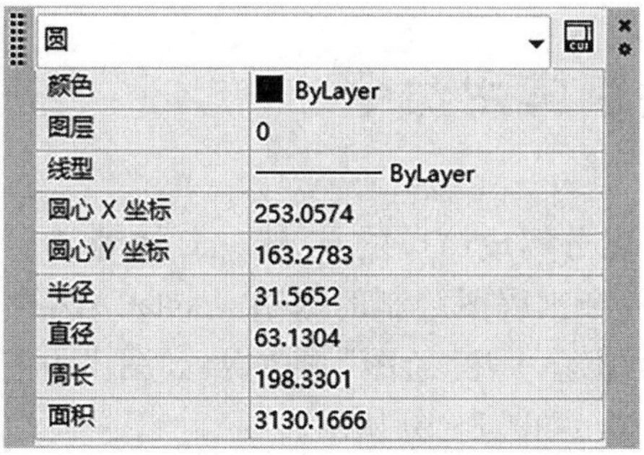

图 3-7　"快捷特性"选项板示例

3.1.7　选择循环

"选择循环"工具可使用组合键"Ctrl+W"开启,或单击状态栏上相应的按钮进行开启或关闭。单击菜单栏"工具"→"绘图设置",在弹出的"草图设置"对话框中选择"选择循环"选项卡,可对"选择循环"列表框进行设置,如图 3-8 所示。启用"选择循环"工具,主要作用是当同一位置有两个或两个以上的对象重叠时,选择后可以在"选择循环"列表框中进行选择以确定最终需要选中的对象。

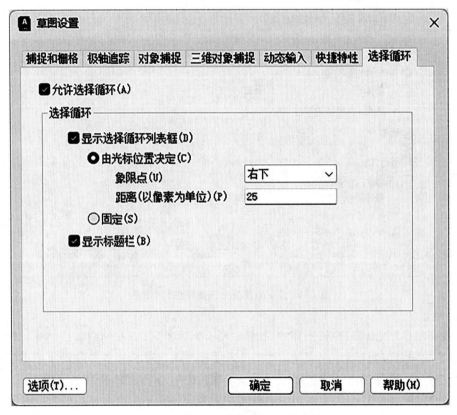

图 3-8　"草图设置—选择循环"对话框

3.2　二维图形绘制常用命令

任何复杂的图形都可以分解成简单的点、线、面、体等基本形体,熟练掌握 AutoCAD 的图形绘制命令,是完成复杂工程图绘制的基础。AutoCAD 的图形绘制命令,包括二维绘图和三维建模,绝大多数都集中在"绘图"菜单内,如图 3-9 所示。位于"默认"功能区选项卡最左侧的"绘图"面板,如图 3-10 所示。

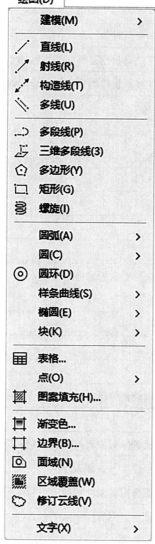

图 3-9　"绘图"菜单

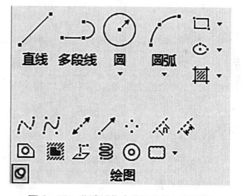

图 3-10　"默认"功能区"绘图"面板

　　常用的二维图形绘制命令汇总列于表 3-3 中。表中所列的每一条命令都对应着一种基本二维图形对象的创建。为便于初学者学习和掌握,根据所创建基本二维图形对象的几何特征,将表中的命令归纳为 6 种类型。应注意,创建椭圆和椭圆弧的命令都是"Ellipse"。因此,表 3-3 中共包含 21 个二维绘图基本命令。

表 3-3   二维图形绘制常用命令

类型	中文名	命令	功能
创建点对象	点	Point	创建单个或多个点对象
	定数等分	Divide	沿对象的长度或周长创建等间隔排列的点对象或块
	定距等分	Measure	沿对象的长度或周长按指定间隔创建点对象或块
创建直线对象	直线	Line	创建直线段
	射线	Ray	创建开始于一点并无限延伸的线
	构造线	Xline	创建无限长的线
	多线	Mline	创建多条平行线
	多段线	Pline	创建二维多段线
创建曲线对象	圆弧	Arc	创建圆弧
	椭圆弧	Ellipse	创建椭圆弧
	样条曲线	Spline	使用拟合点或控制点创建样条曲线
	修订云线	Revcloud	使用多段线创建修订云线
创建闭合直线对象	矩形	Rectang	创建矩形多段线
	多边形	Polygon	创建等边闭合多段线
创建闭合曲线对象	圆	Circle	创建圆
	圆环	Donut	创建实心圆或较宽的环
	椭圆	Ellipse	创建椭圆
创建二维区域对象	面域	Region	将包含封闭区域的对象转换为面域对象
	边界	Boundary	用封闭区域创建面域或多段线
	图案填充	Hatch	对封闭区域或选定对象使用图案进行填充
	渐变色	Gradient	对封闭区域或选定对象使用渐变色进行填充
	区域覆盖	Wipeout	创建区域覆盖对象

3.2.1　创建点对象

创建点对象的命令有 3 个,分别是:点"Point"、定数等分"Divide"、定距等分"Measure"。

■点

命令名称:Point

命令简称:PO

命令参数:当前点模式:　PDMODE=0　PDSIZE=0.0000

指定点:

命令功能:创建单个或多个点对象

调用"Point"命令后,命令窗口首先列出当前点的显示模式,默认为"PDMODE=0,PDSIZE=0.0000",并提示用户输入点。可用鼠标在绘图窗口直接指定点的位置,也可输入点的坐标值。系统变量"PDMODE"控制点的形状,"PDSIZE"控制点的大小。单击菜单项"格式"→"点样式",可开启"点样式"对话框,如图3-11所示,可选择点的形状并设定显示大小。应注意:无论点的显示模式怎样改变,点在AutoCAD中始终是一个仅有空间位置而无大小的对象。当点位于其他对象上时,宜选择非默认形状,以便于观察识别。

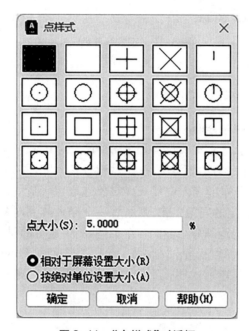

图3-11　"点样式"对话框

■定数等分

命令名称:Divide

命令简称:DIV

命令参数:选择要定数等分的对象:

命令功能:沿对象的长度或周长创建等间隔排列的点对象或块

调用"Divide"命令后,命令窗口提示"选择要定数等分的对象:"。选定对象后接着提示"输入线段数目或[块(B)]",此时可输入一个正整数$N(2 \leq N \leq 32767)$,则所选对象被N等分,并在对象上插入$(N-1)$个等分点。如在提示"输入线段数目或[块(B)]"时键入参数"B",表示将使用块来代替点进行定数等分,命令窗口接下来提示"输入要插入的块名:",输入后提示"是否对齐块和对象?[是(Y)/否(N)]<Y>:",最后再输入线段的数目完成该命令的操作。图3-12给出了定数等分绘图的一个示例:已知图3-12(a)中矩形的尺寸为100 mm×60 mm,对该矩形进行16等分,等分后的效果如图3-12(b)所示。其中点样式预先修改为图3-11中第2行第4列的样式。

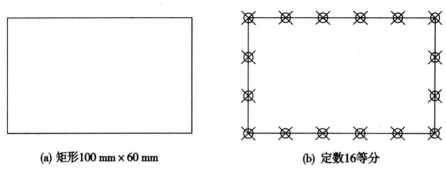

(a) 矩形100 mm×60 mm   (b) 定数16等分

图3-12　定数等分示例

■定距等分

命令名称：Measure

命令简称：ME

命令参数：选择要定距等分的对象：

命令功能：沿对象的长度或周长按指定间隔创建点对象

该命令与定数等分命令的功能类似，操作过程也基本相同。所创建的等分点的间距是预先由用户指定的，等分点的插入位置从离对象选取点较近的端点开始。如果对象的长度或周长不能被预先指定的间距整除，则最后一个插入点到对象端点的距离将不等于该间距。图3-13给出了定距等分绘图的一个示例：图中矩形的尺寸仍为100×60，若定距等分的间距为20，等分后的效果如图3-13(a)所示；若定距等分的间距为30，等分后的效果如图3-13(b)所示，此时矩形的周长不能被等分间距整除，则在初始选择的矩形左下角位置间距为50。

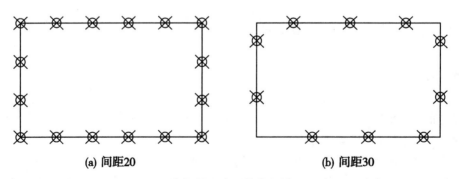

(a) 间距20   (b) 间距30

图3-13　定距等分示例

3.2.2　创建直线对象

创建直线对象的命令有5个，分别是：直线"Line"、射线"Ray"、构造线"Xline"、多线"Mline"、多段线"Pline"。

■直线

命令名称：Line

命令简称：L

命令参数:指定第一个点:

命令功能:创建直线段

该命令可用来绘制一系列首尾衔接的直线段。调用"Line"命令后,提示用户输入第一点,可直接用光标在绘图窗口输入,也可利用对象捕捉等精确制图辅助工具输入点,或采用键盘输入点的坐标值;软件接着提示输入第二点,输入后软件再次提示输入第三点……。在画线过程中,键入"U"可回退到上一点,如当前至少已画出 2 条直线段,可键入"C"结束命令并构成闭合图形。

■射线

命令名称:Ray

命令简称:无

命令参数:指定起点:

命令功能:创建开始于一点并无限延伸的线

调用"Ray"命令后,按提示依次指定起点和通过点即可绘制一条射线。也可在指定起点后,在命令窗口提示"指定通过点"时指定多个点,可绘制以同一端点为起点的一簇射线。

■构造线

命令名称:Xline

命令简称:XL

命令参数:指定点或[水平(H)/垂直(V)/角度(A)/二等分(B)/偏移(O)]:

命令功能:创建无限长的线

构造线即数学意义上的直线,两端均无限延伸。在 AutoCAD 中,绘制构造线主要用于建立作图辅助线。调用"Xline"命令后,命令窗口提示"指定点或[水平(H)/垂直(V)/角度(A)/二等分(B)/偏移(O)]:"。如不作任何参数选择,和绘射线相仿,依次指定 2 个点即可绘制一条构造线;选择"H"参数可绘制水平构造线;选择"V"参数可绘制竖直构造线;选择"A"参数可绘制按指定角度倾斜的构造线;选择"B"参数可绘制已知角的角平分线;选择"O"参数可绘制与已有直线平行且距离给定的构造线。

★例题 3-1

如图 3-14(a)所示,已知△ABC,求作∠BAC 的角平分线。

【操作过程】

命令:Xline↙

指定点或[水平(H)/垂直(V)/角度(A)/二等分(B)/偏移(O)]:B↙

指定角的顶点:拾取 A 点↙(提示:需开启端点捕捉)

指定角的起点:拾取 B 点↙

指定角的端点:拾取 C 点↙

指定角的端点:↙(结束 Xline 绘制命令)

【补充说明】

绘制完成的角平分线如图 3-14(b)所示。实际上,在指定角的起点和端点时,先指

定 C 再指定 B,得到的结果也完全相同。

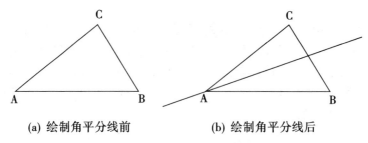

(a) 绘制角平分线前   (b) 绘制角平分线后

图 3-14　构造线绘图简例

■多线

命令名称:Mline

命令简称:ML

命令参数:当前设置:对正 = 上,比例 = 20.00,样式 = STANDARD

　　　　　指定起点或［对正(J)/比例(S)/样式(ST)］:

命令功能:创建多条平行线

　　多线是一种由 2 条或 2 条以上的平行线组成的复合线型对象。常用于绘制建筑图中的墙体、道路图中的道路线型、设备图中的管线等。组成多线的单根平行线称为图元,每根多线最多可包含 16 个图元;每个图元的位置由其到多线基线的偏移量来决定。组成多线的图元数量、各图元的偏移量及其他属性均可由用户预先定义。在调用多线命令"Mline"之前,通常应修改或创建符合绘图要求的多线样式。

　　单击菜单项"格式"→"多线样式",将弹出"多线样式"对话框,如图 3-15 所示。在该对话框中,AutoCAD 预设了一种多线样式"STANDARD",通过下方的预览框可见"STANDARD"由 2 条平行线组成,两端均未闭合。单击"多线样式"对话框中的按钮"新建",将弹出"创建新的多线样式"对话框,如图 3-16 所示。

图 3-15　"多线样式"对话框

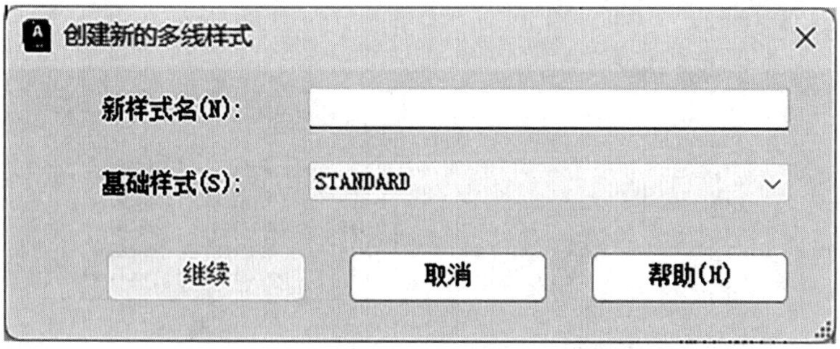

图 3-16　"创建新的多线样式"对话框

在该对话框中键入新的多线样式名称,例如"WALL",单击按钮"继续",将弹出"新建多线样式:WALL"对话框,如图 3-17 所示。在该对话框中可以重新设置组成该多线样式的图元数量、偏移量、颜色、线型,设置该多线样式的两端是否闭合以及采用何种方式闭合、内部是否填充及采用何种颜色填充,并可注释该多线样式的说明语句。新建的多线样式"WALL"主要用来绘制建筑平面图中的墙线,因此,只需要在两端设为直线型闭合封口即可。

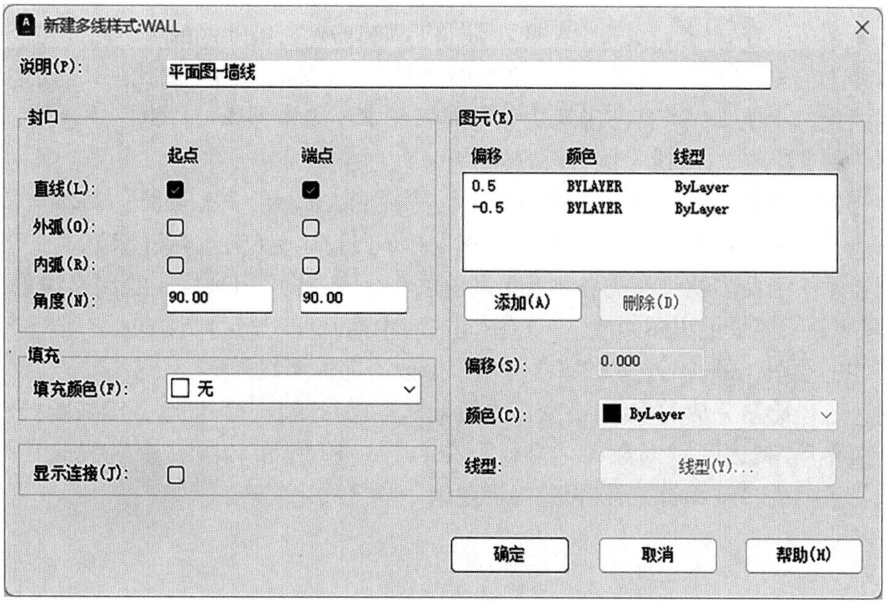

图 3-17　"新建多线样式:WALL"对话框

按照同样的方法,再新建一种多线样式"WINDOW",用来绘制建筑平面图中的窗线,如图 3-18 所示。注意,该多线样式包括 4 条平行线,用来表示最常见的建筑平面图中的窗的绘制,各条平行线之间的距离可按等间距设置。

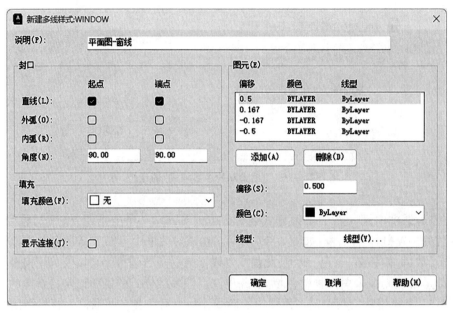

图3-18 "新建多线样式:WINDOW"对话框

在新建多线样式时,无论是"WALL"还是"WINDOW",最外侧的2个图元之间的距离都设置为1。这是为了在绘制不同厚度的墙体时,可根据不同的绘图比例,方便地算出所需的多线比例。例如,对于在建筑中常用的240墙,如按照1:1的方式绘图,则采用"WALL"多线样式时,多线比例应设置为240。

多样样式设置完成后,调用"Mline"命令,命令窗口提示"当前设置:对正 = 上,比例 = 20.00,样式 = STANDARD 指定起点或 [对正(J)/比例(S)/样式(ST)]:"。其中:当前设置显示了当前多线绘制的各种参数值;输入参数"J"可用来修正绘制多线的对正方式,即多线是按照最上边图元或最下边图元或者中间基线进行绘制;输入参数"S"可用来调整多线的绘图比例;输入参数"ST"可用来修改当前的多线样式。

对于已经绘制完成的多线,在交汇处可能需要进行闭合、打开、合并等编辑操作,可通过单击菜单项"修改"→"对象"→"多线",在如图3-19所示弹出的"多线编辑工具"对话框中选择适当的多线编辑工具,再选择需要编辑的多线来实现。

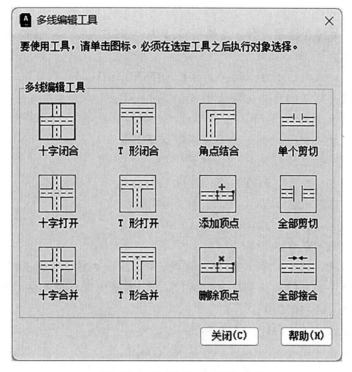

图 3-19　"多线编辑工具"对话框

★**例题 3-2**

　　如图 3-20 所示,用多线绘制某单间房屋平面图。房屋开间 3600,进深 4500,窗宽 1500 居中布置,墙厚 240,绘图比例 1∶1。

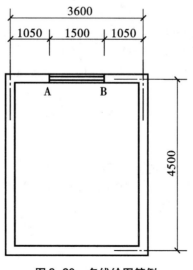

图 3-20　多线绘图简例

【操作过程】

提示：先从 A 到 B 按逆时针方向绘墙线，再从 A 到 B 按顺时针方向绘窗线。

命令：Mline ↙

当前设置：对正＝上，比例＝20.00，样式＝STANDARD

指定起点或［对正(J)/比例(S)/样式(ST)］：ST ↙

输入多线样式名或［?］：WALL ↙

当前设置：对正＝上，比例＝20.00，样式 = WALL

指定起点或［对正(J)/比例(S)/样式(ST)］：J ↙

输入对正类型［上(T)/无(Z)/下(B)］＜无＞：　Z ↙

当前设置：对正＝无，比例 = 20.00，样式＝WALL

指定起点或［对正(J)/比例(S)/样式(ST)］：S ↙

输入多线比例＜20.00＞：240 ↙

当前设置：对正＝无，比例＝240.00，样式＝WALL　　（经过 3 次修正得到的当前设置）

指定起点或［对正(J)/比例(S)/样式(ST)］：在绘图窗口拾取任一点　　（A 点）

指定下一点：@ －1050,0 ↙

指定下一点或［放弃(U)］：@0，－4500 ↙

指定下一点或［闭合(C)/放弃(U)］：@3600,0 ↙

指定下一点或［闭合(C)/放弃(U)］：@0，4500 ↙

指定下一点或［闭合(C)/放弃(U)］：@ －1050,0 ↙（B 点）

指定下一点或［闭合(C)/放弃(U)］：↙（结束墙线绘制）

命令：Mline ↙（再次调用 Mline 绘制窗线）

当前设置：对正＝无，比例＝240.00，样式＝WALL

指定起点或［对正(J)/比例(S)/样式(ST)］：ST ↙

输入多线样式名或［?］：WINDOW ↙（将当前多线样式改为窗线，其他设置不变）

当前设置：对正＝无，比例＝240.00，样式＝WINDOW

指定起点或［对正(J)/比例(S)/样式(ST)］：拾取 A 点 ↙（需开启端点捕捉）

指定下一点：拾取 B 点 ↙

指定下一点或［放弃(U)］：↙（结束窗线绘制）

【补充说明】

多线对正方式中，"无(Z)"表示居中对正，"上(T)"表示以最上边图元位置对正，"下(B)"表示以最下边图元位置对正。比例系数修改为 240，再乘以创建墙线及窗线时定义的初始线宽 1，表示所绘图形的墙厚为 240，即该图形按 1：1 的比例绘制。

■多段线

命令名称：Pline

命令简称：PL

命令参数：指定起点：

命令功能：创建二维多段线

　　多段线是由一组首尾依次相连的直线段或圆弧线组成的复合对象,且每一段直线段或圆弧线都可具有不同的宽度。多段线是 AutoCAD 二维绘图中的一条非常重要的命令,使用多段线命令能够绘制出许多特殊的图形,如实心箭头、交通标志等。而调用前面学习过的命令"Line"、"Ray"、"Xline"、"Mline",以及后面将要学习的命令"Arc"、"Circle"、"Ellipse"等,只能绘制出等宽的直线或曲线对象。

　　调用"Pline"命令并指定起点后,命令窗口提示"当前线宽为 0.0000　指定下一个点或[圆弧(A)/半宽(H)/长度(L)/放弃(U)/宽度(W)]:"。其中,"当前线宽为 0.0000"表示当前线宽采用"1 个像素"显示,以及采用"打印机最小笔宽"打印;输入参数"A"可转换为绘圆弧模式;输入参数"H"可改变下一段多段线的半宽值;输入参数"W"可改变下一段多段线的宽度值;输入参数"L"可直接指定下一段多段线的长度;输入"U"回退到上一步。当输入参数"A"后,由于已经转换到绘圆弧模式,则命令窗口的提示将变为"指定圆弧的端点或[角度(A)/圆心(CE)/闭合(CL)/方向(D)/半宽(H)/直线(L)/半径(R)/第二个点(S)/放弃(U)/宽度(W)]:"。此时可指定圆弧的端点,也可输入其他参数绘制圆弧;如输入参数"L",可再次回到绘直线段模式。

★例题 3-3

　　如图 3-21 所示,用多段线绘制二极管符号。

图 3-21　多段线绘图简例

【操作过程】

　　提示:该图也可用 Line 命令绘制,然后再执行图案填充,但效率要低得多。

　　命令:Pline ↙

　　指定起点:在绘图窗口拾取任一点

　　当前线宽为 0.0000

　　指定下一个点或 [圆弧(A)/半宽(H)/长度(L)/放弃(U)/宽度(W)]:L ↙

　　指定直线的长度:20 ↙

　　指定下一点或 [圆弧(A)/闭合(C)/半宽(H)/长度(L)/放弃(U)/宽度(W)]:

W ↙

　　指定起点宽度 <0.0000>:10 ↙

　　指定端点宽度 <10.0000>:0 ↙

　　指定下一点或 [圆弧(A)/闭合(C)/半宽(H)/长度(L)/放弃(U)/宽度(W)]:L ↙

　　指定直线的长度:10 ↙

　　指定下一点或 [圆弧(A)/闭合(C)/半宽(H)/长度(L)/放弃(U)/宽度(W)]:H ↙

　　指定起点半宽 <0.0000>:5 ↙

　　指定端点半宽 <5.0000>:↙

　　指定下一点或 [圆弧(A)/闭合(C)/半宽(H)/长度(L)/放弃(U)/宽度(W)]:@

1,0 ↙

指定下一点或 ［圆弧（A）/闭合（C）/半宽（H）/长度（L）/放弃（U）/宽度（W）］：
W ↙

指定起点宽度 <10.0000>: 0 ↙

指定端点宽度 <0.0000>：↙

指定下一点或 ［圆弧（A）/闭合（C）/半宽（H）/长度（L）/放弃（U）/宽度（W）］：@
20,0 ↙

指定下一点或 ［圆弧（A）/闭合（C）/半宽（H）/长度（L）/放弃（U）/宽度（W）］：↙

【补充说明】

参数"W"控制多段线全宽，参数"H"控制多段线半宽，二者的效果是一样的；参数
"L"适用于直接输入下一段的长度，与采用相对坐标直接输入下一点的效果也完全相同。
命令"Fill"用来控制多段线等对象的填充模式，默认情况 Fill = ON，即内部全部填充。

3.2.3 创建曲线对象

创建曲线对象的命令有 4 个，分别是圆弧"Arc"、椭圆弧"Ellipse"、样条曲线
"Spline"、修订云线"Revcloud"。

■圆弧

命令名称：Arc

命令简称：A

命令参数：指定圆弧的起点或 ［圆心（C）］：

命令功能：创建圆弧

圆弧上有圆心、起点、端点 3 个关键点，依次指定这 3 个点可唯一确定一根圆弧线。
此外，描述圆弧线的特征属性还有圆心角、半径、弦长、弧长、切线方位等。因此，绘制圆弧
的方法十分灵活，在 AutoCAD 中一共提供了 11 种具体方式。图 3-22 为绘"圆弧"子菜
单，共 11 个菜单项，每一个菜单项均有对应的工具按钮，下面具体介绍各项功能。

图 3-22 "圆弧"子菜单

▶三点:依次指定圆弧的起点、第二点和端点绘圆弧。

▶起点、圆心、端点:依次指定圆弧的起点、圆心和端点绘圆弧。

▶起点、圆心、角度:依次指定圆弧的起点、圆心和对应的圆心角绘圆弧,默认按逆时针方向旋转。

▶起点、圆心、长度:依次指定圆弧的起点、圆心和对应的弦长绘圆弧,弦长不得超过起点到圆心的 2 倍。

▶起点、端点、角度:依次指定圆弧的起点、端点和对应的圆心角绘圆弧。

▶起点、端点、方向:依次指定圆弧的起点、端点和该圆弧的切线方向绘圆弧。

▶起点、端点、半径:依次指定圆弧的起点、端点和半径绘圆弧。

▶圆心、起点、端点:依次指定圆弧的圆心、起点和端点绘圆弧。

▶圆心、起点、角度:依次指定圆弧的圆心、起点和对应的圆心角绘圆弧。

▶圆心、起点、长度:依次指定圆弧的圆心、起点和对应的弦长绘圆弧。

▶继续:以最后一次绘制的圆弧或线段的端点为起点,以最后一次绘制圆弧或线段的切线方向为切向,再指定一点后绘出该圆弧。

如果采用在命令窗口输入"Arc"的方法绘圆弧,应密切注意软件提示,依序输入各关键点或特征属性完成圆弧的绘制。

■椭圆弧

命令名称:Ellipse

命令简称:EL

命令参数:指定椭圆的轴端点或［圆弧(A)/中心点(C)］:

命令功能:创建椭圆弧

命令"Ellipse"既可用来绘椭圆,也可用来绘椭圆弧。图 3-23 为绘"椭圆"子菜单,前 2 项用来绘椭圆,第 3 项用来绘椭圆弧。椭圆弧的特征属性有中心点、轴端点、长轴长度、短轴长度、起始角度、终止角度等。初始状态下,在输入椭圆弧的起始角度和终止角度时,旋转方向以逆时针旋转为正。

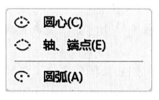

图 3-23　"椭圆"子菜单

★例题 3-4

如图 3-24 所示,按照图中尺寸绘制洗脸池。

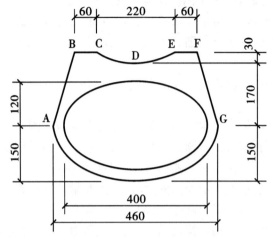

图 3-24　圆弧、椭圆弧绘图简例

【操作过程】

提示:该图形包括 1 个椭圆、1 个椭圆弧、1 个圆弧、4 条直线段。可将椭圆中心点置于坐标原点,按尺寸输入绝对坐标绘制。

命令:Line↙

指定第一点:-230,0↙

指定下一点或[放弃(U)]:-170,200↙

指定下一点或[放弃(U)]:-110,200↙

指定下一点或[闭合(C)/放弃(U)]:↙(完成直线段 ABC 的绘制)

命令:Line↙

指定第一点:110,200↙

指定下一点或[放弃(U)]:170,200↙

指定下一点或[放弃(U)]:230,0↙

指定下一点或[闭合(C)/放弃(U)]:↙(完成直线段 EFG 的绘制)

命令:Arc↙

指定圆弧的起点或[圆心(C)]:拾取 C 点↙(需 F3 开启端点捕捉)

指定圆弧的第二个点或[圆心(C)/端点(E)]:0,170↙(输入 D 点绝对坐标)

指定圆弧的端点:拾取 E 点↙(完成圆弧 CDE 的绘制)

命令:Ellipse↙

指定椭圆的轴端点或[圆弧(A)/中心点(C)]:A↙(进入绘椭圆弧模式)

指定椭圆弧的轴端点或[中心点(C)]:拾取 A 点↙

指定轴的另一个端点:拾取 G 点↙

指定另一条半轴长度或[旋转(R)]:150↙

指定起始角度或[参数(P)]:0↙(角度旋转以逆时针方向为正)

指定终止角度或[参数(P)/包含角度(I)]:180↙(完成椭圆弧的绘制)

命令：Ellipse ↙

指定椭圆的轴端点或［圆弧（A）/中心点（C）］：–200,0 ↙

指定轴的另一个端点：200,0 ↙

指定另一条半轴长度或［旋转（R）］：120 ↙（完成椭圆的绘制）

【补充说明】

绘图过程中应充分利用对象捕捉等精确制图工具，如在例题中对圆弧线的绘制，由于 C、E 两点已经存在，采用对象捕捉拾取方式比输入坐标值效率更高。

■样条曲线

命令名称：Spline

命令简称：SPL

命令参数：当前设置：方式＝拟合　节点＝弦

　　　　　指定第一个点或［方式（M）/节点（K）/对象（O）］：

命令功能：使用拟合点或控制点创建样条曲线

样条曲线是一种经过或靠近一组拟合点或由控制框的顶点定义的平滑曲线。AutoCAD 中，样条曲线的类型是非均匀有理 B 样条（NURBS）曲线，适用于绘制具有不规则变化曲率半径的曲线。例如，使用样条曲线可绘制土木工程地形图中的等高线，以及具有复杂曲率形状的大跨度屋盖结构平面。调用"Spline"命令后，可以选择拟合点方式或控制点方式创建样条曲线。"样条曲线"子菜单如图 3-25 所示。

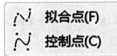

图 3-25　"样条曲线"子菜单

▶拟合点方式：通过指定样条曲线必须经过的拟合点来创建 3 阶样条曲线。在公差值大于 0 时，样条曲线必须在各个点的指定公差距离内。

▶控制点方式：通过指定控制点来创建样条曲线。使用此方法创建 1 阶、2 阶、3 阶直到最高为 10 阶的样条曲线。

★例题 3-5

已知同平面上 7 个点 A ~ G 的坐标值：A(100,100)、B(140,180)、C(210,70)、D(280,140)、E(320,170)、F(350,100)、G(430,70)。要求依次通过这 7 个点，绘制拟合公差分别为 F=0、F=20、F=40 的 3 条样条曲线。

【操作过程】

提示：篇幅所限，这里只给出拟合公差 F=40 的 Spline3 的绘图过程。最终结果如图 3-26 所示。为明确区分各样条曲线，图中采用了不同的线型。

命令：Spline ↙

当前设置：方式＝拟合　节点＝弦

指定第一个点或［方式(M)/节点(K)/对象(O)］:100,100 ✓

输入下一个点或［起点切向(T)/公差(L)］:L ✓

指定拟合公差<0.0000>:40 ✓（输入拟合公差40）

输入下一个点或［起点切向(T)/公差(L)］:140,180 ✓

输入下一个点或［端点相切(T)/公差(L)/放弃(U)］:210,70 ✓

输入下一个点或［端点相切(T)/公差(L)/放弃(U)/闭合(C)］:280,140 ✓

输入下一个点或［端点相切(T)/公差(L)/放弃(U)/闭合(C)］:320,170 ✓

输入下一个点或［端点相切(T)/公差(L)/放弃(U)/闭合(C)］:350,100 ✓

输入下一个点或［端点相切(T)/公差(L)/放弃(U)/闭合(C)］:430,70 ✓

输入下一个点或［端点相切(T)/公差(L)/放弃(U)/闭合(C)］:T ✓

输入下一个点或［端点相切(T)/公差(L)/放弃(U)/闭合(C)］:440,70 ✓（端点切向为沿 X 轴水平向右,可输入第 7 点右侧水平方向任一点）

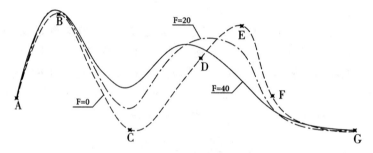

图3-26   不同拟合公差的样条曲线绘图简例

■修订云线

命令名称:Revcloud

命令简称:无

命令参数:最小弧长:17.7232 最大弧长:35.4464   样式:普通 类型:徒手画

指定第一个点或［弧长(A)/对象(O)/矩形(R)/多边形(P)/徒手画(F)/样式(S)/修改(M)］<对象>:

命令功能:使用多段线创建修订云线

修订云线是由连续圆弧线组成的多段线。在设计过程中,在不同专业的设计师之间以及同一专业的不同设计师之间往往需要多次查看、校对、审阅电子图纸文件。使用修订云线有助于提醒其他用户注意图形的某个部分。

调用"Revcloud"命令后,输入参数"A",可以修改弧长的大约长度;输入参数"O",可以把已有的对象转换为修订云线;输入参数"S",可以选择绘制修订云线的 2 种方式,即普通方式和手绘方式。图 3-27 所示为将一个矩形转换为修订云线的示例。矩形尺寸50×30,最小弧长、最大弧长均为5,图3-27(a)为普通方式,图3-27(b)为手绘方式。

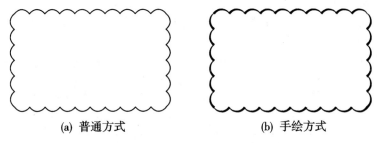

(a) 普通方式　　　　　　　　　　(b) 手绘方式

图 3-27　修订云线的两种绘制方式

3.2.4　创建闭合直线对象

创建闭合直线对象的命令有 2 个,分别是矩形"Rectang"、多边形"Polygon"。

■矩形

命令名称:Rectang

命令简称:REC

命令参数:指定第一个角点或［倒角(C)/标高(E)/圆角(F)/厚度(T)/宽度(W)］:

命令功能:创建矩形多段线

矩形是一种很常见的二维图形。在 AutoCAD 中,调用"Rectang"命令绘制的矩形实际上是一个由 4 条直线段组成的矩形闭合多段线。按照默认选项,调用"Rectang"命令后依次指定矩形的 2 个对角点即可完成矩形的绘制。也可输入其他参数,含义为:

▶倒角:该选项用于绘制带倒角的矩形,需进一步指定矩形的 2 个倒角距离。

▶圆角:该选项用于绘制带圆角的矩形,需进一步指定矩形的圆角半径。

▶标高:该选项通常用于三维绘图,用来指定矩形所在平面的高度。默认情况下,绘制的矩形在 XY 平面内,即标高为 0。

▶厚度:该选项通常用于三维绘图,用来按照指定的厚度绘制矩形。厚度的含义为矩形(或平行六面体)沿 Z 方向的尺寸。默认情况下,厚度为 0,矩形为二维平面图形;若厚度不为 0,实际上所绘制的是三维的平行六面体。

▶宽度:该选项用于按照指定的线宽绘制矩形,需进一步指定矩形的线宽。

选择以上 5 个参数中的任一个,完成相应设定后,仍会回到软件的第一步提示,直到用户指定了矩形的第一个角点。接下来,软件会提示"指定另一个角点或［面积(A)/尺寸(D)/旋转(R)］:"此时可输入另一个角点完成矩形绘制。其他参数的含义为:

▶面积:该选项通过指定矩形的面积来绘制矩形,需进一步指定长度(或宽度)。

▶尺寸:该选项通过指定矩形的长度和宽度来绘制矩形,需进一步指定矩形另一角点的方位。

▶旋转:选择该项后,首先指定该矩形关于第一个角点的旋转角度,再回到前一步操作。

简而言之,如不作任何参数选择,则只需 2 个步骤,即先后输入矩形的 2 个对角点就能完成一个矩形的绘制。但 Rectang 命令的各种可选参数为不同情况下矩形的绘制提供了灵活多样的途径,读者应熟练掌握。图 3-28 示意了绘矩形的 4 种方式。应注意,除了倒角与圆角选项互斥外,宽度、标高、厚度选项与倒角(圆角)选项均可同时设定。

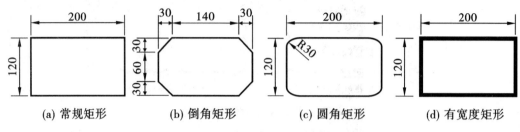

(a) 常规矩形　　　(b) 倒角矩形　　　(c) 圆角矩形　　　(d) 有宽度矩形

图 3-28　绘矩形的 4 种常用方式

■ 多边形

命令名称:Polygon

命令简称:POL

命令参数:输入侧面数 <4>:

命令功能:创建等边闭合多段线

该命令可快速创建边数为 3 ~ 1024 条边的正多边形,所绘正多边形实际上是一个闭合多段线对象。调用“Polygon”命令,首先需要输入边数,然后可采用 3 种方式绘制正多边形,具体为:

▶内接于圆方式:首先指定正多边形的中心,然后假想有一个圆,要绘制的正多边形内接于该圆,即正多边形的每一个顶点都位于圆周上,正多边形位于圆内。操作完成后,圆本身并不被绘出。

▶外切于圆方式:首先指定正多边形的中心,然后假想有一个圆,要绘制的正多边形外切于该圆,即正多边形的每一条边都与圆周相切,正多边形位于圆外。显然,输入同样的圆半径值,这种方式比内接于圆方式绘出的正多边形要大。

▶边长方式:依次输入正多边形某条边的两个端点,即可绘出该正多边形。这种方式适合于已知正多边形边长的情况。

图 3-29 给出了以上 3 种方式绘制正六边形的示例。

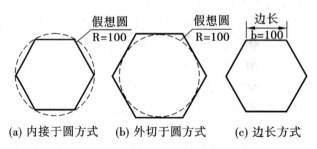

(a) 内接于圆方式　　　(b) 外切于圆方式　　　(c) 边长方式

图 3-29　绘正多边形的 3 种方式

3.2.5　创建闭合曲线对象

创建闭合曲线对象的命令有 3 个,分别是圆"Circle"、圆环"Donut"、椭圆"Ellipse"。

■圆

命令名称:Circle

命令简称:C

命令参数:指定圆的圆心或 [三点(3P)/两点(2P)/切点、切点、半径(T)]:

命令功能:创建圆

圆是一种非常常见的二维图形,绘圆命令是 AutoCAD 的一项十分重要的命令。AutoCAD 共提供了 6 种绘制圆的方法。图 3-30 为绘"圆"子菜单,共 6 个菜单项,每一个菜单项均有对应的工具按钮,下面具体介绍各项功能。

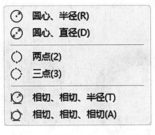

图 3-30　"圆"子菜单

▶圆心、半径:依次指定圆心、半径的方式绘圆。

▶圆心、直径:依次指定圆心、直径的方式绘圆。

▶两点:依次指定任意两点,并以这两点之间的距离作为直径的方式绘圆。

▶三点:依次指定圆周上的任意三个点的方式绘圆。

▶相切、相切、半径:依次指定第 1 个对象(圆、圆弧、直线段等)与圆的切点、第 2 个对象与圆的切点,再输入半径的方式绘圆。若输入的半径不合适,则无法完成圆的绘制。

▶相切、相切、相切:依次指定第 1 个对象与圆的切点、第 2 个对象与圆的切点、第 3 个对象与圆的切点的方式绘圆。

图 3-31 给出了采用以上 6 种方式绘制圆的示例。图中各点示意了在绘制圆的过程中,采用光标依次在绘图区中输入的点。

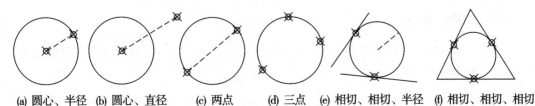

(a) 圆心、半径　(b) 圆心、直径　(c) 两点　(d) 三点　(e) 相切、相切、半径　(f) 相切、相切、相切

图 3-31　绘圆的 6 种方式

■圆环

命令名称:Donut

命令简称:DO

命令参数:指定圆环的内径 <10.0000>:

命令功能:创建实心圆或较宽的环

调用"Donut"命令后,命令窗口提示依次输入圆环的内径和外径(均指直径),再指定圆环的中心即可完成绘制圆环的过程。当输入的内径为 0 时,可绘制实心圆,可用来表示结构施工图中的钢筋横断面。

命令"Fill"用来控制当前绘图窗口中内部填充的显示方式,初始状态为"开"。调用"Fill"后,命令窗口提示"输入模式 [开(ON)/关(OFF)]<开>:",若输入"OFF",则内部填充模式为"关",即用线型填充来显示。图 3-32 给出了圆环的绘图示例,图 3-32(a)、(b)中的实心圆和圆环的显示模式均为"开";图 3-32(c)、(d)中的实心圆和圆环的显示模式均为"关"。

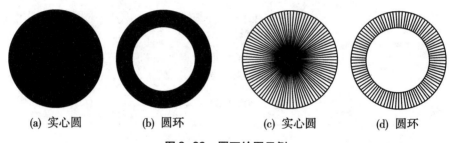

| (a) 实心圆 | (b) 圆环 | (c) 实心圆 | (d) 圆环 |

图 3-32　圆环绘图示例

■椭圆

命令名称:Ellipse

命令简称:EL

命令参数:指定椭圆的轴端点或 [圆弧(A)/中心点(C)]:

命令功能:创建椭圆

创建椭圆的命令与创建椭圆弧的命令相同,都是"Ellipse"。通过依次指定椭圆的 2 个轴端点可确定椭圆的一条轴,再输入另一条轴的长度,即可唯一确定一个椭圆;或者采用首先输入椭圆的中心点,再依次指定 2 条椭圆轴长度的方法绘制椭圆。

3.2.6　创建二维区域对象

创建二维区域对象的命令有 5 个,分别是面域"Region"、边界"Boundary"、图案填充"Hatch"、渐变色"Gradient"、区域覆盖"Wipeout"。

■面域

命令名称:Region

命令简称:REG

命令参数:选择对象:

命令功能：将包含封闭区域的对象转换为面域对象

面域是一种具有封闭边界的二维区域,内部可以有孔洞。在"二维线框"视觉样式下,面域与闭合多段线没有什么区别,但如果切换到"真实"视觉样式后,可以发现面域是一种包含内部的面对象。如图 3-33(a)所示是一个调用"Pline"命令绘制的闭合多段线,图 3-33(b)所示是在该闭合多段线的基础上调用"Region"命令创建的面域。显然,面域不仅有边界,其内部也是"实在"的。创建面域后,可以调用查询命令提取面域的几何特性,如面积、周长、形心、惯性矩等。可以通过布尔运算生成形状更复杂的面域。在三维建模中,可以将面域作为构建实体模型的特征截面。

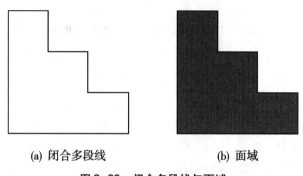

(a) 闭合多段线　　　　　(b) 面域

图 3-33　闭合多段线与面域

创建面域的命令可以调用"Region",也可以调用下面马上就要学习的"Boundary"。"Region"的操作比较简单,预先在绘图窗口绘制一个具有封闭边界的二维图形,可以是一个圆、一个椭圆、一个矩形、一个闭合的修订云线或者其他闭合二维图形,按照命令窗口提示选择该图形,按"Enter"键即完成了将该闭合二维图形转换为面域的操作。但应当注意,自交的图形无法创建为面域,例如像"8"字形的图形。

■边界

命令名称：Boundary

命令简称：BO

命令参数：无(采用对话框方式)

命令功能：用封闭区域创建面域或多段线

边界命令采用对话框的执行方式。调用"Boundary"命令后,将弹出"边界创建"对话框,可以在其中"对象类型"下拉表中选择"多段线",或选择"面域",如图 3-34 所示。因此,调用"Boundary"命令,可以把绘图窗口中已有的封闭二维图形转换为多段线或面域。无论是创建多段线边界还是创建面域,调用"Boundary"命令后,在图 3-34 的对话框中单击"拾取点"按钮,回到绘图窗口,拾取闭合二维图形内部的任意一点,即可完成该项命令的操作。

图 3-34　"边界创建"对话框

此处解释一下闭合二维图形与闭合多段线边界的区别。例如用"Line"命令绘制的 4 条首尾相连的线构成了一个闭合二维图形,但该图形不是闭合多段线,与用"Pline"命令或"Rectang"命令绘制的同样形状的图形有本质上的不同。"Boundary"命令就能够把普通的闭合二维图形转换为闭合多段线边界。

■图案填充

命令名称:Hatch

命令简称:H

命令参数:拾取内部点或〔选择对象(S)/放弃(U)/设置(T)〕:

命令功能:对封闭区域或选定对象使用图案进行填充

绘制各种工程图时,为了使图样更易于理解,往往需要对结构物的剖切面使用材料图例进行填充,以明确表达结构的材料特性。此外,使用图案填充还可表达不同类型物体的外观纹理或着色状况。因此,图案填充广泛用于土木工程、机械工程等各专业图形中。创建图案填充需要预先有一个封闭边界。显然,面域符合图案填充的条件。但不仅面域,由边界命令"Boundary"创建的封闭边界,各种闭合多段线、闭合直线、闭合曲线等均可在其内部进行图案填充。

调用图案填充命令"Hatch",功能区切换为"图案填充创建"面板,如图 3-35 所示。在其中可对图案填充的边界、图案、特性等参数进行选择。如果单击右侧"选项"右下角处的斜向箭头,可以调出"图案填充和渐变色"对话框,其中当前选项卡为"图案填充",单击右侧下方的展开箭头,对话框如图 3-36 所示。

图 3-35　功能区"图案填充创建—图案填充"面板

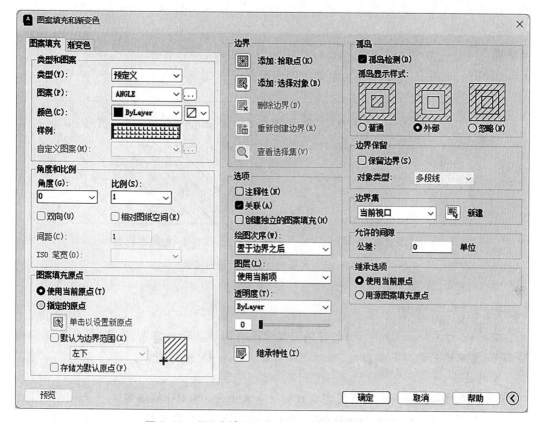

图 3-36　"图案填充和渐变色—图案填充"对话框

"图案填充"的基本设置功能如下：

▶类型和图案：用于选择待填充的图案。在"类型"下拉表中选择"预定义"，各种图案的名称列在"图案"下拉表中。单击"样例"右侧的按钮，将弹出"填充图案选项板"，然后在其中可以选择合适的填充图案。

▶角度和比例：用于设置填充图案的旋转角度和缩放比例。

▶图案填充原点：用于指定从何处开始填充。默认为使用当前坐标原点。这在填充某些图案时，例如砖墙，可能在边界处的填充效果并不理想。可以采用用户指定或采用填充边界的角点作为填充原点。

▶边界：用于指定图案填充的范围。可采用两种方式：其一为在区域内拾取点让系统自行搜索出一个封闭的边界；其二为用户选择构成封闭边界的对象。

▶选项：用于控制图案填充的几个常用属性。"关联"选项控制所填充的图案是否与边界相关联，即边界发生变化后图案填充是否也随之改变。"创建独立的图案填充"控制当指定了几个单独的封闭边界时，是创建单个图案填充对象，还是创建多个图案填充对象。

▶孤岛：用于选择在内部嵌套的封闭边界内是否进行填充。

▶边界保留：当采用拾取点的方式选择边界时，系统将临时创建一个用于填充的边界。该选项控制是否在填充完成后仍保留该边界,以及是将该边界保留为面域还是多段线。

★例题 3-6

如图 3-37 所示,完成混凝土材料的图案填充。

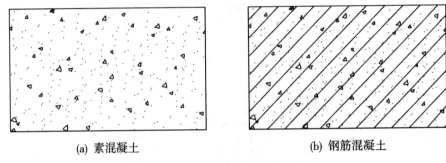

(a) 素混凝土   (b) 钢筋混凝土

图 3-37   混凝土材料图案填充简例

【操作过程】

提示:由于在 AutoCAD 提供的样例图案中没有钢筋混凝土图案,因此,操作只能分两步实现,首先填充素混凝土图案,然后在此基础上填充 45°斜线图案。

操作要点:

(1)调用 Rectang 命令在绘图窗口绘制一个大小为 100×60 的矩形。

(2)调用 Hatch 命令在该矩形内填充素混凝土图案,图案为样例中"其他预定义"的"AR-CONC",将比例修改为 0.1,得到图 3-37(a)。

(3)调用 Hatch 命令在该矩形内填充 45° 斜线图案,图案为样例中"ANSI"的"ANSI31",将比例修改为 2,得到图 3-37(b)。

【补充说明】

图案填充的效果与被填充图形的大小、填充图案的比例密切相关。比例设置不当将无法实现预期效果。本例中,须将 45°斜线图案的填充比例设为素混凝土图案的 20 倍左右,二者方可协调。

■渐变色

命令名称:Gradient

命令简称:无

命令参数:拾取内部点或〔选择对象(S)/放弃(U)/设置(T)〕:

命令功能:对封闭区域或选定对象使用渐变色进行填充

渐变色命令的操作与图案填充类似。调用"Gradient"命令后,功能区切换为与图 3-35 类似的面板,如图 3-38 所示。在渐变色选择上,用户可选择采用"单色"或"双色"渐变色模式,指定其颜色以及具体的填充方式、填充方向等。渐变色填充主要用在曲面几何体的平面视图中,如圆柱的正立面图、曲线形桥墩的正立面图。采用渐变色填充后可以增强该图样的立体感和可视性。创建渐变色对应的对话框如图 3-39 所示。

图 3-38　功能区"图案填充创建—渐变色"面板

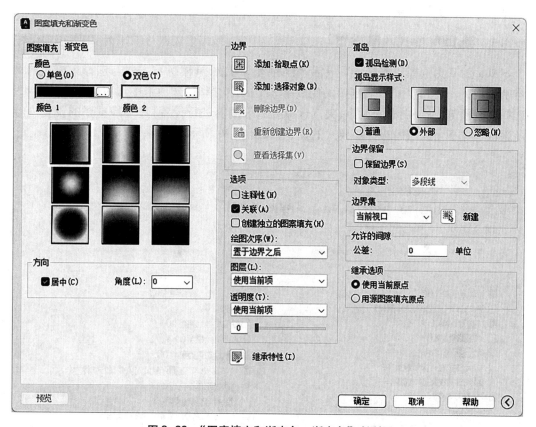

图 3-39　"图案填充和渐变色—渐变色"对话框

■区域覆盖

命令名称：Wipeout

命令简称：无

命令参数：指定第一点或［边框(F)/多段线(P)］<多段线>：

命令功能：创建区域覆盖对象

调用"Wipeout"命令后，命令窗口提示用户依次输入一系列的点，最后将根据这一系列点确定的多边形创建一个二维区域，并使用当前背景色覆盖该区域内的其他对象。用户也可输入参数"F"选择二维区域边框的显示模式。区域覆盖实际上就相当于在用户创建的闭合多边形中用当前背景色进行图案填充。

3.3 选择对象

在对已绘制图形进行编辑操作前,首先需要选择准备编辑的对象,被选择的单个或多个对象就构成了选择集。

3.3.1 选择集模式及其设置

AutoCAD 为选择对象提供了灵活多样的操作方法,具体执行方式与选择集模式的设定密切相关。在"选项"对话框中的倒数第 2 个的"选择集"选项卡中可对拾取框的大小、选择集的预览方式、夹点的大小、夹点选择方式等内容进行设置,其中最重要的设置内容就是位于左下角区域的选择集模式的设定,如图 3-40 所示。

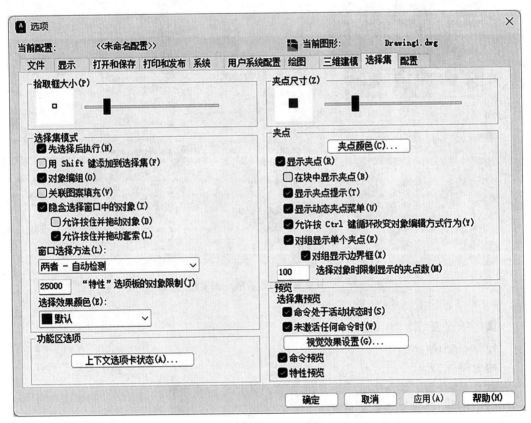

图 3-40 "选项—选择集"对话框

选择集模式主要包含 6 项内容,AutoCAD 默认的初始状态如图 3-40 所示。任何一项选择集模式的改变,都会给选择对象的具体操作方法带来本质上的改变。因此,对这 6 项选择集模式的含义及功能应准确把握。

▶先选择后执行:该选项控制着是否允许在启动命令之前选择对象,初始状态为开启。在 AutoCAD 中,修改或编辑图形有两种方式:一种是先调用修改命令再选择被修改的对象;另一种是先选择被修改的对象再调用修改命令。因此,如该选项被关闭,第二种模式不可用。

▶用 Shift 键添加到选择集:该选项控制怎样向已有的选择集添加对象,初始状态为关闭。如开启该选项,向选择集中添加对象时必须同时按下"Shift"键。

▶对象编组:该选项初始状态为开启,表示当选择某个编组中的一个对象时,则该编组中的所有对象均被选中。要实现对象编组需要预先调用"Group"命令进行组的创建。

▶关联图案填充:该选项表示在选择图案填充对象时是否同时选中该图案填充对象的边界。初始状态为关闭。

▶隐含选择窗口中的对象:该选项初始状态为开启,表示矩形窗口选择方式可用,否则在未键入选择命令时只能通过逐个拾取对象来执行选择。矩形选择窗口有 2 种类型:一种是从左向右拉出的矩形选择窗口将选择完全处于窗口边界内的对象;另一种是从右向左拉出的矩形选择窗口将选择处于窗口边界内部以及和矩形窗口边界相交的对象。在该模式中,还包含一个子项"允许按住并拖动对象",具体定义了输入矩形选择窗口的方法,应注意当"窗口选择方法"为"两者-自动检测"时这一选项自动失效。

▶窗口选择方法:定义了输入矩形选择窗口的具体方式,包括 3 种:两次单击、按住并拖动、两者-自动检测。初始值为"两者-自动检测",即可通过两次单击定义一个矩形选择窗口,也可在第一次单击之后一直按压鼠标左键直到拖动至第二个角点位置释放后定义一个矩形选择窗口。

在"选项"对话框右下侧的"预览"区域可以设置选择预览,按照 AutoCAD 的默认设定,各项预览功能都是处于开启状态。单击其中的"视觉效果设置",在弹出的"视觉效果设置"对话框中可对选择区域效果、选择集预览过滤器进行设置,如图 3-41 所示。

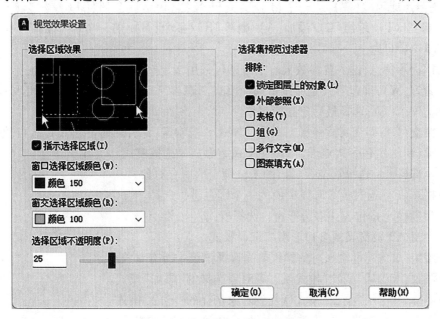

图 3-41　"视觉效果设置"对话框

3.3.2　选择对象的基本方法

如果按照图 3-40 所示将选择集模式设为默认状态,则选择对象的基本方法可归纳为以下两大类。

■直接选择——"主谓式操作"

指在"命令:"提示符下,不需要调用任何编辑命令而直接在绘图区中选择对象,即"主谓式操作"模式。显然,该模式可用的前提是必须保证"先选择后执行"处于开启状态。直接选择法包括以下 3 种选择方式。

▶逐个点选法:将十字光标放在要选择的对象上并单击鼠标左键,该对象被选取。该方法的优点是比较直观,但一次只能选择一个对象,效率较低。

▶包容式矩形窗口选择法:将十字光标放在绘图区空白处,单击鼠标左键后可向右拉出一个外框为实线的矩形窗口,如图 3-41 中预设为 150 号色的区域所示,则完全包含于该窗口的所有对象被选取。

▶交叉式矩形窗口选择法:将十字光标放在绘图区空白处,单击鼠标左键后可向左拉出一个外框为虚线的矩形窗口,如图 3-41 中预设为 100 号色的区域所示,则该窗口内部以及与虚线边界相交的所有对象被选取。

■先输入命令再执行选择——"动宾式操作"

指首先调用编辑命令再选择被编辑对象的方法,也就是"动宾式操作"模式。调用各种编辑命令后,命令窗口显示"选择对象:"提示符,十字光标也变为正方形拾取框。此时如果不输入任何参数,仍可采用逐个点选法、包容式矩形窗口选择法与交叉式矩形窗口选择法来选择对象;也可在输入特定参数后,使用其他一些更加灵活的对象选择方法。

在"选择对象:"提示符下如输入"?",命令窗口将显示如下提示信息:

"需要点或窗口(W)/上一个(L)/窗交(C)/框(BOX)/全部(ALL)/栏选(F)/圈围(WP)/圈交(CP)/编组(G)/添加(A)/删除(R)/多个(M)/前一个(P)/放弃(U)/自动(AU)/单个(SI)"。

根据提示信息,键入各参数大写字母即可采用指定选择方式,具体含义为:

▶窗口(W):即包容式矩形窗口选择模式,"隐含窗口"开启时不输入 W 也可执行。

▶上一个(L):选择最后建立的对象。

▶窗交(C):即交叉式矩形窗口选择模式,"隐含窗口"开启时不输入 C 也可执行。

▶框(BOX):包容式矩形窗口+交叉式矩形窗口选择模式。

▶全部(All):选择当前视口内的未被锁定的所有对象。

▶栏选(F):通过连续画线形成的一个围栏进行选择。

▶圈围(WP):包容式多边形窗口选择模式。

▶圈交(CP):交叉式多边形窗口选择模式。

▶编组(G):通过输入对象的组名而选择该组中所有对象。

▶添加(A):从"删除"模式恢复到对象选择的"添加"模式。

▶删除(R):从"添加"模式恢复到对象选择的"删除"模式。

▶多个(M):允许一次点选多个目标后才显示被选中的图元。

▶前一个(P)：选择最近一次创建的选择集。

▶放弃(U)：取消上一次选中的对象。

▶自动(AU)：进入逐个点选和矩形窗选模式，与选择集默认设定方式相同。

▶单个(SI)：仅能使用一种方式选择一个(批)对象，选择完成后即结束选择操作。

3.3.3　过滤选择、快速选择和使用编组选择

除了以上两类对象选择的基本方法外，当图形比较复杂、对象的种类及数量比较多时，AutoCAD 还提供了过滤选择、快速选择及使用编组选择等高级选择工具。

■过滤选择

命令名称：Filter

输入"Filter"命令，可开启"对象选择过滤器"对话框。在该对话框中可将对象的各种属性作为条件，过滤选择出符合设定条件的对象。例如，如果需要将当前图形中所有半径在 100~200 的圆一次选中，可按照图 3-42 中过滤器列表框中所显示的 4 行文字设定过滤条件，其中第 1 行表示开始，第 4 行表示结束，逻辑运算符 AND 指明中间 2 行关于圆半径的两个条件必须同时满足。过滤条件设定好后单击"应用"，系统提示用户选择对象。此时可选择当前图形中的所有对象，单击"Enter"键后即可选中所有符合条件的圆。

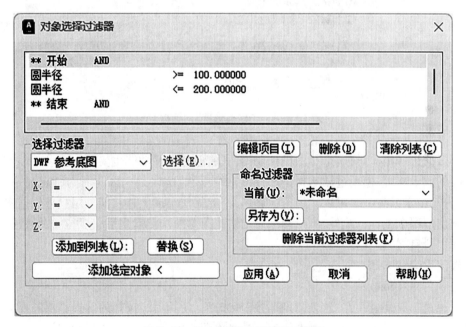

图 3-42　"对象选择过滤器"对话框

■快速选择

命令名称：Qselect

当用户需要选择具有某些共同特性的对象时，可调用"Qselect"命令，开启"快速选择"对话框。例如，如需要将当前图形中所有半径 = 100 的圆一次选中，可按照图 3-43

所示设置快速选择条件,单击"确定"后即可选中所有符合条件的圆。

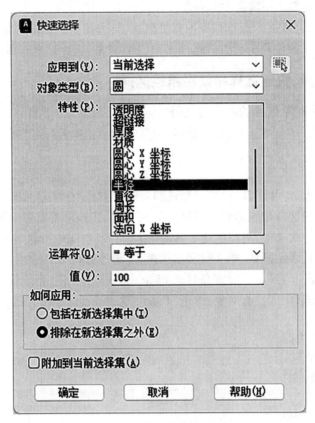

图 3-43   "快速选择"对话框

与过滤选择相比,快速选择的操作要简便些,但其选择功能也要弱一些。就以前面的选择圆的例子来讲:使用过滤选择,可一次选中半径值落在某一区间内的所有圆;而使用快速选择,由于只有一个可供选用的运算符,因此无法实现上述功能。用户可根据实际情况决定使用哪个工具。此外,当绘图区右键快捷菜单的功能启用后,也可在右键快捷菜单直接调用开启"快速选择"功能。

■使用编组选择

命令名称:Group

可通过对象编组的方式实现对象的快速选择。使用编组选择的前提是首先要创建对象编组。默认情况下,选择编组中任意一个对象即选中了该编组中的所有对象,并可以像处理单个对象那样移动、复制、旋转和修改编组。处理完编组后,即可轻松解组对象。命令"Group"用来创建和管理对象编组,命令"Ungroup"用来解除组中对象的关联。

在命令行中输入命令"Classicgroup",或者通过单击"默认"功能区"组"面板中的"编组管理器",在弹出的"对象编组"对话框中可以查看当前文件中已创建的组。如图 3-44 所示,目前已创建了一个名称为"圆"的编组。

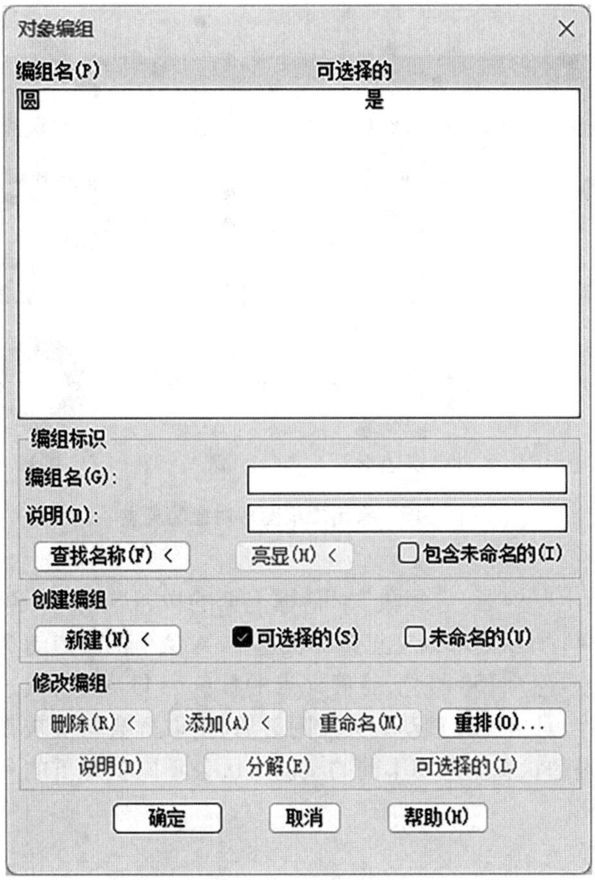

图 3-44　"对象编组"对话框

3.3.4　夹点显示与夹点编辑

　　如图 3-40 所示,在"选项—选择集"对话框的右侧,是关于夹点显示方面的设置内容。AutoCAD 中所谓的夹点,就是当对象被选择后,在对象上显示的一些小方块,通常用来表示对象上的关键控制点。例如,调用"Line"命令绘制的直线段上有 3 个夹点,分别是该直线段的 2 个端点和 1 个中点;调用"Circle"命令绘制的圆上有 5 个夹点,分别是该圆的 1 个圆心和 4 个象限点。常用图形的夹点往往就是该图形在对象捕捉时能够捕捉到的关键点,图 3-45 给出了常用二维图形对象的夹点。

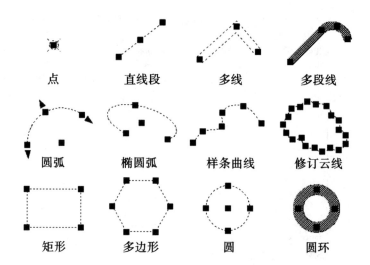

图 3-45　常用二维图形对象的夹点

单击图 3-40 所示"选项—选择集"对话框上面的按钮"夹点颜色",将弹出"夹点颜色"对话框,如图 3-46 所示。根据夹点是否被选中,对象上的夹点有 3 种状态:初始状态下,未选中的夹点的颜色为 150 号色;悬停夹点的颜色为 11 号色;被选中的夹点为 12 号色。这里所谓的悬停,是指光标移动到夹点附近后,拾取框会自动被吸附到夹点上,但此时还未单击鼠标左键的状态。采用不同的颜色来区分不同状态下的夹点,主要是为了方便用户进行夹点编辑。

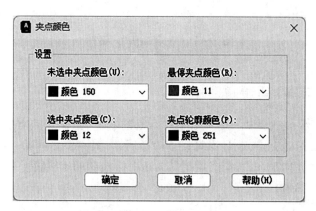

图 3-46　"夹点颜色"对话框

在 AutoCAD 中,夹点编辑是一种集成化的图形编辑模式,该模式使用快捷、操作简便、效果直观,并且不需要输入任何命令,是一种非常实用的图形编辑手段。当选中已有对象上的夹点后,可以根据需要对该夹点依次执行拉伸、移动、旋转、比例缩放、镜像等修改功能,也可在选中夹点后右击弹出的快捷菜单上按照提示执行各项编辑操作。

使用夹点拉伸时,不同类型的对象有着不同的位形变化效果。如图 3-47 所示,图 3-47(a)中的矩形被拉伸后变为任意四边形。图 3-47(b)中的圆,如选中某一个象限点拉伸,则该圆被比例放大;如选中圆心为夹点进行拉伸,则该圆大小不变,仅被移动到指定位置。

关于夹点编辑的各项功能,读者可以结合 3.4 节的相关内容学习和掌握。

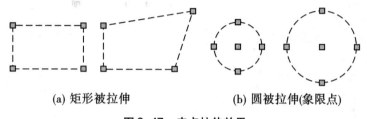

(a) 矩形被拉伸   (b) 圆被拉伸(象限点)

图 3-47 夹点拉伸效果

3.4 二维图形编辑常用命令

绘图命令的学习为绘制复杂工程图形奠定了基础,但在实际绘图过程中,单纯地使用绘图命令只能绘制一些基本的图形形状。为了绘制复杂图形,很多情况下必须借助于各种图形编辑命令,如删除、复制、移动、缩放、修剪、打断、分解等。调用这些命令,用户可对已有的图形修改或通过已有图形构造出新的复杂图形。某些二维图形编辑命令,在工程设计中比二维绘图命令使用得更加频繁。

AutoCAD 的图形编辑命令,包括二维编辑、三维操作和实体编辑等,绝大多数都集成在"修改"下拉菜单内,如图 3-48 所示。在"默认"功能区选项卡中紧挨着"绘图"面板的就是"修改"面板,如图 3-49 所示。

修改(M)

▤	特性(P)
▧	特性匹配(M)
▧	更改为 ByLayer(B)
	对象(O) ＞
	剪裁(C) ＞
	注释性对象比例(O) ＞
◢	删除(E)
⬡	复制(Y)
⚠	镜像(I)
⬒	偏移(S)
	阵列 ＞
⊥	删除重复对象
✚	移动(V)
↻	旋转(R)
⊡	缩放(L)
⬔	拉伸(H)
╱	拉长(G)
✂	修剪(T)
⋯⊣	延伸(D)
⊔	打断(K)
⊷	合并(J)
◠	倒角(C)
◠	圆角(F)
∿	光顺曲线
	三维操作(3) ＞
	实体编辑(N) ＞
	曲面编辑(F) ＞
	网格编辑(M) ＞
	点云编辑(U) ＞
▧	更改空间(S)
▤	分解(X)

图 3-48　"修改"菜单

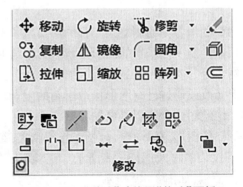

图 3-49　"默认"功能区"修改"面板

　　常用的二维图形编辑命令共有 23 个,汇总列于表 3-4 中。表中所列的每一条命令都对应着一种二维图形对象的基本编辑或修改方法。为便于初学者学习和掌握,将表中的命令归纳为 6 种类型,大体上能够反映出各个二维图形编辑命令的基本功能特点。应注意,随着 AutoCAD 软件的不断升级,很多命令都得到了功能增强。例如在早期版本中不具有复制功能的"Rotate"命令、"Scale"命令现在也能够在旋转、比例缩放的同时完成复制。因此,表 3-4 中关于命令类型的划分并非十分严谨。

表 3-4　二维图形编辑常用命令

类型	中文名	命令	功能
删除对象	删除	Erase	从图形删除对象
	删除重复对象	Overkill	通过删除重复和不需要的对象来清埋重叠的几何图形
复制对象	复制	Copy	将对象复制到指定方向上的指定距离处
	镜像	Mirror	创建选定对象的镜像副本
	偏移	Offset	创建同心圆、平行线和等距曲线
	阵列	Array	创建按指定方式排列的对象副本
	矩形阵列	Arrayrect	按任意行、列和层级组合分布对象副本
	路径阵列	Arraypath	沿整个路径或部分路径平均分布对象副本
	环形阵列	Arraypolar	绕某个中心点或旋转轴形成的环形图案平均分布对象副本
改变对象的方位	移动	Move	将对象在指定方向上移动指定距离
	旋转	Rotate	绕基点旋转对象
	对齐	Align	在二维和三维空间中将对象和其他对象对齐
改变对象的大小	缩放	Scale	放大或缩小选定对象,缩放后保持对象的比例不变
	拉伸	Stretch	通过窗选或多边形框选的方式拉伸对象
	拉长	Lengthen	修改对象的长度和圆弧的包含角
改变对象的形状	修剪	Trim	修剪对象以适合其他对象的边
	延伸	Extend	延伸对象以适合其他对象的边
	倒角	Chamfer	给对象加倒角
	圆角	Fillet	给对象加圆角
改变对象的数量	打断	Break	在一点或两点之间打断选定的对象
	合并	Join	合并相似的对象以形成一个完整的对象
	光顺曲线	Blend	在两条开放曲线的端点之间创建相切或平滑的样条曲线
	分解	Explode	将复合对象分解为其部件对象

3.4.1　删除对象

删除对象的命令有 2 个,分别是:删除"Erase"、删除重复对象"Overkill"。

■删除

命令名称:Erase

命令简称:E

命令参数:选择对象:

命令功能:从图形删除对象

该命令用来删除当前绘图窗口中的一个或若干个对象。调用"Erase"命令后,软件提示用户选择对象,这时光标形状变为"□"形拾取框。这种需要用户选择对象的提示也是大多数二维修改命令被执行后的共同提示。使用 3.3 节介绍的对象选择方法,当完成所有要删除的对象的选择后,按"Enter"键,则所选对象被删除。

■删除重复对象

命令名称:Overkill

命令简称:无

命令参数:选择对象:

命令功能:通过删除重复和不需要的对象来清理重叠的几何图形

该命令可以用来删除重复或重叠的直线、圆弧和多段线。此外,还可以用来合并局部重叠或连续的对象。调用"Overkill"命令后,将弹出"删除重复对象"对话框,如图 3-50 所示。在该对话框中,用户可以指定重叠对象之间的公差值,可以选择在对象比较时忽略某些对象特性,可以设置其他一些关于优化多段线和合并的选项。例如在图 3-50 中,"忽略对象特性"的 9 种特性均未复选,这表示即使有 2 个对象相互重叠,但只要这 2 个对象在这 9 种特性中有一组不相同,则 AutCAD 就不认为这 2 个对象是重复对象,当然也就不对其执行删除操作。应用"Overkill"命令可以删除那些无用的重复对象,优化线型对象,为文件"瘦身"。

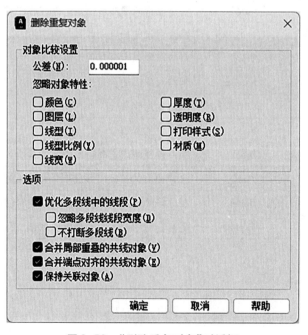

图 3-50　"删除重复对象"对话框

3.4.2　复制对象

复制对象的命令有 7 个,分别是:复制"Copy"、镜像"Mirror"、偏移"Offset"、阵列

"Array"、矩形阵列"Arrayrect"、路径阵列"Arraypath"、环形阵列"Arraypolar"。

■复制

命令名称：Copy

命令简称：CO、CP

命令参数：选择对象：

命令功能：将对象复制到指定方向上的指定距离处

该命令又称为平移复制。调用"Copy"命令后,命令窗口提示用户选择对象(如事先已执行过对象选择则无此提示),接下来提示"指定基点或［位移(D)/模式(O)]<位移>:"。这时用户可以通过输入不同的参数选择3种方式执行平移复制：

▶按默认参数"指定基点",接下来指定第二个点,则根据用户输入的这两个点可以唯一确定一个矢量,该矢量用来指示所复制对象的平移方向和距离。这是最常用的一种平移复制方式。如图3-51所示,调用"Copy"命令,选择左下方的六角头螺栓图形后,依次指定图中的 A 点(基点)、B 点(第二点),则图中的六角头螺栓将被平移复制到原图形的右上方。

▶按默认参数"指定基点",接下来命令窗口提示指定第二个点,但不再输入点而是直接按"Enter"键,此时使用第一个点的绝对坐标值为位移增量完成平移复制。

▶输入参数"D"或者直接按"Enter"键,接下来命令窗口提示输入位移,键盘输入点的坐标或在绘图窗口直接输入点,则以该点的绝对坐标值为位移增量完成平移复制。

此外,调用"Copy"命令后还可改变复制模式,即在选择对象后输入"O"参数,可选择单次复制或多次复制。

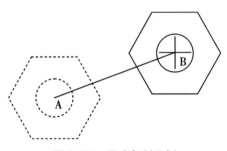

图3-51　平移复制示例

■镜像

命令名称：Mirror

命令简称：MI

命令参数：选择对象：

命令功能：创建选定对象的镜像副本

该命令又称为镜像复制。调用"Mirror"命令后,命令窗口提示用户选择对象,随后提示"指定镜像线的第一点:",用户指定点后接着提示"指定镜像线的第二点:",指定第二点后,命令窗口提示"要删除源对象吗？［是(Y)/否(N)]<否>:",输入"Y"则仅保留镜像副本,直接按"Enter"键则同时保留镜像副本和源对象。指定的镜像线可以是绘图窗口中已有的线,也可以是用户通过指定点形成的假想线。

如图 3-52 所示,调用"Mirror"命令,选择左下方的六角头螺栓图形后,依次指定图中的 *A* 点(第一点)、*B* 点(第二点),则图中的六角头螺栓将被镜像复制到原图形的右上方。这里的 *AB* 线就是镜像复制中指定的镜像线。

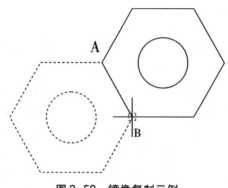

图 3-52 镜像复制示例

系统变量 MIRRTEXT 用来控制文字的镜像方向。当 MIRRTEXT = 0 时(系统默认的初值),文字对象镜像后仍保持原来的方向;当 MIRRTEXT = 1 时,对文字对象镜像后,文字对象与其他图形对象一样,也以镜像状态显示。如图 3-53 所示,图 3-53(a)为镜像之前的源对象以及 2 条镜像线 *AB*、*CD*;将源对象关于 *AB* 线镜像一次,然后选择源对象和镜像副本关于 *CD* 线再镜像一次,图 3-53(b)为 MIRRTEXT = 0 时的镜像效果,图 3-53(c)为 MIRRTEXT = 1 时的镜像效果。

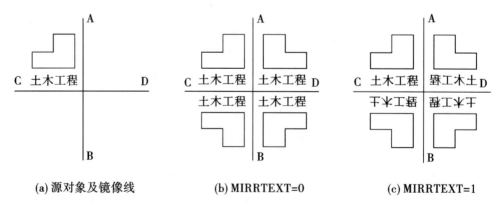

(a) 源对象及镜像线　　　(b) MIRRTEXT=0　　　(c) MIRRTEXT=1

图 3-53 系统变量 Mirrtext 设不同值的镜像效果

■偏移

命令名称:Offset

命令简称:O

命令参数:当前设置:删除源=否　图层=源　OFFSETGAPTYPE=0

　　　　　指定偏移距离或 [通过(T)/删除(E)/图层(L)]<1.0000>:

命令功能:创建同心圆、平行线和等距曲线

　　该命令又称为偏移复制。调用"Offset"命令后,命令窗口提示"指定偏移距离或［通过(T)／删除(E)／图层(L)］<1.0000>:"。此时可输入某一具体数值作为偏移距离,也可输入参数"T"在指定通过点偏移对象,参数"E"用来控制偏移后是否删除源对象,参数"L"用来控制偏移后所创建的新对象是位于源对象所在图层还是当前图层。选择要偏移的对象后,如输入参数"M",可在源对象一侧连续单击创建出一组偏移对象。

　　不同的源对象在执行偏移复制时所遵循的规律并不完全相同。图 3-54 中共有 6 种二维对象,包括直线段、圆弧、样条曲线、圆、矩形、正多边形。对上述二维对象执行偏移复制,得到的结果如图 3-55 所示。可见对于圆弧,偏移复制所保证的是每根圆弧线对应的圆心角(包含角)相等;而对于样条曲线,当曲率半径不足时,仅有部分样条曲线参与了偏移复制。

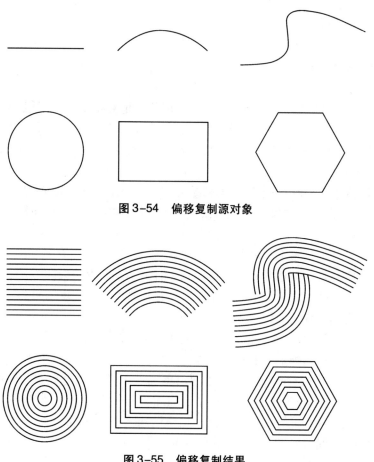

图 3-54　偏移复制源对象

图 3-55　偏移复制结果

■阵列

命令名称:Array

命令简称:AR

命令参数:选择对象:

命令功能:创建按指定方式排列的对象副本

该命令又称为阵列复制,是所有复制命令中效率最高的一种。在 AutoCAD 的早期版本中,只有一个阵列命令"Array",采用对话框的方式执行。AutoCAD 2023 中,阵列命令被拆分为 3 个子命令:矩形阵列"Arrayrect"、路径阵列"Arraypath"和环形阵列"Arraypolar",但"Array"命令仍然被保留。调用"Array"命令,选择需阵列的对象后,命令窗口提示"输入阵列类型 [矩形(R)/路径(PA)/极轴(PO)] <矩形>:",此时可选择其中的一种。后续操作详见以下 3 条命令。

■矩形阵列

命令名称:Arrayrect

命令简称:无

命令参数:选择对象:

命令功能:按任意行、列和层级组合分布对象副本

矩形阵列可以一次性创建包含任意行、列、层的大量对象副本。调用"Arrayrect"命令后,首先选择需要阵列的对象,接下来命令行提示当前的阵列类型以及是否关联,然后可通过夹点方式编辑修改阵列的数量、间距,或者输入相关参数修改当前阵列属性。各命令参数的含义如下:

▶关联:输入参数"AS"用来修改阵列是否关联,所谓关联就是阵列完成后所有副本和源对象共同组成一个关联整体,可用夹点进行阵列属性的快速编辑;所谓不关联就是所有副本均保持独立。

▶基点:定义阵列后整个关联图形的基准点。

▶计数:指定行数和列数并在用户移动光标时可动态观察结果。

▶间距:指定行间距和列间距并在用户移动光标时可动态观察结果。

▶列数:指定列数和列间距。

▶行数:指定行数、行间距,并可指定行之间的增量标高。

▶层数:指定三维阵列的层数和层间距。

矩形阵列示例如图 3-56 所示。图中源对象为左下角的六角头螺栓图形,对其进行矩形阵列,行数为 3,列数为 4,矩形阵列结果如图 3-56(a)所示。若阵列方式为关联阵列,则在阵列完成后选择该阵列图形,可利用上面的 6 个夹点非常方便地修改该阵列的行数、行间距、列数、列间距和基点位置,如图 3-56(b)所示。

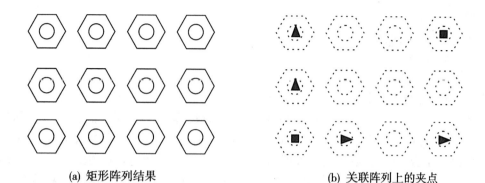

(a) 矩形阵列结果　　　　　　(b) 关联阵列上的夹点

图 3-56　矩形阵列示例

■路径阵列

命令名称：Arraypath

命令简称：无

命令参数：选择对象：

命令功能：沿整个路径或部分路径平均分布对象副本

路径阵列可以一次性创建沿着所选路径或部分路径的大量对象副本。调用"Arraypath"命令后，首先选择需要阵列的对象，接下来命令行提示当前的阵列类型以及是否关联，然后再选择路径曲线，路径曲线可以是直线、多段线、圆弧、圆、椭圆、样条曲线、三维多段线等。确定了路径曲线后可通过夹点方式编辑修改阵列的数量、间距，或者输入相关参数修改当前阵列属性。各命令参数的含义如下，其中与上一条命令中相同的参数不再重复：

►方法：控制沿路径分布阵列对象的方法。

►切向：指定阵列对象如何相对于路径的起始方向对齐。

►项目：指定阵列对象的数量和间距。

►对齐项目：指定是否对齐每一个阵列对象以同路径的方向相切。

►Z方向：控制是否保持阵列对象的原始 Z 方向或沿三维路径自然倾斜阵列对象。

路径阵列示例如图 3-57 所示。图 3-57（a）为源对象和路径曲线，图 3-57（b）为路径阵列后的效果。图中的路径曲线为一条样条曲线。

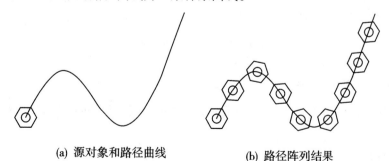

(a) 源对象和路径曲线　　　　(b) 路径阵列结果

图 3-57　路径阵列示例

■环形阵列

命令名称:Arraypolar

命令简称:无

命令参数:选择对象:

命令功能:绕某个中心点或旋转轴形成的环形图案平均分布对象副本

环形阵列可以一次性创建绕某个中心点的二维阵列副本或绕某个旋转轴的三维阵列副本。调用"Arraypolar"命令后,首先选择需要阵列的对象,接下来命令行提示当前的阵列类型以及是否关联,然后再指定阵列的中心点或旋转轴。确定之后可通过夹点方式编辑修改阵列的数量、间距,或者输入相关参数修改当前阵列属性。各命令参数的含义如下,其中与上两条命令中相同的参数不再重复:

▶项目:指定环形阵列中单圈的对象数量。

▶项目间角度:指定环形阵列对象之间的圆心夹角。

▶填充角度:指定环形阵列对象对应的总的圆心角,若为全圆周阵列,该角度为360°。

▶行:指定环形阵列的圈数、各圈之间的间距和增量标高。

▶层:指定三维环形阵列的层数和层间距。

▶旋转项目:控制环形阵列中的对象是否在阵列时同时伴随着绕中心点的旋转。

环形阵列示例如图3-58所示。图3-58(a)所示的源对象为六角头螺栓图形,中心点为2个同心圆的圆心。当填充角度为360°,项目数量为8,旋转项目参数关闭时的环形阵列结果如图3-58(b)所示。

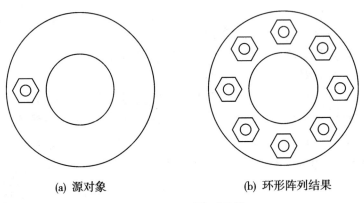

(a) 源对象   (b) 环形阵列结果

图 3-58　环形阵列示例

3.4.3　改变对象的方位

改变对象方位的命令有3个,分别是:移动"Move"、旋转"Rotate"、对齐"Align"。

■移动

命令名称:Move

命令简称:M

命令参数:选择对象:

命令功能:将对象在指定方向上移动指定距离

该命令又称为平移。调用"Move"命令并选择对象后,命令窗口提示"指定基点或 [位移(D)] <位移>:",此时可依次在绘图窗口指定基点和第二点,软件会根据先后输入 的这 2 个点所定义的矢量把源对象平移到新的位置。也可采用不指定基点而直接输入位 移的方式平移源对象。"Move"命令的操作过程与"Copy"命令非常相似。实际上,对源对 象执行一次"Move"命令,就相当于把源对象作单次"Copy"后再将源对象"Erase"掉。

■旋转

命令名称:Rotate

命令简称:RO

命令参数:UCS 当前的正角方向:　　ANGDIR = 逆时针　　ANGBASE = 0

　　　　　选择对象:

命令功能:绕基点旋转对象

该命令的功能为将对象绕某一指定基点进行旋转。调用"Rotate"命令并选择对象 后,命令窗口提示"指定基点:",基点可以是对象上的点,也可以是对象以外的任意点。 接下来软件提示"指定旋转角度,或 [复制(C)/参照(R)] <0>:",旋转角度的指定可直 接输入某一具体的角度值;也可在绘图窗口指定第二点,则由基点和第二点构成的矢量与 当前 X 轴的夹角即为输入的旋转角度。默认情况下旋转角度值以逆时针为正。此外,输 入参数"R"将以参照方式旋转对象,需要依次指定参照方向的角度值和相对于参照方向 的旋转角度值,输入参数"C"则保留源对象,即实现旋转加复制的功能。

图 3-59 给出了使用旋转命令的示例。图 3-59(a)所示为旋转之前的对象,现要把 该六角头螺栓图形逆时针旋转一定的角度,使其底边与三角形的斜边重合,即实现图 3- 59(b)所示的结果。由于三角形内角角度未知,无法按照输入角度的方式旋转对象,只能 采用参照方式旋转对象。调用"Rotate"命令后,选择六角头螺栓图形,基点指定为图 3- 59(a)中的 A 点,输入参数"R",接下来依次指定 A、B、C 这三个点,即可完成该图形的旋 转。这里所谓的参照,就是在顺序指定 A、B、C 这三个点时,将 AB 线代表的初始参照角旋 转到 AC 线代表的最终参照角。

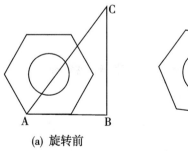

(a) 旋转前　　　　　　　(b) 旋转后

图 3-59　旋转示例

■对齐

命令名称:Align

命令简称:AL

命令参数:选择对象:

命令功能:在二维和三维空间中将对象和其他对象对齐

对齐命令可用于二维,也可用于三维。调用"Align"命令并选择源对象后,可通过指定一对、两对或三对源点与目标点的方式,来对齐所选定的对象。如果仅指定一对源点和目标点,则"Align"命令等同于"Move"命令,所指定的源点和目标点就相当于调用"Move"命令后指定的基点和第二点。在二维编辑中更经常使用的是指定两对源点与目标点,此时"Align"命令相当于"Move"命令加"Rotate"命令,并可选择是否对源对象执行缩放("Scale"命令)。如果指定三对源点和目标点,则可在三维空间里执行对齐操作。

★例题 3-7

如图 3-60(a)所示,要求将带法兰盘的钢管肢 A 连接在 Y 形节点 B 上。

【操作过程】

提示:实现该绘图目标的最简便操作为调用对齐命令。如图 3-60(b)所示,依次输入 1、2 作为第一对源点和目标点,3、4 作为第二对源点和目标点,并选择图形缩放,图 3-60(c)为对齐后的效果。

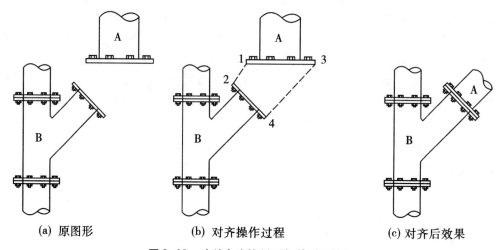

(a) 原图形   (b) 对齐操作过程   (c) 对齐后效果

图 3-60   法兰盘连接 Y 形钢管对齐简例

命令:Align ↙

选择对象:矩形窗口选择

钢管肢 A ↙

选择对象:↙

指定第一个源点:拾取 1 点↙(开启端点捕捉)

指定第一个目标点:拾取 2 点↙

指定第二个源点：拾取 3 点↙

指定第二个目标点：拾取 4 点↙

指定第三个源点或 <继续>：↙

是否基于对齐点缩放对象？［是(Y)/否(N)]<否>：Y↙

【补充说明】

第一对源点和目标点(1,2)定义了对齐的基点,第二对源点和目标点(3,4)定义了旋转的角度。在指定第二对点后,系统会给出是否缩放对象的提示。如输入"Y"则将以第一目标点和第二目标点(2,4)之间的距离作为缩放对象的参考长度。只有在使用两对点对齐对象时才能使用缩放功能。

3.4.4　改变对象的大小

改变对象大小的命令有 3 个,分别是:缩放"Scale"、拉伸"Stretch"、拉长"Lengthen"。

■缩放

命令名称:Scale

命令简称:SC

命令参数:选择对象:

命令功能:放大或缩小选定对象,缩放后保持对象的比例不变

该命令的功能为将对象按照指定的比例因子进行 X、Y、Z 三个方向上的等比例缩放,即缩放时原始形状比例不可改变。调用"Scale"命令并选择对象后,命令窗口提示"指定基点:"。基点可以是对象上的点,也可以是对象以外的任意点,其含义为所选定对象的大小发生改变时位置保持不变的点。接下来命令窗口提示"指定比例因子或［复制(C)/参照(R)]:"。所指定的比例因子必须为正数,大于 1 的比例因子使对象放大,介于 0 和 1 之间的比例因子使对象缩小。例如输入比例因子 2 表示将源对象等比例放大 2 倍,输入比例因子 0.5 表示将源对象等比例缩小 50% 。此外,输入参数"R"将按照参照长度和指定的新长度缩放所选对象;输入参数"C"表示在缩放的同时保留源对象,即实现缩放加复制的功能。

图 3-61 给出了使用缩放命令的示例。图 3-61(a)所示为缩放之前的对象,现要把该六角头螺栓图形放大,使其底边与矩形的顶边重合,如图 3-61(b)所示。由于六角头螺栓的边长与矩形长边的长度均未知,无法准确计算二者长度的比例,因此,无法按照输入比例因子的方式缩放对象,只能采用参照方式缩放对象。调用"Scale"命令后,选择六角头螺栓图形,基点指定为图 3-61(a)中的 A 点,输入参数"R",

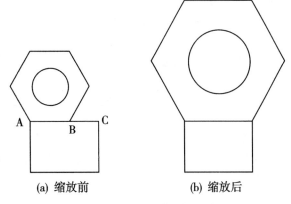

(a) 缩放前　　　　(b) 缩放后

图 3-61　缩放示例

接下来依次指定 *A*、*B*、*C* 这三个点,即可完成该图形的缩放。这里所谓的参照,就是在顺序指定 *A*、*B*、*C* 这三个点时,将 *AB* 线代表的初始参照长度放大到 *AC* 线代表的最终参照长度。

■拉伸

命令名称:Stretch

命令简称:S

命令参数:以交叉窗口或交叉多边形选择要拉伸的对象…

　　　　　选择对象:

命令功能:通过窗选或多边形框选的方式拉伸对象

该命令可用来移动或拉伸对象,具体实现何种功能要根据对象类型及对象在选择窗口中的位置决定。调用"Stretch"命令后,命令窗口提示"以交叉窗口或交叉多边形选择要拉伸的对象…",其含义为要想实现拉伸功能,则必须采用从右到左的交叉矩形或交叉多边形窗口的方式选择要拉伸的对象,然后依次指定基点和第二点,则与交叉窗口边界相交的对象被拉伸(或压缩),而全部位于交叉窗口以内的对象被移动。如果在命令窗口提示"以交叉窗口或交叉多边形选择要拉伸的对象…"时仍采用逐个点选或从左到右的包容式窗口选择模式,则命令的执行效果与"Move"命令相同。

图 3-62 给出了使用拉伸命令的示例。图 3-62(a)所示为拉伸之前的对象,以及采用交叉窗口的视觉效果预览。与交叉窗口左边线相交的对象被拉伸,唯一的例外是圆,因圆在 AutoCAD 的矢量文件定义中是由圆心位置及其半径值确定的,圆被拉伸后的结果只能是移动。拉伸后的效果如图 3-62(b)所示。

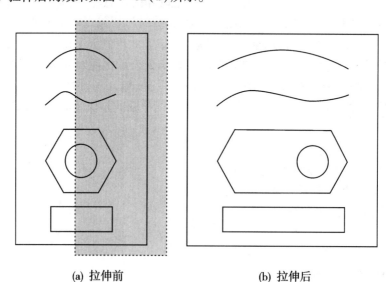

(a) 拉伸前　　　　　　　　　(b) 拉伸后

图 3-62　拉伸示例

■拉长

命令名称：Lengthen

命令简称：LEN

命令参数：选择要测量的对象或［增量(DE)/百分数(P)/总计(T)/动态(DY)］总计
　　　　　(T)：

命令功能：修改对象的长度和圆弧的包含角

该命令可用来修改线形对象的长度，或修改圆弧的包含角(圆心角)。调用"Lengthen"命令后，命令窗口提示"选择对象或［增量(DE)/百分数(P)/总计(T)/动态(DY)］<总计(T)>："。默认情况下，如直接选择对象，则软件会显示当前所选线形对象的长度，或所选圆弧的长度与包含角，即起到查询的作用。如需对所选对象进行修改，则必须选择某项参数，各参数含义如下：

▶增量：以增量方式修改对象的长度或圆弧的包含角。所输入的数值为长度(对于圆弧也可为包含角)改变的绝对值，增量为正值时对象被拉长，增量为负值时对象被缩短。该增量从距离选择点最近的端点处开始测量。

▶百分数：以指定对象总长度的百分数的方式修改对象的长度。

▶全部：以指定对象新的总长度(对于圆弧也可指定新的总包含角)的方式修改对象的长度。

▶动态：以动态方式修改对象的长度或圆弧的包含角。

图 3-63 给出了使用拉长命令的示例。调用"Lengthen"命令，输入参数"P"，再输入长度百分数"150"，依次点选图 3-63(a)所示的 2 条线段的上端，即可得到图 3-63(b)所示结果。这两条线段的长度均被拉长了 1.5 倍。另外，调用"Lengthen"命令不能对闭合图形(如矩形、多边形、圆、椭圆等)的长度进行修改。

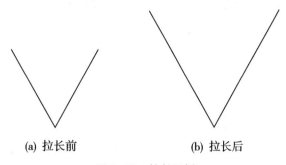

(a) 拉长前　　　　　　　　(b) 拉长后

图 3-63　拉长示例

3.4.5　改变对象的形状

改变对象形状的命令有 4 个，分别是：修剪"Trim"、延伸"Extend"、倒角"Chamfer"、圆角"Fillet"。

■修剪

命令名称：Trim

命令简称：TR

命令参数:当前设置:投影=UCS,边=无,模式=标准

　　　　　　选择剪切边…

　　　　　　选择对象或［模式(O)］<全部选择>:

命令功能:修剪对象以适合其他对象的边

　　该命令的功能为采用其他对象所定义的剪切边界来修剪对象。调用"Trim"命令后,命令窗口首先给出当前修剪模式的设置值,并提示"选择剪切边…",这时需要选择一个或多个对象作为剪切边界。可作为剪切边界的对象包括直线、圆弧、圆、多段线、样条曲线等。剪切边界的选择可使用前面学过的各种选择方法。当剪切边界选择完毕后,必须按"Enter"键结束该轮选择。

　　随后命令窗口会提示"选择要修剪的对象,或按住 Shift 键选择要延伸的对象,或［剪切边(T)/栏选(F)/窗交(C)/模式(O)/投影(P)/边(E)/删除(R)］:"此时进入第二轮选择,即选择需要修剪的对象。默认选择模式为逐个点选,也可键入"F"参数进入栏选模式,或键入"C"参数进入交叉窗口选择模式。参数"P"主要用于三维空间中两个对象的修剪;参数"E"决定能否使用隐含边延伸模式进行修剪;参数"R"提供了一种不必退出"Trim"命令就可直接删除某些对象的简便功能。

　　在选择要修剪的对象时,如果同时按下"Shift"键,AutoCAD 提供了一种在修剪命令"Trim"和延伸命令"Extend"之间进行切换的快捷方式,即在调用"Trim"命令时按下"Shift"键将执行延伸对象的操作,而在调用"Extend"命令时按下"Shift"键则将执行修剪对象的操作。

　　图 3-64 给出了使用修剪命令的示例。待修剪前的图形,包括一个圆和一个矩形。调用"Trim"命令后,如果首先选择矩形为剪切边界,按"Enter"键后再选择圆的右下方,可以得到图 3-64(b)所示图形;如果首先选择圆为剪切边界,按"Enter"键后再选择矩形的左上方,可以得到图 3-64(c)所示图形。

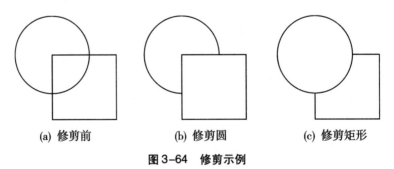

　　　(a) 修剪前　　　　　　　(b) 修剪圆　　　　　　　(c) 修剪矩形

图 3-64　修剪示例

　　由于修剪命令在实际绘图中使用的频率非常高,相比 AutoCAD 的早期版本,近年来较新的 AutoCAD 版本中,对该命令又增加了一项重要的功能选项,即对修剪模式的选择。如前所述,在调用"Trim"命令后,如果当前的修剪模式是"标准"模式,此时可输入参数"O",再输入参数"Q",可将修剪模式改为"快速"模式。在这种模式下,软件使用当前平面的所有对象作为潜在剪切边,用户不需要再去选择剪切边,当光标移动到二维对象的待修剪部位时,AutoCAD 将以预览的方式提示用户将要修剪的部分,此时单击鼠标左键即

可完成对象的快速修剪。这一命令的增强功能,可以说是大大地提高了用户执行修剪操作的效率。

★例题 3-8

绘出如图 3-65(e)所示图形。

(a) 绘圆　　(b) 绘内接五边形　(c) 各顶点间连线　(d) 图形修剪　　(e) 最终图形

图 3-65　圆内接五角星绘制简例

【操作过程】

提示:绘制该图案需要用到"Circle"、"Polygon"、"Line"、"Trim"、"Erase"等命令,绘图过程如图 3-65(a)~(e)所示:第 1 步绘制一个半径为 100 的圆,第 2 步以圆心为中心绘圆的内接五边形,第 3 步使用"Line"命令连接五边形的 5 个顶点,得到图(c)。接下来调用修剪命令。

命令: Trim ↙

当前设置:投影=UCS,边=无,模式=标准

选择剪切边…

选择对象或[模式(O)]<全部选择>: O ↙

输入修剪模式选项[快速(Q)/标准(S)]<标准(S)>: Q ↙

选择要修剪的对象,或按住 Shift 键选择要延伸的对象或[剪切边(T)/窗交(C)/模式(O)/投影(P)/删除(R)]: 逐个点选图(c)中 A~E 各点,得到图(d)

最后调用"Erase"命令,删除五边形,得到最终图形(e)。

■延伸

命令名称:Extend

命令简称:EX

命令参数:当前设置:投影=UCS,边=无,模式=标准

选择边界边…

选择对象或[模式(O)]<全部选择>:

命令功能:延伸对象以适合其他对象的边

该命令用来将某一对象延伸到另一对象或与其外观相交。"Extend"命令的操作方法与"Trim"命令非常相似。调用"Extend"命令后,命令窗口首先给出当前延伸模式的设置值,并提示"选择边界的边…",这时需要选择一个或多个对象作为延伸边界,选择完毕后,必须按"Enter"键结束该轮选择。接下来进入第二轮选择,命令窗口提示"选择要延伸

的对象,或按住'Shift'键选择要修剪的对象,或[边界边(B)/栏选(F)/窗交(C)/模式(O)/投影(P)/边(E)]:",此时应选择需要延伸的对象。其中各参数的含义与"Trim"命令类似,这里不再重复。

此外,和"Trim"命令一样,"Extend"命令中也增加了快速延伸模式,在该模式下不需要提前选择延伸边界。

图3-66给出了使用延伸命令的示例。图3-66(a)所示为延伸前的图形,包括两个圆和一个三角形。调用"Extend"命令后,选择大圆作为延伸边界,按"Enter"键后依次选择三角形三条边的两端,可得到图3-66(b)所示图形。图中的三角形应当是用"Line"命令绘制成的三角形,如果是用"Polygon"命令绘制的正三角形,则需对其执行一次分解操作方可实现各条边的延伸。

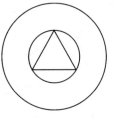

(a) 延伸前   (b) 延伸后

图3-66   延伸示例

需要注意的是,延伸对象的延伸方向与选择该对象时的位置有关。如图3-67(a)所示,某矩形内部有直线段 AB 和圆弧线 CD,以该矩形作为延伸边界,对 AB 线和 CD 弧执行延伸操作。当选择 AB 线和 CD 弧的位置靠近左端时,延伸效果如图3-67(b)所示;当选择的位置靠近右端时,延伸效果如图3-67(c)所示。图中的点标记示意了选择的位置。

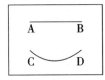 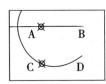 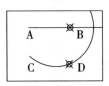

(a)原图形   (b)靠近左端选择   (c)靠近右端选择

图3-67   选取不同点位的延伸效果

■倒角

命令名称:Chamfer

命令简称:CHA

命令参数:("修剪"模式) 当前倒角距离 1 = 0.0000,距离 2 = 0.0000

　　　　　选择第一条直线或 [放弃(U)/多段线(P)/距离(D)/角度(A)/修剪(T)/方式(E)/多个(M)]:

命令功能:给对象加倒角

倒角是机械工程的术语,含义为对零件的锐利边界作切角钝化处理,一方面可避免零件的损坏,另一方面在零件连接时可起到良好的导向作用。通常情况下两条边上的倒角距离是相等的,即所谓等边倒角;个别情况下也可采用不等边倒角。

调用"Chamfer"命令后,命令窗口提示当前的倒角模式(默认为"修剪模式")及当前倒角距离,并提示"选择第一条直线或 [放弃(U)/多段线(P)/距离(D)/角度(A)/修剪

(T)/方式(E)/多个(M)]:"。默认操作为选择第一条直线,其他参数含义如下:

▶多段线:以当前倒角值对整条二维多段线在各顶点处全倒角,如果多段线包含的线段过短以至于无法容纳倒角距离,则不对这些线段倒角。

▶距离:依次设定第一个及第二个倒角距离。

▶角度:依次设定第一个倒角距离及第一个倒角角度。

▶修剪:选择倒角后是否保留角点处原边界,有"修剪"、"不修剪"两种模式。

▶方式:选择是采用两个倒角距离还是一距离一角度进行倒角操作。

▶多个:输入"M"参数后可在一次"Chamfer"命令中给多个对象倒角。

进行必要设置后,依次选择第一条直线和第二条直线,即可为所选对象倒角。如图 3-68(a)所示,对该图形执行倒角操作。首先采用两个倒角距离方式,设定 $D1=80$、$D2=60$,如依次选择 AB、BC,倒角效果如图 3-68(b)所示;如依次选择 BC、AB,倒角效果如图 3-68(c)所示。其次采用一距离一角度方式,设定 $D1=80$、$\theta 1=30°$,如依次选择 AB、BC,倒角效果如图 3-68(d)所示;如依次选择 BC、AB,倒角效果如图 3-68(e)所示。图 3-68(f)为对该图形所有角点全部执行倒角后的效果,并采用"修剪"模式;图 3-68(g)同样为全倒角,但采用"不修剪"模式。还应注意,如果该图形是采用多段线命令"Pline"绘制的,则调用"Chamfer"命令后选择"P"参数,可一次完成全倒角的操作。

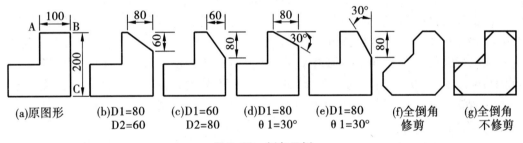

图 3-68　倒角示例

在使用倒角命令时,倒角距离或倒角角度不可设置过大,否则倒角命令无法执行。当输入的倒角距离均为 0 时,可用来快速实现两条非平行直线的相交,某些情况下该操作要比使用"Extend"或"Trim"命令更加快捷。选择两条倒角直线时,如同时按住"Shift"键,可以快速创建零距离倒角。

■圆角

命令名称:Fillet

命令简称:F

命令参数:当前设置:模式 = 修剪,半径 = 0.0000

选择第一个对象或 [放弃(U)/多段线(P)/半径(R)/修剪(T)/多个(M)]:

命令功能:给对象加圆角

该命令与倒角类似,用来给已有对象倒圆角。调用"Fillet"命令后,命令窗口提示当前的圆角模式(默认为"修剪模式")及当前圆角半径,并提示"选择第一个对象或 [放弃

(U)／多段线(P)／半径(R)／修剪(T)／多个(M)]："。可见圆角命令的操作方法与倒角命令非常相似。不同之处主要有以下两点：

▶调用"Fillet"命令可对两条平行线倒圆角，圆角半径为这两条平行线距离的一半，此时当前设定的圆角半径无效；而"Chamfer"命令不能对两条平行线倒角。

▶调用"Fillet"命令不仅可对直线类对象倒圆角，还可对圆和圆弧倒圆角；而"Chamfer"命令只能对直线类对象倒角。

图 3-69 给出了使用圆角命令的示例。图 3-69(a)所示为倒圆角前的图形，图 3-69(b)、(c)为倒圆角后的图形，(b)为"修剪"模式，(c)为"不修剪"模式。

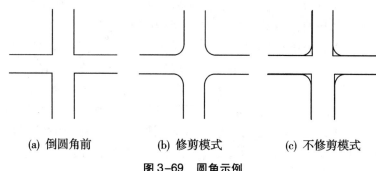

(a) 倒圆角前   (b) 修剪模式   (c) 不修剪模式

图 3-69   圆角示例

当倒圆角的对象中有圆或圆弧时，不同选取位置有着不同的圆角效果。如图 3-70 所示，图中的点标记为选取倒圆角对象的选择位置。图 3-70(a)所示为对一条直线和一条圆弧执行倒圆角，且圆角半径均相等，在直线的 4 个不同位置选取该对象会出现完全不同的结果。图 3-70(b)所示为对两个圆执行倒圆角，在同样的圆角半径下，不同选取位置的圆角效果也都不一样。用户在执行"Fillet"命令时一定要注意这一特点。

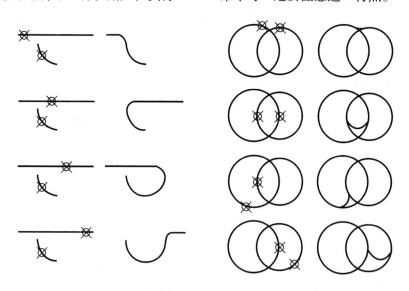

(a)直线与圆弧倒圆角的不同效果   (b)两个圆倒圆角的不同效果

图 3-70   选取不同点位的圆角效果

3.4.6　改变对象的数量

改变对象数量的命令有 4 个,分别是:打断"Break"、合并"Join"、光顺曲线"Blend"、分解"Explode"。

■打断

命令名称:Break

命令简称:BR

命令参数:选择对象:

命令功能:在一点或两点之间打断选定的对象

该命令可用来部分删除对象或把对象分解为两部分。调用"Break"命令后,命令窗口提示"选择对象:",注意只能通过点选方式选择一个对象。然后提示"指定第二个打断点或［第一点(F)］:",默认情况下 AutoCAD 将把选择对象时的点选位置作为第一个打断点,因此这里要求指定第二个打断点。第二点指定后命令结束,所选对象在两点之间的部分被删除掉。如果在命令窗口提示"指定第二个打断点 或［第一点(F)］:"时输入"F"参数可重新指定第一点。如果输入隐含参数"@",表示第二点与第一点重合,可实现一点打断的功能,此时所选对象被分解为两部分(如为矩形、圆等闭合对象则在该点处打开)。

★例题 3-9

对图 3-71(a)中的圆分别执行两点打断和一点打断。

【操作过程】

命令:Break ↙

选择对象:点选图(a)中的圆

指定第二个打断点 或［第一点(F)］:F ↙ (输入 F 参数重新指定第一点)

指定第一个打断点:拾取 A 点 ↙ (开启节点捕捉)

指定第二个打断点:拾取 B 点 ↙ (完成两点打断,得到图(b);如果先后拾取 B 点、A 点,保留的将是 AB 间的小圆弧)

命令:Break ↙

选择对象:点选图(c)中的大圆弧

指定第二个打断点 或［第一点(F)］:F ↙ (输入 F 参数重新指定第一点)

指定第一个打断点:拾取 C 点 ↙

指定第二个打断点:@ (完成一点打断,得到图(d))

图 3-71(d)中的一段圆弧改为虚线是为了清楚示意原来的大圆弧已在 C 点处断开。

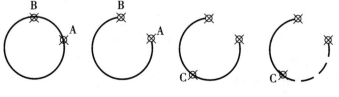

(a) 原图形　　(b) 两点打断　　(c) 一点打断　　(d) 最终效果

图 3-71　圆打断操作简例

【补充说明】

由于选择对象时无法在 Point 命令绘出的点处选择,因此需要输入 F 参数重新指定第一点。此外,执行两点打断时,第二点可指定对象之外的点。对封闭图形两点打断时,默认情况下系统将沿逆时针方向删除第一点与第二点间的部分。

■合并

命令名称:Join

命令简称:J

命令参数:选择源对象或要一次合并的多个对象:

命令功能:合并相似的对象以形成一个完整的对象

该命令可用来合并某一连续图形上的两个或多个部分,或者将某两段圆弧(椭圆弧)闭合为整圆(椭圆)。调用"Join"命令后,命令窗口提示"选择源对象或要一次合并的多个对象:",可用来选择的源对象有直线段、圆弧、椭圆弧、样条曲线、多段线等。然后 AutoCAD 会根据所选源对象的类型给出相应的提示。

图 3-72 给出了使用合并命令的示例。图 3-72(a)所示为合并前的图形,上方为两段圆弧,下方为两段样条曲线,为表示清楚是两段图形,图中将右边的圆弧、样条曲线用虚线显示。图 3-72(b)为合并后的图形,并且上方的两段圆弧合并后被转换为一个整圆。当然,前提是这两段圆弧本来就是同一个圆上的两段弧。

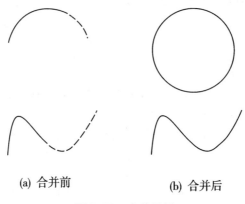

(a) 合并前　　　　　(b) 合并后

图 3-72　合并示例

■光顺曲线

命令名称:Blend

命令简称:无

命令参数:连续性 = 相切

　　　　　　选择第一个对象或 [连续性(CON)]:

命令功能:在两条开放曲线的端点之间创建相切或平滑的样条曲线

该命令可以在两条开放曲线的端点间隙用样条曲线进行衔接。开放曲线包括:直线段、圆弧、椭圆弧、螺旋、开放的多段线和开放的样条曲线。调用"Blend"命令后,命令窗口提示当前的连续性模式,并提示选择第一个对象,若此时输入参数"CON",可修改连续性

模式。连续性模式是指所创建的样条曲线的过渡类型,包括有两种:

▶相切:该模式将创建一条 3 阶样条曲线,在选定对象的端点处具有相切连续性。

▶平滑:该模式将创建一条 5 阶样条曲线,在选定对象的端点处具有曲率连续性。

确定连续性模式后,依次选择相邻的两条开放曲线,即可在这两条开放曲线的端点之间创建出一条衔接的样条曲线。

图 3-73 给出了使用光顺曲线命令的示例。图 3-73(a)所示为原图形,共包括 4 组 8 个对象,均为开放曲线。从上至下依次为两条直线段、一条直线段和一段圆弧、一条样条曲线和一条直线段、一段圆弧和一段椭圆弧。对这 4 组开放曲线对象执行光滑曲线命令,连续性模式均选用"平滑"模式,则得到的结果如图 3-73(b)所示。

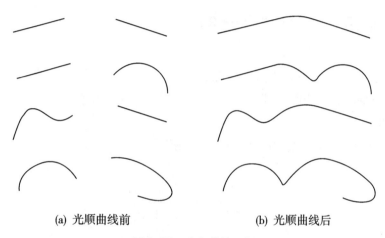

(a) 光顺曲线前　　　　　　　　(b) 光顺曲线后

图 3-73　光顺曲线示例

应注意,所创建的光顺曲线的形状同选择开放曲线时所靠近的端点位置有关,并且,由于开放曲线均有 2 个端点,因此,也可在同一条开放曲线的两个端点之间创建光顺曲线。

■分解

命令名称:Explode

命令简称:X

命令参数:选择对象:

命令功能:将复合对象分解为其部件对象

对于矩形、正多边形、多线、多段线、修订云线等由多个简单对象(直线段或圆弧)编组构成的复合对象,可以调用"Explode"命令将其分解。该命令的操作过程十分简单,调用"Explode"命令后,按照提示选择待分解的复合对象,选择完毕后按"Enter"键确认即可。

如图 3-74(a)所示,对"Polygon"命令绘制的正三角形执行分解,可以得到图 3-74(b)。此时该图形由 1 个正多边形对象分解为 3 个直线段对象,但从表面上看不出区别。如果对这两个图形进行选择令其显示出夹点,则可明显看出二者的区别,分别如图 3-74(c)、(d)所示。

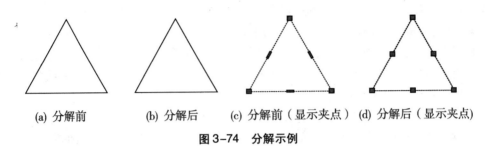

(a) 分解前   (b) 分解后   (c) 分解前（显示夹点）(d) 分解后（显示夹点)

图 3-74   分解示例

3.5   二维图形绘制综合示例

掌握本章内容后,就可以绘制各种较复杂的二维图形;下面给出几个二维图形的绘图思路和操作过程。篇幅所限,各例题中对绘图过程作了适当精简。

★例题 3-10

如图 3-75 所示,按照图中尺寸绘制二维图形。

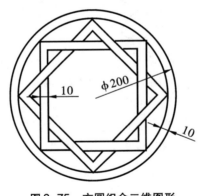

图 3-75   方圆组合二维图形

【**操作过程**】

提示:首先绘制外层圆,偏移复制内层圆后,再绘制内圆的内接四边形,最后剪切嵌套四边形的被遮挡部分。

命令:Circle ↙

指定圆的圆心或 [三点(3P)/两点(2P)/相切、相切、半径(T)]: 0,0 ↙

指定圆的半径或 [直径(D)]: 100 ↙ （绘出外层圆)

命令:Offset ↙

当前设置:删除源=否   图层=源   OFFSETGAPTYPE=0

指定偏移距离或 [通过(T)/删除(E)/图层(L)]<1.0000>: 10 ↙

选择要偏移的对象,或 [退出(E)/放弃(U)]<退出>: 光标拾取圆

指定要偏移的那一侧上的点，或［退出（E）/多个（M）/放弃（U）］<退出>：拾取圆内任一点

选择要偏移的对象，或［退出（E）/放弃（U）］<退出>：↙（偏移复制得到内层圆）

命令：Polygon ↙

输入边的数目 <4>：↙

指定正多边形的中心点或［边（E）］：拾取圆心（开启圆心捕捉）

输入选项［内接于圆（I）/外切于圆（C）］<I>：↙

指定圆的半径：90 ↙（绘出圆内接正四边形，且边长平行于坐标轴）

命令：Offset ↙（详细过程略。向内偏移复制四边形，偏移距离 10）

命令：Rotate ↙

UCS 当前的正角方向：ANGDIR＝逆时针　　ANGBASE＝0

选择对象：指定对角点：找到 2 个（窗口选择 2 个四边形）

选择对象：↙

指定基点：拾取圆心

指定旋转角度，或［复制（C）/参照（R）］<0>：C ↙（复制并旋转副本）

旋转一组选定对象。

指定旋转角度，或［复制（C）/参照（R）］<0>：45 ↙（复制并旋转 45 度）

命令：Trim ↙

当前设置：投影＝UCS，边＝无　　选择剪切边…

选择对象或 <全部选择>：指定对角点：找到 4 个（窗口选择 4 个四边形）

选择对象：↙

选择要修剪的对象，或按住 Shift 键选择要延伸的对象，或［栏选（F）/窗交（C）/投影（P）/边（E）/删除（R）/放弃（U）］：（详细过程略。逐个选择四边形上需要剪切掉的部分）

【补充说明】

使用 Polygon 命令而不是 Rectang 命令，是因为前者可准确定位中心点；绘出一组正四边形后，利用 Rotate 命令的 C 选项，可同步完成旋转加复制。

★**例题 3-11**

如图 3-76 所示，按照图中尺寸绘制坐便器平面图。

【操作过程】

提示：上部的水箱可用圆角矩形一次绘出；椭圆长轴长 520、短轴长 420，长轴上端点与矩形的下边中点重合，绘图中可将该点的坐标定为（0，0）。

命令：Rectang ↙

指定第一个角点或［倒角（C）/标高（E）/圆角（F）/厚度（T）/宽度（W）］：F ↙（选

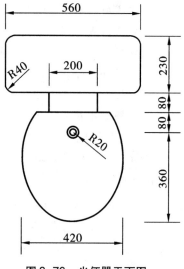

图 3-76　坐便器平面图

择圆角矩形模式)

指定矩形的圆角半径 <0.0000>：40 ✓

指定第一个角点或 ［倒角(C)/标高(E)/圆角(F)/厚度(T)/宽度(W)］：-280,0 ✓

指定另一个角点或 ［面积(A)/尺寸(D)/旋转(R)］：280,230 ✓（绘出圆角 R=40 的矩形）

命令：Ellipse ✓

指定椭圆的轴端点或 ［圆弧(A)/中心点(C)］：0,0 ✓（也可中点捕捉矩形的下边中点）

指定轴的另一个端点：0,-520 ✓（椭圆长轴为 520）

指定另一条半轴长度或 ［旋转(R)］：210 ✓（给出椭圆短轴半长，绘出椭圆）

命令：Line ✓

LINE 指定第一点：-100,0 ✓

指定下一点或 ［放弃(U)］：@0,-80 ✓（也可采用绝对坐标）

指定下一点或 ［放弃(U)］：✓（绘出左边直线段）

命令：Copy ✓

选择对象：找到 1 个（选择直线段）

选择对象：✓

当前设置：复制模式 = 多个

指定基点或 ［位移(D)/模式(O)］<位移>：✓（直接回车采用位移模式）

指定位移 <0.0000, 0.0000, 0.0000>：200,0 ✓（复制出右边直线段）

命令：Xline ✓

指定点或 ［水平(H)/垂直(V)/角度(A)/二等分(B)/偏移(O)］：H ✓

指定通过点：-100,-80 ✓（也可端点捕捉直线段下端点）

指定通过点：✓（绘制水平构造线）

命令：Circle ✓

圆的圆心或 ［三点(3P)/两点(2P)/相切、相切、半径(T)］：0,-160 ✓

指定圆的半径或 ［直径(D)］<20.0000>：20 ✓（绘制外层小圆）

命令：Offset ✓（详细过程略。向内偏移复制内层小圆，偏移距离5）

命令：Trim ✓（详细过程略。将椭圆和构造线互为剪切边修剪掉多余部分）

【补充说明】

调用"Xline"命令并选择"H"参数可仅指定一点即可绘出水平辅助线；本例中指定点时多采用输入绝对坐标是为了讲解方便，实际绘图中宜尽量采用对象捕捉，效率更高。

★例题 3-12

如图 3-77 所示，按照图(a)尺寸绘制单块人行道地砖，并绘出图(b)所示整体图案。

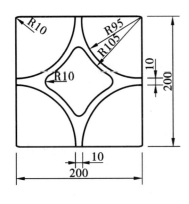

(a) 单块地砖平面图

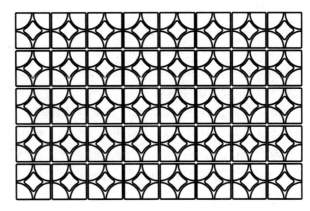

(b) 人行道地砖整体图案

图 3-77 人行道地砖图案

【操作过程】

提示：首先绘制单块地砖图案,可充分利用对称性先绘出 1/4 后再两次镜像;地砖中心部分是对 4 个大圆弧两两之间倒圆角而得。最后对单块砖阵列复制可得整体图案。

命令：Line ↙

指定第一点：100,0 ↙

指定下一点或 [放弃(U)]：100,100 ↙

指定下一点或 [放弃(U)]：0,100 ↙

指定下一点或 [闭合(C)/放弃(U)]：↙ (以地砖中心为坐标原点,绘出右上角两条线)

命令：Arc ↙

指定圆弧的起点或 [圆心(C)]：C ↙

指定圆弧的圆心：100,100 ↙ (指定右上角顶点为圆弧的圆心)

指定圆弧的起点：@-95,0 ↙

指定圆弧的端点或 [角度(A)/弦长(L)]：@0,-95 ↙ (绘出 R=95 的小圆弧)

命令：Fillet ↙

当前设置：模式 = 修剪,半径 = 0.0000

选择第一个对象或 [放弃(U)/多段线(P)/半径(R)/修剪(T)/多个(M)]：R ↙

指定圆角半径 <0.0000>：10 ↙

选择第一个对象或 [放弃(U)/多段线(P)/半径(R)/修剪(T)/多个(M)]：(选择竖直线段)

选择第二个对象,或按住 Shift 键选择要应用角点的对象：(选择水平线段,完成矩形右上角点 R=10 的圆角)

命令：Offset ↙ (详细过程略。向内偏移复制大圆弧,偏移距离 10)

命令：Mirror ↙

选择对象：指定对角点：找到 5 个 (选择当前所有对象)

选择对象：✓

指定镜像线的第一点：100,0 ✓

指定镜像线的第二点：0,0 ✓

要删除源对象吗？［是(Y)/否(N)］<N>：✓（关于 X 轴镜像复制）

命令：Mirror ✓（详细过程略。选择当前所有对象关于 Y 轴镜像复制）

命令：Fillet ✓（详细过程略。圆角半径 R＝10，输入 M 进入多个模式，依次选择 4 个大圆弧对其两两之间倒圆角，完成图(a)单块地砖图案）

命令：Array ✓（弹出"阵列"对话框中行数为"5"、列数为"8"，行偏移、列偏移均为"210"，选择所有对象，单击确认完成图(b)图案）

【补充说明】

本例特点是尽量利用对称性以提高绘图效率，如果还像上一道例题那样首先用圆角矩形将外轮廓线一次画出，反而对后续绘图不利。因此绘图时应具体情况具体分析，才能寻找到效率最高的作图方式。

 思考和练习

1. 思考题

(1)在 AutoCAD 中主要有哪些精确制图辅助工具？各有何特点？

(2)如何设置"捕捉"和"栅格"？采用"自适应栅格"有何优点？

(3)在"极轴追踪"设置中，"增量角"与"附加角"有何区别？

(4)在 AutoCAD 中，可对哪 14 种关键点实施对象捕捉？其含义分别是什么？

(5)"对象捕捉追踪"如何使用？该功能与"对象捕捉"有何区别？

(6)在 AutoCAD 中，绘直线类对象的命令有几个？其功能特点分别是什么？

(7)"多线"与"多段线"有何区别？如何绘制？

(8)在 AutoCAD 中，对象复制类命令有几个？其功能特点分别是什么？

(9)阵列复制 Array 有哪 3 个子命令？分别适用于何种条件？

(10)在 AutoCAD 中，绘曲线类对象的命令有几个？其功能特点分别是什么？

(11)绘样条曲线时，"拟合公差"的含义是什么？如何选用？

(12)使用 Rectang 命令能够绘出几种类型的矩形？如不调用 Rectang 命令，如何绘出圆角矩形？

(13)选择集模式有哪 6 项设置内容？含义分别是什么？

(14)选择对象的"主谓式操作"与"动宾式操作"有什么区别？选择对象时，输入什么参数可一次选中当前图形文件中的所有非锁定对象？

(15)简述过滤选择、快速选择和使用编组选择的功能特点与区别。

(16)在 AutoCAD 中，通过调用哪几个命令可实现复制对象的功能？

(17)旋转命令"Rotate"与拉伸命令"Scale"中的"参照(R)"选项有何用途？除这 2 个命令外，还有哪些编辑命令中有"参照(R)"选项？

（18）拉伸命令"Stretch"与拉长命令"Lengthen"有何区别？

（19）调用对齐命令"Align"能否实现将图形对象按比例缩放？如何使用？

（20）倒角命令"Chamfer"与圆角命令"Fillet"有何区别？倒角命令对曲线类对象是否有效？

（21）对图形对象执行分解的目的是什么？能否对多段闭合直线段对象进行分解？

（22）使用夹点编辑，可对图形对象执行哪几种编辑操作？分别是什么？

2. 练习题

（1）绘出题 3-1 图中各机械零件，图中仅给出了主要尺寸，未注明尺寸自定，不需标注尺寸。

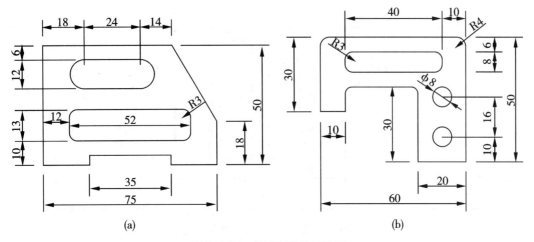

(a) (b)

题 3-1 图　机械零件绘图练习

（2）绘出题 3-2 图中各室内门立面大样，图中仅给出了主要尺寸，未注明尺寸自定，窗框宽度均为 60，不需标注尺寸。

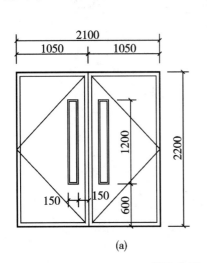 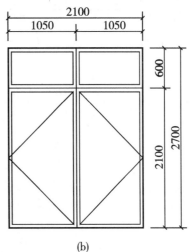

(a) (b)

题 3-2 图　室内门立面绘图练习

（3）绘出题3-3图中单元门立面大样,图中仅给出了主要尺寸,未注明尺寸自定,不需标注尺寸(标高单位为m)。

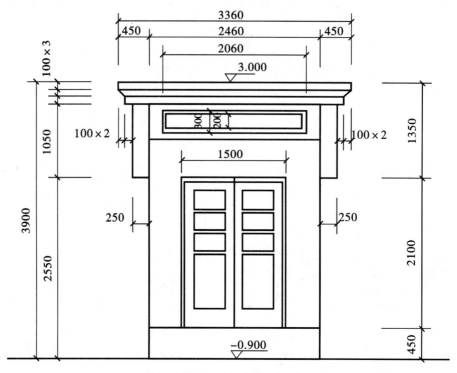

题3-3图　单元门立面绘图练习

（4）绘出题3-4图中各简支梁受力简图,尺寸自定,不需注写文字、标注尺寸。

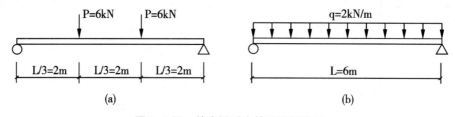

题3-4图　简支梁受力简图绘图练习

（5）绘出题 3-5 图中空心板横断面图，未注明细部尺寸自定，不需标注尺寸。

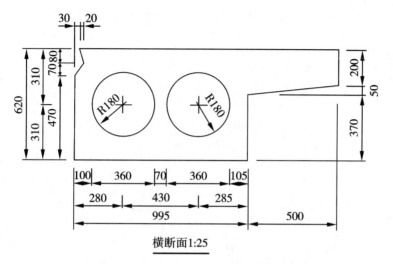

横断面1:25

题 3-5 图　空心板横断面图绘图练习

（6）绘出题 3-6 图中基桩承台剖面图，暂不必绘出定位轴线，不需标注尺寸。

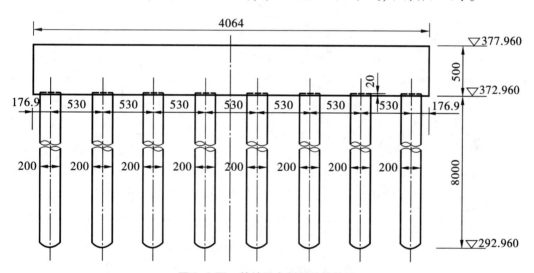

题 3-6 图　基桩承台剖面绘图练习

（7）绘出题 3-7 图中各几何图形，尺寸自定，比例协调、图样美观即可。

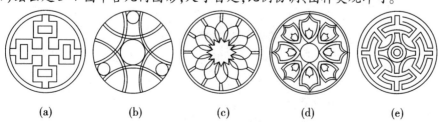

(a)　　　　　(b)　　　　　(c)　　　　　(d)　　　　　(e)

题 3-7 图　几何图形绘图练习

（8）绘出题3-8图中各图形，尺寸自定，比例协调、图样美观即可。

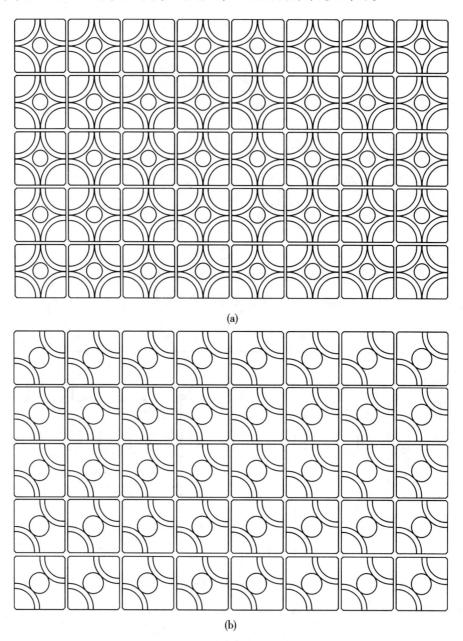

(a)

(b)

题3-8图　几何图案绘图练习

第4章 AutoCAD 二维绘图高级操作

内容提要　本章学习 AutoCAD 二维绘图高级操作,主要内容有:创建与编辑文字和表格对象,创建与编辑尺寸标注,设置图层、颜色、线型、线宽并创建用户样板文件,使用图形信息查询,创建并插入块和属性块,附着外部参照图形文件,使用 AutoCAD 设计中心,以及在模型空间和图纸空间中打印图形等。为帮助用户理解和掌握,部分内容结合示例详述其操作过程。

4.1 创建文字和表格

在一套完整的工程图纸中,除了图形对象以外,通常还包含或多或少的文字说明,有时还需要采用表格的方式进一步简明扼要地表达设计思想。因此,熟练掌握文字和表格对象的创建与编辑方法,不仅是 AutoCAD 二维绘图的一项重要内容,也是绘制出符合规范要求的工程图纸的必备技能。在 AutoCAD 2023 中,文字、表格,以及标注等相关命令,均安排在"默认"功能区左数第 3 个"注释"面板中。

4.1.1 设置文字样式

在创建文字之前,首先要设置合适的文字样式。在 AutoCAD 2023 的"默认"功能区"注释"面板中,点击"文字样式"下拉列表,单击最下面一行的"管理文字样式";或者单击菜单项"格式"→"文字样式",均可调出"文字样式"对话框,如图 4-1 所示。初始情况下,AutoCAD 默认的当前文字样式为"Standard"样式。该文字样式使用"txt. shx"的 SHX 字体。

图 4-1 "文字样式"对话框

AutoCAD 有 3 类字体,其概念简述如下:

■SHX 字体

又称单字节编码系统字体。采用美国国家标准学会(ANSI)制定的美国信息互换标准代码(American Standard Code for Information Interchange,ASCII)编制。由于仅采用单个字节编码,因此该字体的容量仅包含 256 个字符。故此,SHX 字体中仅包含数字、大小写英文字母、常用符号,不包含汉字和其他非英文文字,因此不能用来输入汉字。

■大字体(Bigfont)

又称多字节编码系统字体。采用统一码(Unicode)编制,包括双字节统一码(USC-2)和四字节统一码(USC-4)。双字节统一码的理论容量为 65 536 个字符,四字节统一码的理论容量超过 40 亿个字符。因此,大字体文件可包含数量更多的符号和文字,可输入汉字。

■True type 字体

Windows 系统自带,采用几何学中的贝塞尔曲线及直线来描述字体的外形轮廓。其主要优点即"所见即所得",在屏幕上显示时,无论放大或缩小,字符总是光滑的,不会有锯齿出现;在打印时,该字体按照打印机的分辨率打印输出。

SHX 字体和 True type 字体在"文字样式"对话框中间位置的"字体名"下拉列表中选用,大字体(Bigfont)在"字体样式"下拉列表中选用。为了设置一种新的文字样式,首先就需要在"文字样式"对话框中选择一种合适的 SHX 字体,并根据是否输入汉字,选择搭配或不搭配一种大字体;或者选择一种 True type 字体,例如仿宋。对于 True type 字体,则不能也不需要匹配大字体。

为便于读者掌握以上几种字体的特点,本书新建了几种使用不同字体的常用文字样式,并给出其文字显示效果。使用 SHX 字体并匹配大字体的文字样式列于表 4-1 中,使用 True type 字体的文字样式列于表 4-2 中。表中所创建的文字样式的名称仅作示范,读者可根据个人喜好自行命名,原则是简明知义、便于记忆。

表 4-1　SHX 文字样式及其显示效果

文字样式名称	SHX 字体	大字体	文字显示效果	备注
Standard	txt. shx	gbcbig. shx	1234567890　土木工程制图 ABCDEFG abcdefg	数字、英文光滑圆润度较差
SZ	simplex. shx	gbcbig. shx	1234567890　土木工程制图 ABCDEFG abcdefg	较美观,适合输入数字、英文
SZC	complex. shx	gbcbig. shx	1234567890　土木工程制图 ABCDEFG abcdefg	较美观,字体为双线条型,适合输入轴线号
HZ	gbenor. shx	gbcbig. shx	1234567890　土木工程制图 ABCDEFG abcdefg	适合输入汉字正体
HZI	gbeitc. shx	gbcbig. shx	1234567890　土木工程制图 ABCDEFG abcdefg	适合输入汉字斜体

表 4-2　True type 文字样式及其显示效果

文字样式名称	True type 字体	字体样式	文字显示效果	备注
宋体	宋体	常规	1234567890　土木工程制图 ABCDEFG abcdefg	常规宋体字
仿宋	仿宋	常规	1234567890　土木工程制图 ABCDEFG abcdefg	常规仿宋字
黑体	黑体	常规	1234567890　土木工程制图 ABCDEFG abcdefg	常规黑体字
楷体	楷体	常规	1234567890　土木工程制图 ABCDEFG abcdefg	常规楷体字

　　总而言之,True type 字体显示更加逼真,字体更加光滑、圆润,外形美观。但当一个图形文件中有大量文字时,例如建筑施工图的设计总说明,如大量采用 True type 字体则会降低图形的刷新速度,占用一定的系统资源,所保存的文件容量也较大。用户可根据习惯或设计单位的内部规定选择符合国家制图标准的文字样式。

　　在图 4-1 所示"文字样式"对话框中,还有一个需要注意的设置内容是"宽度因子",即所采用的字体在字宽方向的调整系数。"宽度因子"大于 1.0 为加宽,小于 1.0 为变窄。表 4-1 和表 4-2 中所示意的文字显示效果都是采用 1.0 的初始"宽度因子"的效果。可见,对于不同的字体,设置多大的"宽度因子"并不能完全统一。通常情况下,如采用表4-1 中定义的"SZ"文字样式创建尺寸标注或其他数字、英文,建议将"宽度因子"设为

0.75 左右,以满足工程制图长仿宋字体的要求;当采用表 4-2 中所定义的各种文字样式时,如果输入的是尺寸标注或其他数字、英文,建议"宽度因子"仍设为 1.0,如果输入的是汉字,则"宽度因子"宜设为 0.75 左右。

此外,文字高度可以在图 4-1 所示"文字样式"对话框中定义文字样式的时候设定,也可以取默认值"0",在创建文字的时候再另行定义文字的高度。

4.1.2　创建文字对象

完成文字样式设置的工作后,就可以调用相关命令创建文字了。AutoCAD 中,创建文字对象的命令主要有 3 个,分别是创建单行文字"Text"和"Dtext"、创建多行文字"Mtext"。

■创建单行文字

命令名称:Text 或 Dtext

命令简称:DT

命令参数:当前文字样式:"Standard"　文字高度:2.5000　注释性:否　对正:左
　　　　　指定文字的起点 或 [对正(J)/样式(S)]:
　　　　　指定高度 <2.5000>:
　　　　　指定文字的旋转角度 <0>:

命令功能:创建单行文字对象,输入的同时在绘图窗口显示

AutoCAD 的早期版本中用于创建文字对象的只有"Text"命令。后来随着软件版本的升级,增加了"Dtext"命令,调用该命令,能够在输入文字的同时在绘图窗口动态显示,即实现"所见即所得"。前缀"D"的含义即动态(dynamic)。后来,AutoCAD 将"Dtext"的功能也赋予了"Text"。这就是现在创建单行文字的命令有两个的原因。

调用"Text"或"Dtext"命令,命令窗口首先提示当前文字样式的名称、初始文字高度、注释特性及对正方式,并提示"指定文字的起点 或 [对正(J)/样式(S)]:"如果不需要修改初始设置,可通过键盘输入坐标或直接在绘图窗口指定待输入文字的起点。所使用的文字样式如果在图 4-1 所示"文字样式"对话框中已经定义了文字高度,则命令窗口提示"指定文字的旋转角度 <0>:";否则,在此之前还会提示"指定高度 <2.5000>:"。尖括号内的值是上一次创建文字的值或打开新文件的初始值。随后在绘图窗口中将出现一个文字输入框,用户就可以在其中输入各种文字了。

单行文字"Text"或"Dtext"命令并非只能输入"单行"的文字,而是所输入的每一行文字都作为一个单独的"单行文字对象"予以保存。各种二维编辑命令,例如"Copy"、"Move"、"Erase"等均可针对所输入文字的任意一行单独执行。缺点也显而易见,就是各行文字之间彼此独立,不能按照整个段落的方式对文字内容、格式、缩进等进行编辑。因此,单行文字命令适用于只占一行的简短性文字的创建,如尺寸数字、标高、图名、构件编号等。

在单行文字中,一个比较重要的内容是单行文字的对正方式。调用"Text"或"Dtext"命令后,输入参数"J",命令窗口将提示:"输入选项 [左(L)/居中(C)/右(R)/对齐(A)/中间(M)/布满(F)/左上(TL)/中上(TC)/右上(TR)/左中(ML)/正中(MC)/右中

(MR)/左下(BL)/中下(BC)/右下(BR)]:"。共包含 15 种不同的文字对正方式。

　　要想理解不同文字对正方式的差别,首先需要了解 AutoCAD 中文字对象输入基线的含义。在 AutoCAD 中,所输入的各种文字均有 4 条隐含的基线。各种文字对正方式的选择,实际上就是指定所输入的文字以哪一条基线的左、中、右点作为输入的起始点。默认对正方式为左对正,其中 12 种文字输入对正方式如图 4-2 所示。各图中的点代表采用该对正方式时输入文字的起始点,各图中的 5 条线并非前文所述基线,而是提供了一种比较不同对正方式下文字位置的参考线。

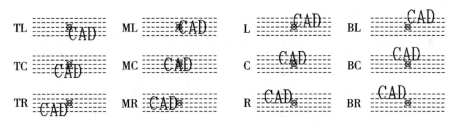

图4-2　单行文字对正方式示意

　　"中间(M)"方式与"正中(MC)"方式的差别在于:"中间(M)"方式使用的中点是所有文字包括下行文字在内的中点,而"正中(MC)"方式使用大写字母高度的中点。但在图 4-2 的示例中将会显示相同的效果。"对齐(A)"方式需要依次指定文字字符串的起点和终点,文字的大小(高度和宽度)根据字符串的长短由程序自动调整。"布满(F)"方式需要依次指定文字字符串的起点和终点,并指定文字的高度,文字的宽度根据字符串的长短由程序自动调整。

　　正确选择和修改文字的对正方式在输入表格中的文字,或者在输入需要上下对齐的标高数字等文字时,将起到很大作用。

■创建多行文字

命令名称:Mtext

命令简称:T 或 MT

命令参数:当前文字样式:"Standard"　文字高度: 2.5　注释性: 否

　　　　　指定第一角点:

　　　　　指定对角点或[高度(H)/对正(J)/行距(L)/旋转(R)/样式(S)/宽度(W)/栏(C)]:

命令功能:创建多行文字对象

　　调用"Mtext"命令,命令窗口在显示当前文字样式、文字高度和注释特性后,将提示用户指定多行文字编辑器的第一个角点,接下来可输入多个参数修改多行文字输入的一些基本设定。如继续指定对角点,在绘图窗口中将弹出多行文字输入框,同时功能区自动切换到"文字编辑器"面板,如图 4-3 所示。

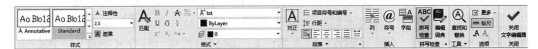

图 4-3   功能区"文字编辑器"面板

单击"文字编辑器"面板右上角的"更多"→"编辑器设置"→"显示工具栏",在多行文字输入框上方将出现浮动状态的"文字格式"工具栏,如图 4-4 所示。为便于理解,图 4-4 中已经在编辑器内输入了一段文字。

图 4-4   多行文字输入示例

多行文字"Mtext"命令特别适用于输入成段落的大量性文字,如工程图纸中不可或缺的设计说明,特别是图纸前面的设计总说明。利用图 4-3 的"文字编辑器"面板或图 4-4 的"文字格式"工具栏,可以方便地选择文字样式、字体,改变文字高度,对文字执行加粗、倾斜、加删除线、加下划线等操作,还可以对文字执行分栏、编写项目编号、调整行距、修改对正方式等。总之,多行文字编辑器为用户提供了一种非常方便实用的文字编辑工具,使得在 AutoCAD 中输入大量文字再也不是一个困难的事情。

单击"文字格式"工具栏中的按钮 @▼,将弹出"符号"快捷菜单,如图 4-5 所示。单击上面的菜单项,可在文字编辑框内输入相应的特殊符号。例如,在工程图纸中最常用到的直径符号"φ"、正负号"±"、角度符号"°"等。如果"符号"快捷菜单上显示的符号还不够用,单击最下面一行的菜单项"其他",将弹出"字符映射表"对话框,如图 4-6 所示。

"字符映射表"实际上是 Windows 系统自带的工具。

度数(D)	%%d
正/负(P)	%%p
直径(I)	%%c
几乎相等	\U+2248
角度	\U+2220
边界线	\U+E100
中心线	\U+2104
差值	\U+0394
电相角	\U+0278
流线	\U+E101
恒等于	\U+2261
初始长度	\U+E200
界碑线	\U+E102
不相等	\U+2260
欧姆	\U+2126
欧米加	\U+03A9
地界线	\U+214A
下标 2	\U+2082
平方	\U+00B2
立方	\U+00B3
不间断空格(S)	Ctrl+Shift+Space
其他(O)...	

图 4-5   "符号"快捷菜单

使用"字符映射表"可以查看所选字体中可用的字符,并可将单个字符或字符组复制到剪贴板中,然后将其粘贴到可以显示它们的任何程序中。因此,只要是在当前 Windows 系统的 Fonts 文件夹中已有的字体所定义的符号,都可以作为特殊符号复制粘贴到 AutoCAD 中。

读者还需要注意,如果对已创建的多行文字对象执行一次分解"Explode"操作,则该多行文字对象将被分解为若干个单行文字对象。当然,也就不能再用多行文字编辑器对其进行修改和编辑操作了。

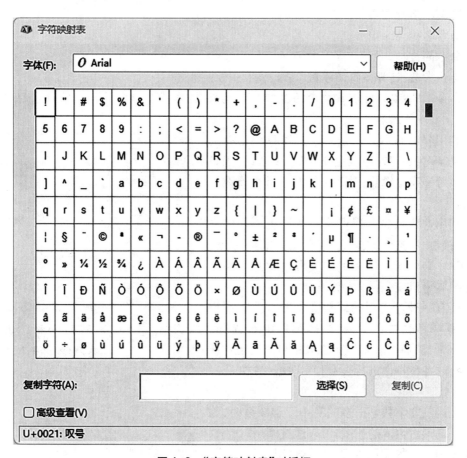

图 4-6　"字符映射表"对话框

4.1.3　编辑文字对象

工程设计是一个需要反复修改图纸的过程,图纸上的各种尺寸数字、文字也经常需要修改和重新编辑。对于已创建的文字,将其删除再重新输入,显然不是一个好办法。AutoCAD 中用于修改文字的命令主要有 2 个,分别是编辑单行文字"Textedit"、编辑多行文字"Mtedit"。

■编辑单行文字

命令名称:Textedit

命令简称:ED

命令参数:当前设置:编辑模式 = Multiple

　　　　　选择注释对象或［放弃(U)/模式(M)］:

命令功能:编辑单行文字、标注文字、属性定义和功能控制边框

调用"Textedit"命令,选择绘图窗口中已有的单行文字对象,可在原位置对所选文字进行修改和编辑。实际上,调用该命令后,如选择的是多行文字对象,同样可对其进行修改和编辑。

■编辑多行文字

命令名称:Mtedit

命令简称:无

命令参数:选择多行文字对象:

命令功能:显示绘图窗口中的多行文字编辑器,以修改选定多行文字对象的格式或内容

调用"Mtedit"命令,选择绘图窗口中已有的多行文字对象,将在原位置弹出"文字格式"工具栏和多行文字编辑器,对其中的文字进行修改和编辑。

调用这两条命令还可采用一种更简便的方式:直接在需要修改的文字上双击鼠标左键。AutoCAD 会根据双击文字的类型自动弹出单行文字编辑窗口或多行文字编辑器。

还有一种更直观的编辑文字的方法。右键单击需要修改的文字,在快捷菜单中点选"特性",将弹出"特性"选项板,在其中可方便地对所选文字的各种特性进行查看和修改编辑,如图4-7所示。

在绘制文字数量很多的复杂工程图纸时,为了加快图形重生成的速度,可以通过调用"Qtext"命令控制文字的显示模式。默认情况下为"关",文字以正常模式显示。如将文字显示模式改为"开",并执行重生成命令"Regen"后,AutoCAD将把当前图形中的所有文字都以矩形框来代替而不显示具体内容,每个矩形框的大小反映了对应文字的长度、高度及其位置。

4.1.4　设置表格样式

表格主要用来展示与图形内容相关的引用标准、数据信息及材料信息等内容,是复杂工程

图4-7　应用"特性"选项板修改文字对象

图纸中一项不可或缺的内容。常见表格如建筑施工图中的"门窗表"、结构施工图中的 "钢筋表"等。在 AutoCAD 早期版本中,没有用于表格创建的命令,只能通过画线打格再 填写文字的方法"绘制"表格。后来的版本逐渐增加并完善了表格创建的功能,从而大大 简化了复杂表格的创建与修改过程。

同创建文字一样,在创建表格之前首先需要设置表格样式。在 AutoCAD 2023 的"默 认"功能区"注释"面板中,点击"表格样式"下拉列表,单击最下面一行的"管理表格样式"; 或者单击菜单项"格式"→"表格样式",均可调出"表格样式"对话框,如图 4-8 所示。

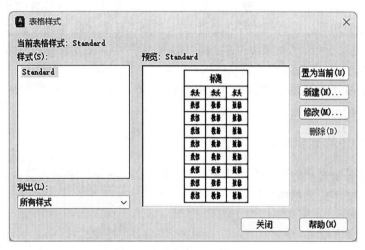

图 4-8　"表格样式"对话框

初始情况下,AutoCAD 默认的当前表格样式为"Standard"样式。单击图 4-8 对话框中 的按钮"新建",可建立一种新的表格样式,在弹出的对话框中输入新样式名,例如"建筑", 单击该对话框中的按钮"继续",将弹出"新建表格样式:建筑"对话框,如图 4-9 所示。

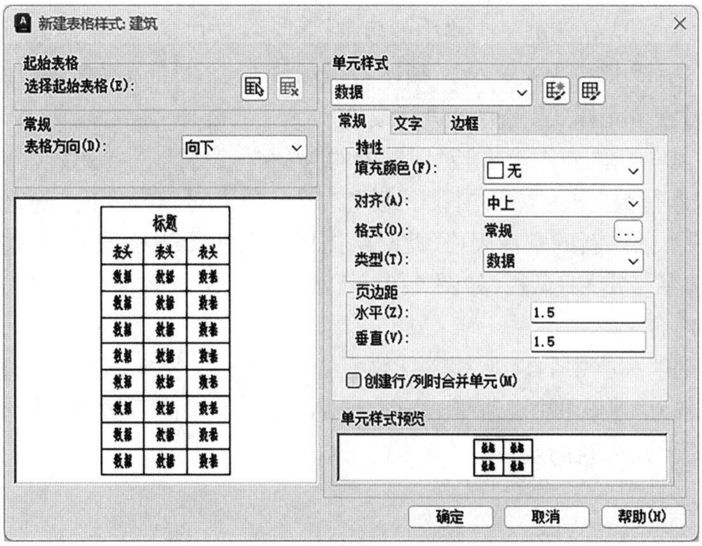

图 4-9　"新建表格样式:建筑"对话框

图 4-9 所示"新建表格样式"对话框的设置主要包括以下几个内容：

▶起始表格：单击"选择起始表格"按钮，用户可以在当前图形中指定一个表格用作样例来设置此表格样式的格式，选择表格后，可以指定要从该表格复制到新建表格样式的结构和内容；单击"删除表格"按钮，可以将表格从当前指定的表格样式中删除。

▶常规：用户设置表格方向，有 2 种方向：向下和向上。

▶单元样式：可对表格的"标题"、"表头"、"数据"（这 3 个术语的含义及在表格中的位置可参见图 4-9 左下方的预览图）分别进行设置，其中每一项的设置内容又都包括"常规"设置、"文字"设置和"边框"设置。在"常规"设置选项卡中可设置表格的填充颜色、对齐、格式、类型和页边距；在"文字"设置选项卡中可设置表格单元中的文字样式、文字高度、文字颜色、文字角度等属性；在"边框"选项卡中可以设置表格边框线（包含中间表线）的线宽、线型、颜色和间距等属性。

完成图 4-9 中的各项设置内容，点击按钮"确定"，新的表格样式设置完成，接下来就可采用该样式在当前绘图窗口中创建新的表格了。

4.1.5 创建表格对象

创建表格对象是指应用已有的表格样式，在当前绘图窗口中插入空白表格，然后在表格单元中填写文字或数据的过程。

■插入表格

命令名称：Table

命令简称：无（采用对话框方式）

命令参数：指定插入点（在确定"插入表格"对话框的各项设置之后）

命令功能：创建空白表格对象

调用"Table"命令，将弹出"插入表格"对话框，如图 4-10 所示。在该对话框的左上角，可从已设置好的表格样式中任选一种。表格的插入（创建）选项有 3 种：创建手工填充数据的空白表格、从外部电子表格中的数据创建表格、启动"数据提取"向导创建表格。若"插入选项"选择"从空表格开始"，则还需要对图 4-10 对话框右边的"插入方式"、"列和行设置"、"设置单元样式"等内容进行设置。

按照图 4-10 所示"插入表格"对话框中的"列和行设置"，将"列数"设为"3"，"列宽"设为"45"，"数据行数"设为"5"，"行高"设为"1"。单击对话框中的"确定"按钮，指定表格的插入点，即可插入新的空白表格，此时绘图区弹出一个表格编辑窗口，并在上方显示浮动状态的"文字格式"工具栏，如图 4-11 所示。接下来读者即可在该表格编辑框内输入具体的表格内容了。

最后所得到的表格中的标题、表头、数据的文字样式、文字高度、行间距等是在如图 4-9 所示设置名为"建筑"的表格样式时确定的；而该表格的行数、列数、行高、列宽则是在如图 4-10 所示插入新的空白表格时确定的。

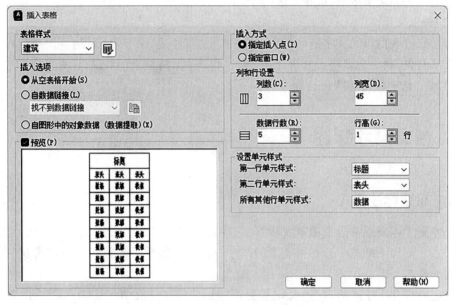

图 4-10　"插入表格"对话框

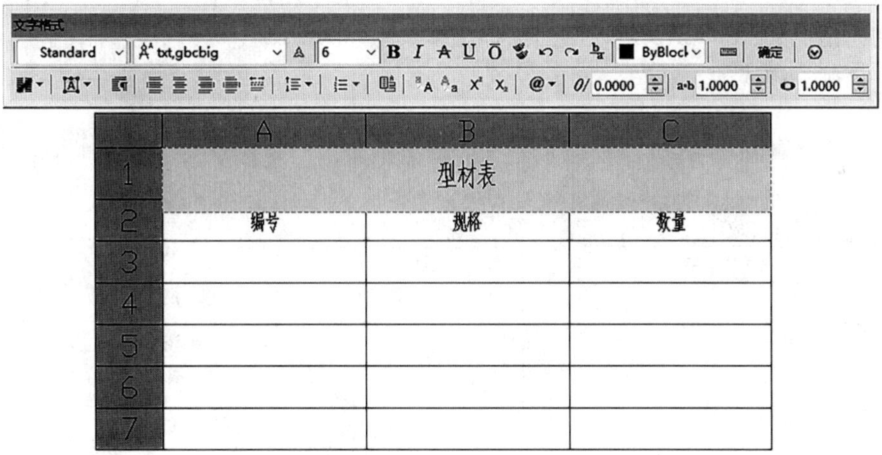

图 4-11　"文字格式"工具栏

4.1.6　编辑表格对象

一般来讲,对于工程图纸中的大多数表格,很难一步到位,一次就创建成功。很多情况下,还需要对已创建好的表格进行修改。

对表格的修改可以分为以下两大类:

(1)修改表格

包括修改表格的行数、列数、行间距、列间距、行高、列宽,以及对某些单元格的合并、删除等针对表格本身的修改。以上操作均可在选择整个表格或部分单元格之后,利用右键快捷菜单的相应菜单项,或位于表格上的夹点进行操作。

（2）修改文字

包括修改表格单元文字的内容、文字样式、文字高度、文字颜色等。可直接双击待修改的文字对象,利用在表格上方弹出的"文字格式"工具栏上的相关工具进行修改,也可应用"特性"选项板的功能进行修改。

4.2 创建尺寸标注

4.2.1 设置标注样式

尺寸是工程图纸中的一项重要内容,它描述了图形对象各个组成部分的大小及相互位置关系。工程图纸离不开各种类型的尺寸标注。熟练掌握各种尺寸标注方法,是绘制工程图的基本要求。

在进行尺寸标注之前,首先要设置合适的标注样式。在 AutoCAD 2023 的"默认"功能区"注释"面板中,点击"标注样式"下拉列表,单击最下面一行的"管理标注样式";或者单击菜单项"格式"→"标注样式",均可调出"标注样式管理器"对话框,如图 4-12 所示。初始情况下,AutoCAD 默认的当前标注样式为"ISO-25"。在"标注样式管理器"中,显示了该标注样式的预览图。

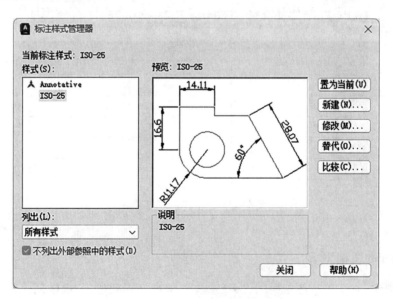

图 4-12 "标注样式管理器"对话框

单击图 4-12"标注样式管理器"对话框中的"新建"按钮,可弹出"创建新标注样式"对话框,如图 4-13 所示。在"新样式名"一栏输入"建筑",单击"继续"按钮,将弹出"新建标注样式对话框"。

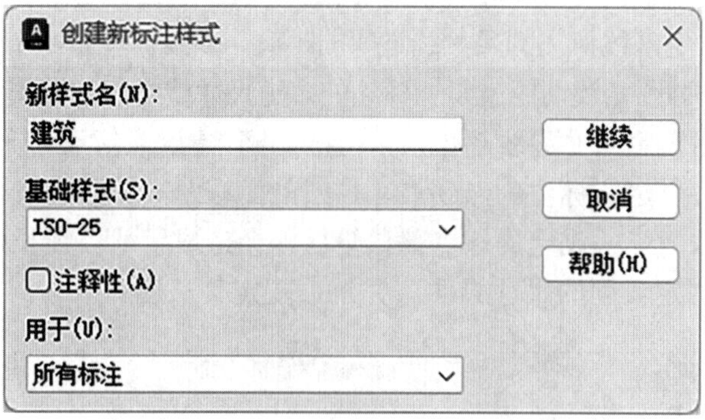

图 4-13　"创建新标注样式"对话框

相比文字样式的设置,标注样式的设置内容更加丰富。在"新建标注样式"对话框中,一共有 7 个选项卡,从左到右依次是"线"、"符号和箭头"、"文字"、"调整"、"主单位"、"换算单位"和"公差",分别集成了标注样式设置各方面的内容。由于在建筑制图中没有标注公差的要求。因此,最主要的标注样式设置内容集中在前 6 个选项卡内。下面依序介绍各选项卡设置的主要功能,并给出一种适用于建筑工程图纸标注样式的建议设置参数。

按《房屋建筑制图统一标准》(GB/T 50001—2017)的要求,图样上的尺寸,应包括尺寸线、尺寸界线、尺寸起止符号和尺寸数字,如图 4-14 所示。尺寸线应用细实线绘制,且应与被注长度平行。尺寸界线应用细实线绘制,一般应与被注长度垂直,其一端应离开图样轮廓线不小于 2 mm,另一端宜超出尺寸线 2~3 mm。图样本身的任何图线均不得用作尺寸线。平行排列的尺寸线的间距,宜为 7~10 mm,并应保持一致。尺寸起止符号一般用中粗斜短线绘制,其倾斜方向应与尺寸界线成顺时针 45°角,长度宜为 2~3 mm。尺寸数字的高度应从 3.5 mm、5 mm、7 mm、10 mm、14 mm、20 mm 等系列中选用。

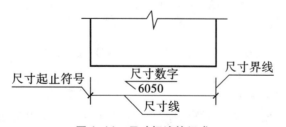

图 4-14　尺寸标注的组成

■"线"选项卡

"线"选项卡用于设置尺寸线及尺寸界线的特性。如图 4-15 所示,在"线"选项卡中,可对尺寸线的颜色、线型、线宽、超出标记和基线间距进行设置;可对尺寸界线的颜色、线型、线宽、超出尺寸线、起点偏移量进行设置。在"线"选项卡的右上方区域,当任一项设置改变后,均会动态显示更新后的尺寸样式预览。

按照《房屋建筑制图统一标准》,几个需要修改初始值的设置项为:

▶基线间距:设定基线标注的尺寸线之间的距离。基线标注是一个尺寸标注命令,用于多道尺寸线标注。因此,基线间距就是所标注的多道尺寸线之间的距离,建议该值设为8。

▶超出尺寸线:设定尺寸界线超出尺寸线的距离,建议该值设为3。

▶起点偏移量:设定所标注的点到尺寸界线的偏移距离,建议该值设为4。

某些情况下,采用统一设定的起点偏移量可能会造成尺寸界线长短不齐,影响图样美观。此时可选中"固定长度的尺寸界线",并统一规定其长度。

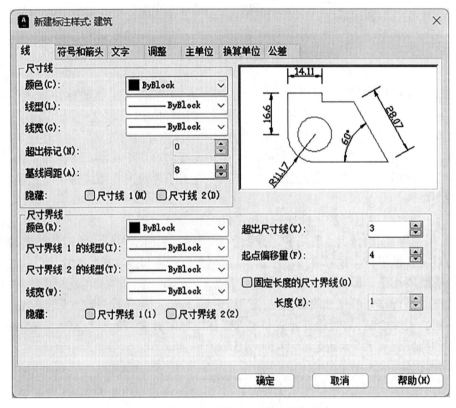

图 4-15 "新建标注样式:建筑一线"对话框

■"符号和箭头"选项卡

"符号和箭头"选项卡用于控制标注箭头的外观,AutoCAD 中所指的箭头,即图 4-14 中的尺寸起止符号。在"符号和箭头"选项卡中,可选择箭头、引线的样式;可设置箭头的大小;可对圆心标记、折断标注、弧长符号、半径折弯标注进行设置,如图 4-16 所示。

按照《房屋建筑制图统一标准》,几个需要修改初始值的设置项为:

▶箭头:两个箭头均应选择"建筑标记",即 45°中粗短斜线。

▶箭头大小:设定尺寸标注中的箭头相对于定义原长的倍数,建议该值设为2。

"箭头大小"的含义是指所定义标注样式中的箭头与系统初始定义箭头的缩放倍率。由于 AutoCAD 初始定义的"建筑标记"的长度为 1.414,采用 2 倍放大倍率,可满足国标中关于尺寸起止符号的长度要求。

按照《房屋建筑制图统一标准》要求,半径、直径、角度与弧长的尺寸起止符号,宜用实心闭合箭头表示,长度宜为 $1 \sim 5b$,其中 b 为基本线宽。因此,在标注这几类对象时,需重新定义一种标注样式,将箭头类型修改为"实心闭合",并根据需要调整折弯标注值。

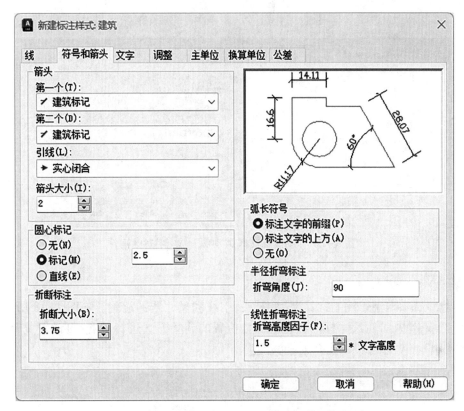

图 4-16　"新建标注样式:建筑—符号和箭头"对话框

■"文字"选项卡

"文字"选项卡用于设置尺寸数字。如图 4-17 所示,在"文字"选项卡中,可对文字样式、文字颜色、填充颜色、文字高度、文字边框等文字外观进行设置;可设置文字相对尺寸线的方位、距离;还可设置文字对齐样式。

按照《房屋建筑制图统一标准》,几个需要修改初始值的设置项为:

▶文字样式:参见本书 4.1.1 节,文字样式建议选用较为美观的"SZ",采用"simplex. shx"的 SHX 字体,"宽度因子"宜设为 0.75。

▶文字高度:不宜过大,否则尺寸标注较密集区域尺寸数字会重叠,建议该值设为3.5。

建筑工程图绘制中,当所需注写的尺寸数字很多且较集中时,还可适当降低文字高度。如在结构施工图的板配筋图中,也可采用 3.0 mm 甚至更小的字高,但最小不应低于2.5 mm。否则出图后将影响施工图的识读。

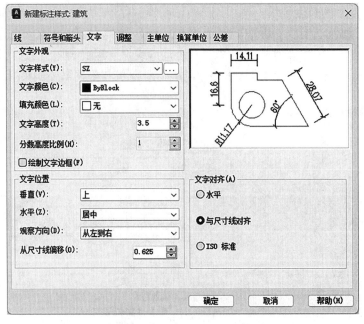

图 4-17 "新建标注样式:建筑—文字"对话框

■"调整"选项卡

"调整"选项卡用于控制标注文字、箭头、引线和尺寸线的放置。如图 4-18 所示,在"调整"选项卡中,可对尺寸标注各组成部分位置的调整方式进行设置;可设置文字位置的调整方式;可对标注特征比例进行设置。

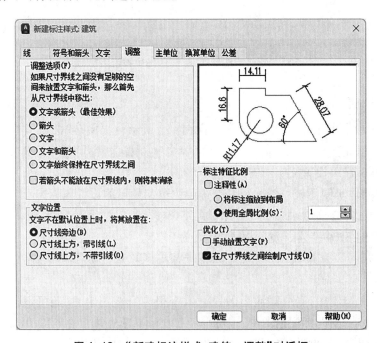

图 4-18 "新建标注样式:建筑—调整"对话框

标注样式设置最重要的内容,就是正确设置标注样式的比例。标注样式比例有两处可以设置:"调整"选项卡中的标注特征比例,"主单位"选项卡中的测量单位比例。

各种工程图纸都是按照一定的比例精确绘制的。图样的比例,是图形与实物相对应的线性尺寸之比。土木工程图纸的常用比例有 1∶1000、1∶500、1∶100、1∶50、1∶10等。绘制并打印工程图纸时,可采用两种不同方法:① 1∶1 绘图,按比例打印;② 按比例绘图,1∶1 打印。例如,结构平面图最常用的比例是 1∶100。6000 mm 的柱距,打印到图纸上就只有 60 mm。如采用第一种方法,在 AutoCAD 中按 1∶1 的真实比例绘图,柱距仍为 6000 mm,但打印时需让该图缩小为原图的 1/100。如采用第二种方法,在 AutoCAD 中需预先计算比例,缩小为 1/100 绘出图样,此时柱距为 60 mm,显然,打印时就不需要再缩小,按 1∶1 打印即可。

绘制工程图纸时,还应遵循的一个原则是所标注的尺寸必须与图形相协调。在前面的 3 个选项卡中所设置的各种数据,如基线间距 8、文字高度 3.5 等,均指的是打印后的最终效果。当采用方法①时,还以比例为 1∶100 的结构平面图为例,尺寸标注时,标注特征比例就应设为"100",即把标注样式的各种设定值预先放大 100 倍。此时,基线间距变为 800、文字高度变为 350。这样,在打印时对图样和尺寸整体缩小为 1/100 后,仍能保证得到预期的效果。

■"主单位"选项卡

"主单位"选项卡用于设定主标注单位的格式和精度,并设定标注文字的前缀和后缀。如图 4-19 所示,在"主单位"选项卡中,可对线性标注的单位格式、精度、前缀、后缀进行设置;可设置标注尺寸数字采用的测量单位比例;以及角度标注的单位格式、精度的设置等。按照《房屋建筑制图统一标准》,需将线性标注的精度修改为"0",即所标注的尺寸不带小数点,最小单位为个位。

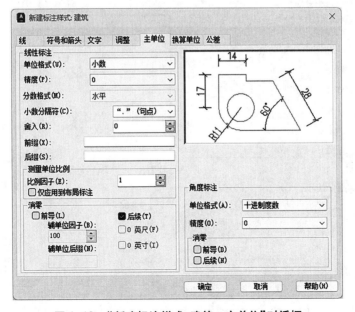

图 4-19　"新建标注样式:建筑—主单位"对话框

测量单位比例定义了标注尺寸与实际图形标注点之间距离的倍数。例如,若实际图形标注点间距为 60,当测量单位比例为 1 时,标注的尺寸也为 60;当测量单位比例为 100 时,标注的尺寸为 6000。

下面以绘制比例为 1∶100 的工程图纸为例,给出标注特征比例、测量单位比例的具体设置值。采用其他比例的图纸,可依次类推。

(1)1∶1 绘图,按比例打印

采用该方法,绘图时按结构物的真实尺寸绘制,打印时需将图形整体缩小为 1/100。因此文字、尺寸标注等需要在绘图时预先放大 100 倍。

标注特征比例 = 100,测量单位比例 = 1

(2)按比例绘图,1∶1 打印

采用该方法,绘图时将结构物的尺寸缩小为 1/100 绘制,打印时图形大小不变。因此文字、尺寸标注等在绘图时不需放大,但测量单位比例需放大 100 倍。

标注特征比例 = 1,测量单位比例 = 100

■ "换算单位"选项卡

"换算单位"选项卡用于指定标注测量值中换算单位的显示并设定其格式和精度。如图 4-20 所示,在"换算单位"选项卡中,当复选"显示换算单位"后,可对换算单位的单位格式、精度、换算单位倍数、舍入精度、前缀、后缀进行设置;设置换算单位是否消零;设置换算单位的显示位置。换算单位的启用主要用于涉外工程,尺寸同时按英寸和毫米标注。图 4-20 的预览图即显示了这种情形,图中主单位为英寸,换算单位为毫米,换算单位用方括号括起标在主单位的下方。

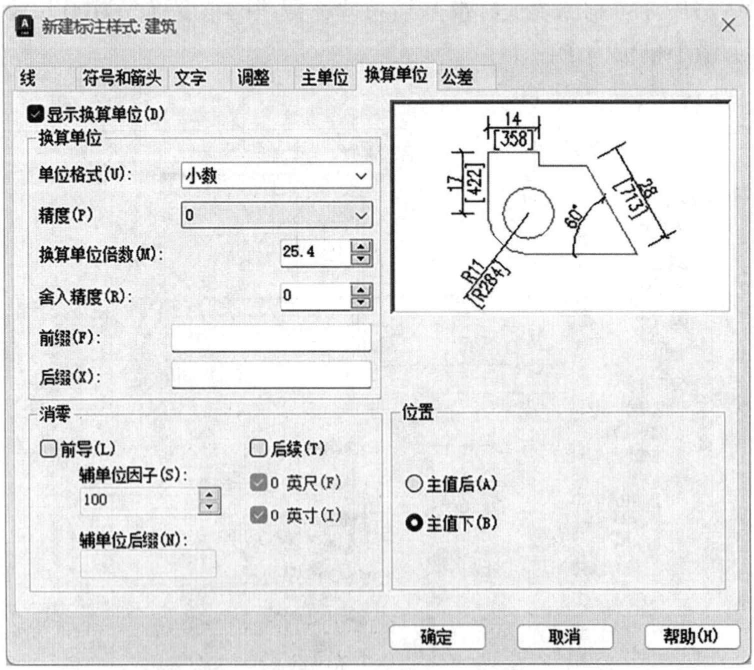

图 4-20　"新建标注样式:建筑—换算单位"对话框

■"公差"选项卡

"公差"选项卡用于指定标注文字中公差的显示及格式。如图 4-21 所示,在"公差"选项卡中,可以选择公差格式、精度、偏差、高度比例;可设置公差对齐;可选择是否消零;以及对换算单位公差进行设置。公差标注主要用于机械工程图纸,图 4-21 的预览图显示了在机械制图中常用的标注极限偏差的尺寸样式。

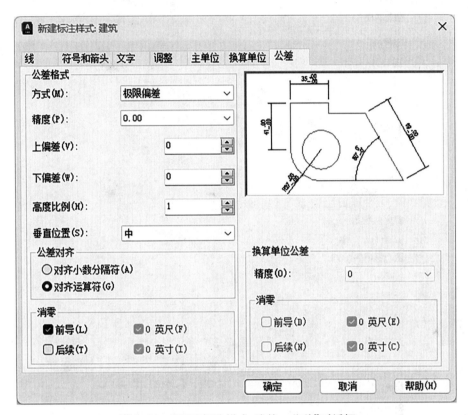

图 4-21　"新建标注样式:建筑—公差"对话框

4.2.2　创建尺寸标注

设置标注样式后,可以调用各种标注命令进行尺寸标注。在 AutoCAD 的各类命令中,标注类命令的使用频率仅次于图形绘制类命令和图形编辑类命令。AutoCAD 将所有尺寸标准命令都集成在"标注"菜单内,如图 4-22 所示。"注释"功能区选项卡的第二个面板是"标注"面板,如图 4-23 所示。

标注(N)

⚡	快速标注(Q)
⊢	线性(L)
↖	对齐(G)
⌒	弧长(H)
⊢	坐标(O)
⋏	半径(R)
⋏	折弯(J)
⊘	直径(D)
⊿	角度(A)
⊢	基线(B)
⊦⊦	连续(C)
⊥	标注间距(P)
⊥	标注打断(K)
↗	多重引线(E)
⊞	公差(T)...
⊕	圆心标记(M)
⊡	检验(I)
⋏	折弯线性(J)
⊬	倾斜(Q)
	对齐文字(X) >
⊬	标注样式(S)...
⊬	替代(V)
⊡	更新(U)
∞	重新关联标注(N)

图 4-22 "标注"菜单

图 4-23 "注释"功能区"标注"面板

创建尺寸标注的命令列于表 4-3 中。表中大多数命令都有一个相同的前缀"Dim",各命令的名称比较长,不便于记忆。实际应用时,一般都是通过功能区面板按钮,或通过菜单项执行命令调用。读者在熟练掌握后,也可以输入命令简称调用。表中第一行所列命令"Dim",是一个通用的尺寸标注命令,调用该命令后,当用户将光标悬停在待标注的对象上时,"Dim"命令将自动生成要使用的合适标注类型的预览,帮助用户下一步的操作,其功能实际涵盖了表中其他大多数尺寸标注的功能。

结合土木工程的制图特点,用户最常用到的尺寸标注命令有线性标注、对齐标注、半径标注、直径标注、弧长标注、角度标注、基线标注、连续标注、快速标注。下面详细介绍这9 个命令的操作方法。限于篇幅,其他创建标注命令读者可结合 AutoCAD 的帮助学习掌握。

表 4-3　创建尺寸标注命令

中文名	命令	工具按钮	功能
标注	Dim		使用单个命令创建多种类型的标注
线性标注	Dimlinear		使用水平、垂直或旋转的尺寸线创建线性标注
对齐标注	Dimaligned		创建与尺寸界线的原点对齐的线性标注
弧长标注	Dimarc		创建弧长标注
坐标标注	Dimordinate		创建坐标标注
半径标注	Dimradius		创建圆或圆弧的半径标注
折弯标注	Dimjogged		创建圆或圆弧的折弯标注
直径标注	Dimdiameter		创建圆或圆弧的直径标注
角度标注	Dimangular		创建角度标注
基线标注	Dimbaseline		从上一个或选定标注的基线作连续的线性、角度或坐标标注
连续标注	Dimcontinue		创建从上一次创建标注的延伸线处开始的标注
圆心标记	Dimcenter		创建圆或圆弧的圆心标记或中心线
公差标注	Tolerance		创建包含在特征框中的形位公差
多重引线	Mleader		创建多重引线对象
快速标注	Qdim		从选定对象中快速创建一种标注

■线性标注

命令名称：Dimlinear

命令简称：DLI

命令参数：指定第一个尺寸界线原点或 <选择对象>：

命令功能：使用水平、垂直或旋转的尺寸线创建线性标注

调用线性标注命令后，命令窗口提示"指定第一条尺寸界线原点或 <选择对象>："。此时可直接在绘图窗口拾取待标注对象的第一条尺寸界线原点；也可按"Enter"键选择标注对象，则 AutoCAD 自动确定第一条和第二条尺寸界线的原点。如果拾取了第一点，命令窗口提示"指定第二条尺寸界线原点："。拾取第二点后接着提示"指定尺寸线位置或 [多行文字(M)/文字(T)/角度(A)/水平(H)/垂直(V)/旋转(R)]："。输入参数"M"或

"T",可由用户指定尺寸数字,而不采用对象的真实长度测量值;输入参数"A",可修改尺寸数字相对于尺寸线的旋转角度;输入参数"R",可修改尺寸线的旋转角度。按默认选项,线性标注的尺寸线与标注对象平行或垂直,此时移动光标到一个适当的位置,单击即创建出一个线性标注。

线性标注示例如图4-24(a)所示,图中4个标注尺寸均采用默认的水平或垂直位置。

■对齐标注

命令名称:Dimaligned

命令简称:DAL

命令参数:指定第一个尺寸界线原点或 <选择对象>:

命令功能:创建与尺寸界线的原点对齐的线性标注

对齐标注的操作方法与线性标注基本相同,主要区别在于对齐标注的尺寸线与指定的两个尺寸界线原点之间的连线相平行。因此,对齐标注特别适合于标注斜线段的线性尺寸。对齐标注示例如图4-24(b)所示。应注意三角形斜边的对齐标注与线性标注的区别。

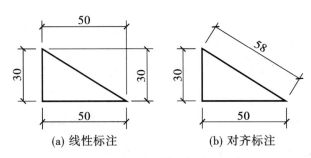

(a) 线性标注　　　　(b) 对齐标注

图4-24　线性标注与对齐标注示例

■半径标注

命令名称:Dimradius

命令简称:DRA

命令参数:选择圆弧或圆:

命令功能:创建圆或圆弧的半径标注

调用半径标注命令后,命令窗口提示"选择圆弧或圆:",选择后接着提示"指定尺寸线位置或 [多行文字(M)/文字(T)/角度(A)]:"。参数"M"、"T"、"A"的含义与线性标注相同。按默认选项则直接指定尺寸线的位置,单击后即创建出一个半径标注。

半径标注示例如图4-25所示。图中的圆和圆弧均标注了2个半径尺寸,其中一个标注在内部、一个标注在外部。另外,标注圆形或圆弧形对象时,尺寸界线宜采用封闭实心箭头,读者可在"符号和箭头"选项卡中修改。

■直径标注

命令名称:Dimdiameter

命令简称:DDI

命令参数:选择圆弧或圆:

命令功能:创建圆或圆弧的直径标注

直径标注的操作方法与半径标注完全相同,区别在于创建的标注尺寸中,半径用符号"R"表示,直径用符号"ϕ"表示。直径标注示例如图 4-26 所示。

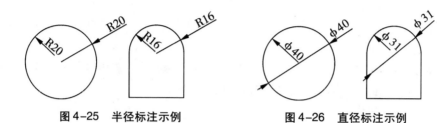

图 4-25　半径标注示例　　　　　图 4-26　直径标注示例

■弧长标注

命令名称:Dimarc

命令简称:DAR

命令参数:选择弧线段或多段线圆弧段:

命令功能:创建弧长标注

调用弧长标注命令后,命令窗口提示"选择弧线段或多段线圆弧段:",选择后接着提示"指定弧长标注位置或 [多行文字(M)/文字(T)/角度(A)/部分(P)/引线(L)]:"。参数"M"、"T"、"A"的含义与线性标注相同;输入参数"P",可仅标注弧长的一部分;输入参数"L",可在标注中添加引线对象,仅当圆弧大于 90°时才会显示此选项,引线是按径向绘制的,指向所标注圆弧的圆心。按默认选项则直接指定弧长标注的位置,单击后即创建出一个弧长标注。

弧长标注示例如图 4-27 所示。

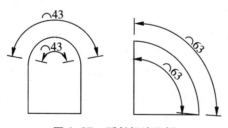

图 4-27　弧长标注示例

■角度标注

命令名称:Dimangular

命令简称:DAN

命令参数:选择圆弧、圆、直线或 <指定顶点>:

命令功能:创建角度标注

调用角度标注命令后,命令窗口提示"选择圆弧、圆、直线或 <指定顶点>:"。若选择圆弧,则命令操作过程与弧长标注类似,区别为弧长标注的符号为"⌒",角度标注的符号为"°";若选择圆,还需要继续指定圆上的第二点,则尺寸线位于圆的这两点之间;若选择直线,还需要继续指定第二条直线,则尺寸线位于这两条直线之间。如果不选择任何对象,直接按"Enter"键,则采用依次输入 3 个点的方式定义一个角,随后对该角进行角度标注。

以上操作过程中,最后一步指定角度尺寸线的位置时,均会给出待选项提示"选择…或 [多行文字(M)/文字(T)/角度(A)/象限点(Q)]:"。其中,参数"M"、"T"、"A"的含义与线性标注相同;输入参数"Q",指定标注应锁定到的象限。打开象限行为后,将标注文字放置在角度标注外时,尺寸线会延伸超过尺寸界线。

角度标注示例如图 4-28 所示。

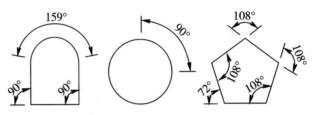

图 4-28　角度标注示例

■基线标注

命令名称:Dimbaseline

命令简称:DBA

命令参数:指定第二条尺寸界线原点或 [选择(S)/放弃(U)]<选择>:

命令功能:从上一个或选定标注的基线作连续的线性、角度或坐标标注

在工程图纸中,大多情况下需要使用多道尺寸线才能完整地表达设计图形对象的尺寸。例如,按照建筑平面施工图的设计深度要求,就必须在建筑外墙线以外标注三道尺寸线。在第一道尺寸线外侧继续标注第二道、第三道尺寸线,就需要使用基线标注命令。

调用基线标注命令后,如当前任务中未创建任何标注,命令窗口将提示用户选择线性标注、坐标标注或角度标注,以用作基线标注的基准。如已存在至少一个线性或角度标注,则提示"指定第二条尺寸界线原点或 [选择(S)/放弃(U)]<选择>:"。此时,可拾取第二条尺寸界线的原点,完成基线标注。多道尺寸线之间的距离就是在"线"选项卡中定义的"基线间距"。默认情况下,基线标注的第一条尺寸界线原点与基准标注第一条尺寸界线原点重合。也可键入"S"参数重选基准标注。

基线标注示例如图 4-29 所示。

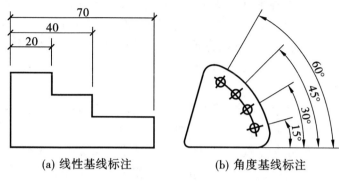

(a) 线性基线标注　　　(b) 角度基线标注

图 4-29　基线标注示例

■连续标注

命令名称：Dimcontinue

命令简称：DCO

命令参数：指定第二条尺寸界线原点或［选择(S)/放弃(U)］<选择>：

命令功能：创建从上一次创建标注的延伸线处开始的标注

连续标注的操作方法与基线标注类似。如当前任务中已存在至少一个线性标注或角度标注时，调用连续标注命令后，命令窗口提示"指定第二条尺寸界线原点或［选择(S)/放弃(U)］<选择>："。此时，可拾取第二条尺寸界线的原点，完成连续标注。各连续标注的尺寸线相连成为一条首尾相连的直线(或圆弧)。

连续标注示例如图 4-30 所示。

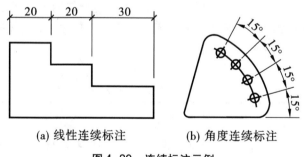

(a) 线性连续标注　　　(b) 角度连续标注

图 4-30　连续标注示例

实际绘图中，往往需要将基线标注和连续标注结合起来使用。

■快速标注

命令名称：Qdim

命令简称：无

命令参数：关联标注优先级 = 端点

　　　　　选择要标注的几何图形：

命令功能：从选定对象中快速创建一种标注

快速标注是一种具有智能推测功能的组合式标注工具。调用快速标注命令，首先按照命令窗口提示选择要标注的几何图形,接下来提示"指定尺寸线位置或[连续(C)/并列(S)/基线(B)/坐标(O)/半径(R)/直径(D)/基准点(P)/编辑(E)/设置(T)]<连续>:"。如果按默认选项指定尺寸线的位置,则 AutoCAD 会根据所选图形的几何特征,自动推测标注的类型,自动为该几何图形标注尺寸。

快速标注命令的可选参数含义如下:

► 连续:创建一系列连续标注,其中线性标注线端对端地沿同一条直线排列。

► 并列:创建一系列并列标注,其中线性尺寸线以恒定的增量相互偏移。

► 基线:创建一系列基线标注,其中线性标注共享一条公用尺寸界线。

► 坐标:创建一系列坐标标注,其中元素将以单个尺寸界线以及 X 或 Y 值进行标注。

► 半径:创建一系列半径标注,其中将显示选定圆弧和圆的半径值。

► 直径:创建一系列直径标注,其中将显示选定圆弧和圆的直径值。

► 基准点:为基线和坐标标注设置新的基准点。

► 编辑:在生成标注之前,删除出于各种考虑而选定的点位置。

► 设置:为指定尺寸界线原点(交点或端点)设置对象捕捉优先级。

在创建系列基线或连续标注,或者为一系列圆或圆弧创建标注时,快速标注命令特别有用。例如对于图 4-30 中的图形,读者也可调用快速标注命令完成标注。

4.2.3　修改尺寸标注

对已经创建完成的尺寸标注,可以采用多种方法进行修改和编辑。其中,采用夹点工具是一种方便快捷的修改方法。选取已创建的尺寸标注,将显示该标注对象上的夹点。此时拖动文字夹点可移动标注尺寸;拖动整个尺寸标注的移动夹点将整体移动该标注。在移动过程中随着尺寸标注点位置的改变,尺寸数字也会同时随之更新。

修改尺寸标注的命令列于表 4-4 中。篇幅所限,表中命令的具体操作方法不再详细介绍,读者可通过 AutoCAD 帮助学习掌握。

表4-4　修改尺寸标注命令

中文名	命令	工具按钮	功能
标注修改	Dimedit		旋转、修改或恢复标注文字,更改尺寸界线的倾斜角
标注文字修改	Dimtedit		更改或恢复标注文字的位置、对正方式和角度,更改尺寸线的位置
标注打断	Dimbreak		在标注或延伸线与其他对象交叉处折断或恢复标注或延伸线
标注间距	Dimspace		调整线性标注或角度标注之间的间距
折弯标注	Dimjogline		在线性或对齐标注上添加或删除折弯线
检验标注	Diminspect		添加或删除与选定标注关联的检验信息

续表4-4

中文名	命令	工具按钮	功能
标注替代	Dimoverride		控制选定标注中使用的系统变量的替代值
标注更新	Dimstyle		用当前标注样式更新尺寸标注
重新关联	Dimreassociate		将选定的标注关联或重新关联至对象或对象上的点

此外,还有一种修改尺寸标注的方法,即调用"Explode"命令将标注对象分解,然后可删除一些多余的尺寸线、尺寸界线,或者直接修改已成为单行文字对象的尺寸数字。但应注意,被分解后的尺寸标注不再是一个整体的尺寸标注对象,也就无法再应用各种修改尺寸标注命令对其编辑。

4.3　设置绘图环境

在 AutoCAD 中,所有的对象都具有图层、颜色、线型、线宽这 4 种基本属性。掌握设置和使用图层、颜色、线型、线宽的方法,并能够根据所从事专业的特点设置出合适的绘图环境,是进一步提高 AutoCAD 操作技能的重要学习内容,也是今后绘制和管理大型复杂工程图纸的基础。

4.3.1　设置和使用图层

图层在 AutoCAD 中是一个非常重要的概念。在工程图绘制过程中,图层就相当于图纸绘图中的透明重叠图纸。图层是 AutoCAD 用于管理复杂图形的主要组织工具,使用它可以很好地组织不同类型的图形信息,可以快速设置同一类对象的颜色、线型、线宽等对象特性。

通过创建图层,可以将类型相似的对象指定给同一个图层使其相关联。例如,可将轴线、墙线、门窗、水电设备、家具、文字、标注和图框等分别置于不同的图层上,然后对以下要素加以控制:

▶控制图层上的对象是否在任何视口中都可见。
▶控制图层上的对象是否可以修改编辑。
▶控制图层上的对象是否可以打印以及如何打印。
▶为某一图层上的所有对象快速指定同一种颜色。
▶为某一图层上的所有对象快速指定同一种线型。
▶为某一图层上的所有对象快速指定同一种线宽。
▶设置图层的透明度等。

在"默认"功能区选项卡的"图层"面板中,集成了有关图层设定的各种命令,如图 4-

31 所示。单击该面板上左侧的"图层特性"按钮,将弹出"图层特性管理器"对话框,如图 4-32 所示,在其中可新建图层、设置图层的各种属性,并可修改及删除已存在的图层。

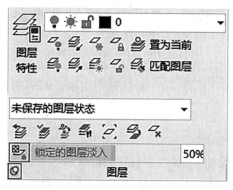

图 4-31 "默认"功能区"图层"面板

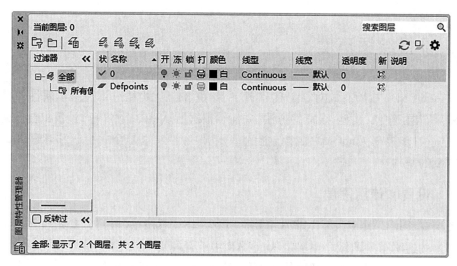

图 4-32 "图层特性管理器"对话框

每次新建一个 AutoCAD 图形文件,软件均会自动创建一个名称为"0"的图层。默认情况下,"0"图层将被指定使用"7"号颜色(白色或黑色,由当前绘图窗口的背景色决定)、"Continous"线型、"默认"线宽(0.01 英寸或 0.25 mm)以及"Color_7"打印样式(普通打印样式)。任何情况下,"0"图层不能被删除或重命名。在 AutoCAD 中,还有一个"当前图层"的概念,所绘制的各种对象都将放置在"当前图层"上。"当前图层"也不能被删除。显然,默认情况下,"0"图层同时也是"当前图层"。

此外,还有一个"Defpoints"图层也被自动创建,该图层用来存储非打印的定义点,例如图纸中的作图辅助点。"Defpoints"图层同样不能被删除或重命名。

如图 4-32 所示,在每一个图层的名称后面,都有一系列的图标显示着该图层的当前状态和当前特性。表示图层最基本的状态有 3 组,其名称和功能列于表 4-5 中。这 3 组状态共 6 项,互为开关项,默认情况下,新建图层均为"打开"、"解冻"、"解锁"状态。

表 4-5　图层的基本状态

状态图标	状态名称	状态含义
	打开	打开的图层可见;关闭的图层不可见,但上面的对象参与整个图形的重生成。关闭的图层不可打印
	关闭	
	解冻	解冻的图层可见;冻结的图层不可见,且上面的对象不参与整个图形的重生成。冻结的图层不可打印
	冻结	
	解锁	解锁的图层可见且可编辑;锁定的图层可见但不能被编辑。锁定的图层可以被打印
	锁定	

创建图层之后,可以通过修改图层的状态对该图层和上面的所有对象进行管理。例如,当某些图层上的对象干扰绘图时,可暂时关闭这些图层。在大型工程图绘制过程中,对于一些很长时间都不会使用的图层,可将其冻结,以加快图形重生成的速度。如果确定不会修改某一图层上的对象时,可以锁定该图层,优点是仍可使用该图层上的对象作为绘图参照。而将某些图层设为不可打印,可以使同一份图纸文件能够适用于不同的专业。

开启"图层特性管理器"对话框后,选择某个图层,直接在某个图层状态图标上右键单击,即可弹出"图层工具"快捷菜单,如图 4-33 所示。单击上面的菜单项可完成功能更全面的图层状态切换操作。

图 4-33　"图层工具"快捷菜单

在图 4-32 中,图层的 3 组基本状态图标后面的内容,就是图层特性。图层特性有颜色、线型、线宽、透明度、新视口冻结、打印状态等,其中最主要的是前 3 种。

图层特性实际上快速定义了位于该图层上的所有对象的特性。在"默认"功能区选项卡的"特性"面板中,集成了有关图层特性设定的各种命令,如图 4-34 所示。使用"特性"面板,可以不依赖于图层,独立地修改所选对象的各种特性。下面对颜色、线型、线宽这 3 种图层及对象的基本特性进行详细介绍。

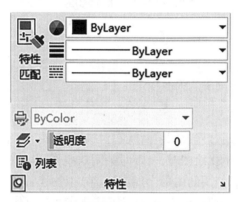

图 4-34 "默认"功能区"特性"面板

4.3.2 设置和使用颜色

使用多种不同的颜色来绘制图形,可以使复杂的图形易于理解。单击"特性"面板中的"颜色控制"下拉列表最下面一行的"更多颜色",可弹出"选择颜色"对话框。在该对话框中,有 3 个选项卡,为用户提供了 3 种不同类型的颜色选择系统。

■索引颜色

该系统使用 255 种 AutoCAD 索引(ACI)颜色指定对象的颜色设置,对话框如图 4-35 所示。

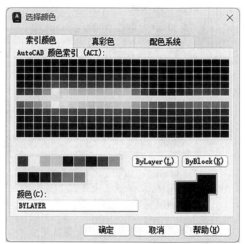

图 4-35 "选择颜色—索引颜色"对话框

从 AutoCAD 颜色索引中指定颜色直接使用调色板,如将光标悬停在某种颜色上,该颜色的编号及其红、绿、蓝值将显示在调色板下面。大的调色板显示编号从 10 到 249 的颜色;第二个调色板显示编号从 1 到 9 的颜色,其中 1~7 号颜色的具体名称为:红(1)、黄(2)、绿(3)、青(4)、蓝(5)、洋红(6)、白/黑(7);第三个调色板显示编号从 250 到 255 的颜色,这些颜色表示不同级别的灰度。通常情况下,为区分不同的对象,采用 255 种索引颜色在绘图时已足够使用。

■真彩色

该系统使用真彩色指定对象的颜色设置,真彩色颜色模式又包括 HSL 模式和 RGB 模式,对话框如图 4-36 所示。

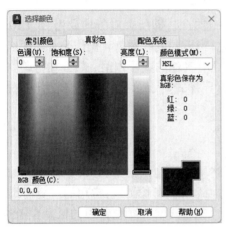

(a) HSL 颜色模式   (b) RGB 颜色模式

图 4-36 "选择颜色—真彩色"对话框

AutoCAD 中的真彩色系统采用 Windows 系统中的 24 位颜色系统,即每一种颜色都采用 3 个字节(24 位)的容量来存储。HSL 颜色模式通过指定色调、饱和度、亮度的数值来唯一确定某种颜色;RGB 颜色模式通过指定红、绿、蓝的数值来唯一确定某种颜色。使用真彩色颜色系统时,可以选择使用的颜色多达 1600 多万种。

■配色系统

该系统使用第三方配色系统或用户定义的配色系统指定颜色,对话框如图 4-37 所示。

配色系统是指用于某一行业或某一领域的一种公认的标准色彩系统,通常由权威机构或企业制定,当然也可由用户自己制定。AutoCAD 2023 中自带了 17 种配色系统,其中大多数都属于 Pantone 公司建立的标准色卡。Pantone 色卡

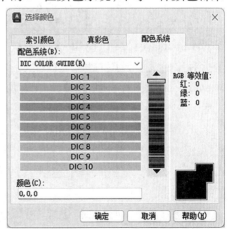

图 4-37 "选择颜色—配色系统"对话框

是一种在全世界范围都广泛应用的涵盖印刷、纺织、塑胶、绘图、数码科技等领域的色彩沟通系统。

在绘图时,可以选用上述 3 种颜色选择系统的任一种来设置对象的颜色特性。具体的操作方法有以下两种:

▶方法一:将对象的颜色设为"ByLayer"(随层)色,含义为对象的颜色与该对象所在图层的颜色保持一致。则当图层的颜色发生改变,该图层上的所有对象的颜色将随之而改变。更改图层的颜色可直接单击如图 4-32 所示"图层特性管理器"对话框中的所选图层的颜色特性图标。

▶方法二:直接指定对象的颜色。首先选择对象,然后单击图 4-34 所示"特性"面板的"颜色控制"下拉列表,选定颜色后确认即完成所选对象颜色的更改。

通过不同的颜色来组织图形推荐使用第一种方法,即所有对象均设为"ByLayer"色。这样同一图层上的所有对象都具有同一种颜色,当需要更改颜色时操作非常简便。

除了有利于观察和组织图形外,使用颜色还有其他的重要作用。例如在打印图纸时,可以对不同的颜色设置不同的笔宽。在使用打印样式时,AutoCAD 默认使用颜色相关的打印样式,即基于对象的颜色来指定打印特性。

4.3.3　设置和使用线型

各种工程图纸中,往往采用多种线型来表达不同类型的对象,并设置为不同的线宽。在房屋建筑工程图中最常见的线型有连续线、虚线和单点长画线;常用的线宽有细线、中线和粗线。线型和线宽是图形对象的另外两种基本特性,与颜色特性的区别在于选用不同的颜色主要用于绘图过程(因为通常打印出的工程图纸都是黑白单色的),而选用不同的线型、线宽特性在图纸打印后依然会被保留,同时这也是各类工程制图标准的基本要求。

单击"特性"面板中的"线型控制"下拉列表最下面一行的"其他",可弹出"线型管理器"对话框。单击该对话框上的按钮"显示细节",在对话框的下方还同时显示线型详细信息,如图 4-38 所示。初始情况下,在"线型管理器"对话框中只有 3 种线型,分别是"ByLayer"(随层)线、"ByBlock"(随块)线和"Continuous"(连续)线。"ByLayer"线的含义是指对象的线型与该对象所在图层的线型保持一致;"ByBlock"线的含义是指对象采用"Continuous"线型,直到它被编组为块,而不论何时插入块时,全部对象都继承该块的线型。

如果需要使用各种"非连续"的线型,可单击"线型管理器"对话框中的按钮"加载",将弹出"加载或重载线型"对话框,如图 4-39 所示。默认情况下,所加载的各种线型保存在"acadiso.lin"文件中,其中包括了 59 种各类"非连续"线。用户也可以定义和加载其他的线型文件。

建筑工程图纸常用的"虚线"可以使用图 4-39 中的"DASHED"线型,"单点长画线"可以使用图 4-39 中的"CENTER"线型。依次选择这两种线型,单击"确定"按钮,回到"线型管理器"对话框,则这两种线型被加载到当前图形文件,就可指定给所选图形对象。

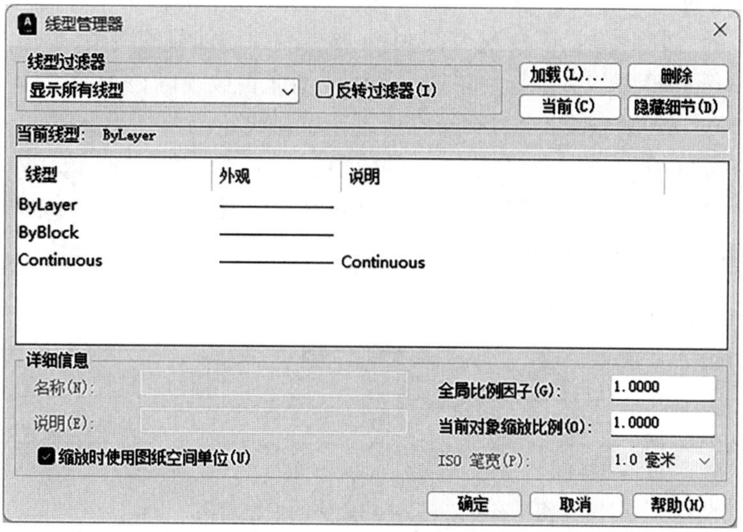

图 4-38　"线型管理器"对话框

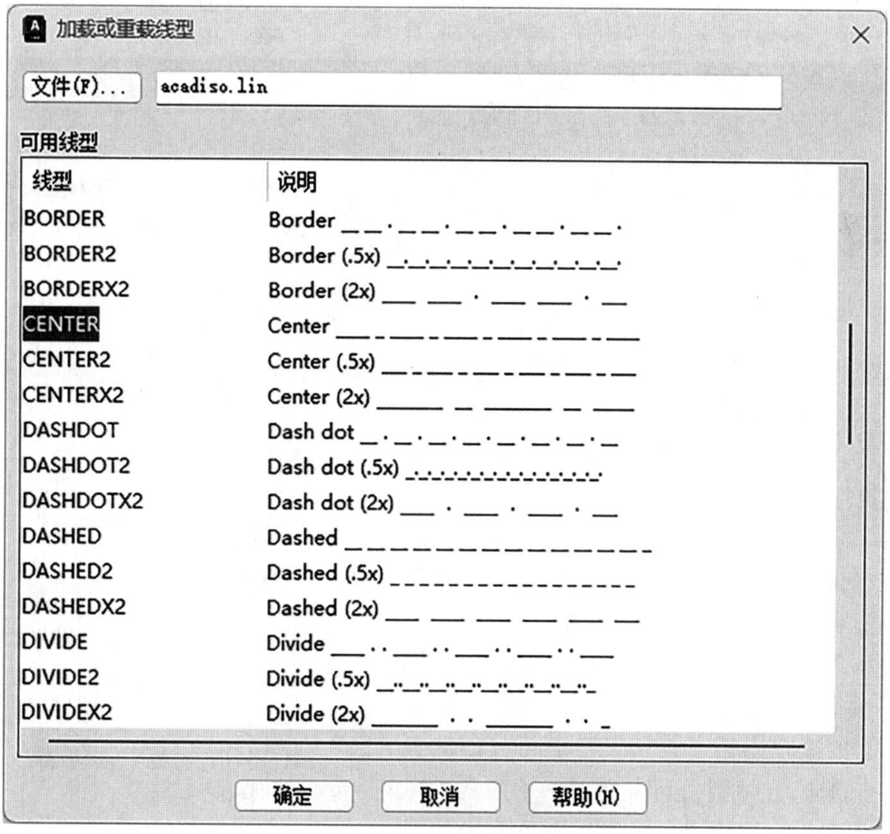

图 4-39　"加载或重载线型"对话框

对已创建的对象更改其线型的方法与更改对象颜色的方法类似。选中对象后单击"特性"面板上的"线型控制"下拉列表，选中需要更改的已加载的线型，单击左键即可。

除了"Continuous"线以外，其他的"非连续"线型能否被正确显示和打印，与对象的线型比例密切相关。线型比例命令"Ltscale"可用于重新设定当前图形文件的"全局比例因子"，其初始值为"1.0"。若改为大于 1.0 的数值表示线型比例放大，改为小于 1.0 的数值表示线型比例缩小。在图 4-40 示意了 3 种常用的线型"Continuous"线型、"CENTER"线型和"DASHED"线型在"全局比例因子"分别设为"1.0"、"2.0"和"0.5"时的显示效果。

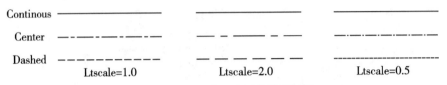

图 4-40　不同全局比例的线型示例

线型比例命令"Ltscale"设置的"全局比例因子"修改将影响到当前图形文件中的所有对象。若需要对个别对象的线型比例进行调整，可使用"特性"选项板。如图 4-41 所示，选择对象后，打开"特性"选项板，修改"常规"特性中的"线型比例"一栏中的数字，例如修改为"5"，则所选择对象的线型比例将采用该数值与"全局比例因子"相乘后的结果。

4.3.4　设置和使用线宽

线宽是图形对象的一种基本特性。在工程图纸中，对于需要重点突出显示的对象，用粗线进行描绘，可以得到醒目的效果，例如建筑立面图中建筑物的外轮廓线应采用粗实线绘制。

AutoCAD 提供了宽度从 0.00 ~ 2.11 mm 的多种线宽，以及"默认"线宽、"ByLayer"线宽和"ByBlock"线宽。"默认"线宽的初始值为 0.01 英寸或 0.25 mm，初始情况下，所有新图层中的线宽都使用默认线宽的设置值。宽度值为 0.00 mm 的线宽以指定打印设备上可打印的最细线进行打印，在模型空间中则以一个像素的宽度显示。"ByLayer"线宽的含义是图形对象的线

图 4-41　利用"特性"选项板修改"线型比例"示例

宽与所在图层设置的线宽值相同；"ByBlock"线宽的含义是图形对象的线宽继承块定义时

的线宽值。图形对象线宽的设置方法与设置颜色的方法类似,可以通过指定图层线宽为该图层上的所有对象指定同一线宽值,也可以在选择对象后单独指定所选对象的线宽值。

　　单击"特性"面板中的"线宽控制"下拉列表最下面一行的"线宽设置",可弹出"线宽设置"对话框,如图 4-42 所示。在该对话框中,可以选择线宽的单位,修改"默认"线宽的数值。如果勾选"显示线宽"前面的复选框,单击"确定"按钮后,当前图形中对象的线宽将在模型空间和图纸空间中显示。当线宽以大于一个像素的宽度显示时,图形重生成时间会加长。如果需要在绘图中优化显示性能,宜关闭"显示线宽"功能,注意此设置不影响所设置线宽的正确打印。

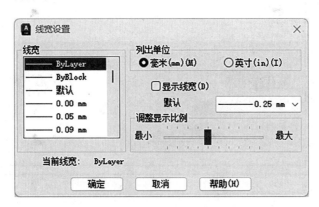

图 4-42　"线宽设置"对话框

4.3.5　创建用户样板文件

　　目前,我们已经学习了绘制和编辑二维图形的各种命令,学习了创建和编辑文字、表格、尺寸标注的方法,学习了如何设置和使用图层、颜色、线型、线宽。熟练掌握这些技能,为今后绘制复杂工程图奠定了良好基础。下面,我们将绘制一个标准的 A3 横式标准图框,然后在此基础上创建出相应的样板文件。

　　图纸幅面是指图纸宽度与长度组成的图面。按照《房屋建筑制图统一标准》,A0 ~ A4 图纸幅面可以为横式或竖式,A0 ~ A3 宜横式使用。横式图纸幅面及图框尺寸应符合表 4-6 的规定及图 4-43 的格式要求。

表 4-6　图纸幅面及图框尺寸　　　　　　　　　单位:mm×mm

幅面代号	A0	A1	A2	A3	A4
$b×l$	841×1189	594×841	420×594	297×420	210×297
c		10			5
a			25		

　　表 4-6 中各尺寸代号含义如下:b 为幅面短边尺寸,l 为幅面长边尺寸,c 为图框线与

幅面线间宽度，a 为图框线与装订边间宽度。对中标志应画在图纸内框各边长的中点处，线宽 0.35 mm，并应伸入内框边，在框外为 5 mm。

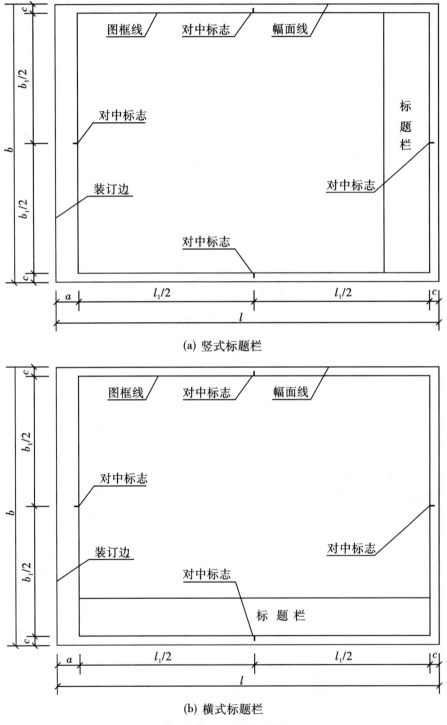

(a) 竖式标题栏

(b) 横式标题栏

图 4-43　A0～A3 横式幅面

图纸中应有标题栏、图框线、幅面线、装订边线和对中标志。图纸的标题栏及装订边的位置,可参见图 4-43。标题栏应按图 4-44 所示,根据工程的需要,选择确定其尺寸、格式及分区。签字栏应包括实名列和签名列。

(a) 竖式标题栏

(b) 横式标题栏

图 4-44　标题栏分区

在 AutoCAD 新建一个图形文件,按照本书前面各章所学习的方法,创建出一些必要的图层,如"图框"、"图幅"、"文字"、"轴线"、"尺寸"等,并设置好各图层的颜色、线型及线宽。参照 4.1 节创建一些常用的文字样式和表格样式,参照 4.2 节创建一些符合建筑制图标准的标注样式,并可根据需要新建一些多线样式。

按照图 4-43、图 4-44 及表 4-6 中对于标准图幅尺寸及样式的规定,绘制出一幅 A3 横式幅面图纸的图幅线、图框线、标题栏及标题栏内部分隔线,注写必要的标题栏文字。绘制过程中,对于 A3 图幅可选用 0.70 mm/0.35 mm/0.18 mm 的线宽组,图框线可设为 1.00 mm。

以上绘图环境设置及绘图工作完成后,可以将该文件保存为 dwg 文件,以便以后调用。也可以执行 AutoCAD 控制菜单的"图形另存为"命令,将该文件保存为 AutoCAD 样板文件(扩展名为 dwt),如图 4-45 所示。今后若需要绘制新的建筑工程 A3 横式图纸,就可在新建 AutoCAD 文件时选择从样板打开,并选中该样板文件,则上面所做的各项准备工作就不需要再重复劳动了。读者可按照这种方法创建出其他规格尺寸的图形样板文件。

图 4-45　"图形另存为"对话框

4.4　图形信息查询

很多情况下,用户需要了解当前图形文件所包含的各种信息,例如某些系统变量的当前值、某个线形对象的长度、某个封闭区域的面积等。AutoCAD 为此提供了多种图形信息查询命令。单击菜单项"工具"→"查询",可弹出"查询"子菜单,如图 4-46 所示。

图 4-46 所示图形信息查询命令可分为两大类,即文件信息查询命令和对象信息查询命令。部分查询命令集成在"默认"功能区选项卡的"实用工具"面板内,用户也可通过功能区面板调用。

图 4-46　"查询"子菜单

4.4.1　文件信息查询

文件信息查询命令有 3 个,分别是时间"Time"、状态"Status"、设置变量"Setvar",如表 4-7 所示。

表 4-7　文件信息查询命令

中文名	命令	工具按钮	功能
时间	Time	⏰	显示图形的日期和时间统计信息
状态	Status	📈	显示图形的统计信息、模式或范围
设置变量	Setvar	🔢	列出系统变量或修改变量值

■时间

命令名称:Time

命令简称:无

命令参数:当前时间:　　　　　　　2023 年 3 月 1 日　8:00:00:000

　　　　　此图形的各项时间统计:

　　　　　创建时间:　　　　　　2023 年 3 月 1 日　6:00:00:000

　　　　　上次更新时间:　　　　2023 年 3 月 1 日　7:00:00:000

　　　　　累计编辑时间:　　　　　　　0 天 02:00:00:000

　　　　　消耗时间计时器（开）:　　　　0 天 02:00:00:000

　　　　　下次自动保存时间:　　　　　0 天 00:05:00:000

　　　　　输入选项［显示(D)/开(ON)/关(OFF)/重置(R)］:

命令功能:显示图形的日期和时间统计信息

调用"Time"命令后,因显示内容较多,AutoCAD自动打开文本窗口,并列出各项与日期和时间有关的统计信息。输入参数"D"刷新当前显示内容;输入参数"ON"打开计时器;输入参数"OFF"关闭计时器;输入参数"R"重置计时器。用户可利用"Time"命令对当前文件的工作时间作精确统计。

■状态

命令名称:Status

命令简称:无

命令参数:1000 个对象在 Drawing1.dwg 中

放弃文件大小:　　20 个字节

模型空间图形界限　X: 　　0.0000　Y: 　　0.0000　（关）

X: 420.0000　Y: 297.0000

模型空间使用　　　＊无＊

显示范围　　　　　X: 　　0.0000　Y: 　　0.0000

X: 500.0000　Y: 300.0000

插入基点　　　　　X: 　　0.0000　Y: 　　0.0000　Z: 0.0000

捕捉分辨率　　　　X: 　10.0000　Y: 　10.0000

栅格间距　　　　　X: 　10.0000　Y: 　10.0000

当前空间: 　　　　　模型空间

当前布局: 　　　　　Model

当前图层: 　　　　　0

当前颜色: 　　　　　BYLAYER –– 7（白）

当前线型: 　　　　　BYLAYER –– "Continuous"

当前材质: 　　　　　BYLAYER –– "Global"

当前线宽: 　　　　　BYLAYER

当前标高: 　　　　　0.0000　厚度: 　　0.0000

填充 开　栅格 关　正交 关　快速文字 关　捕捉 关　数字化仪 关

对象捕捉模式: 　圆心,端点,交点,中点,垂足

可用图形磁盘（C:）空间:60000.0 MB

可用临时磁盘（C:）空间:60000.0 MB

可用物理内存:1000.0 MB（物理内存总量 2000.0 MB）

可用交换文件空间:10000.0 MB（共 20000.0 MB）

命令功能:显示图形的统计信息、模式或范围

调用"Status"命令将列出当前图形的各种信息,较重要的有模型空间图形界限、显示范围、栅格间距、当前图层、当前颜色、当前线型、当前线宽等。

■设置变量

命令名称:Setvar

命令简称:SET

命令参数:SETVAR 输入变量名或 [?]:

命令功能:列出系统变量或修改变量值

调用"Setvar"命令,输入某个变量名称,命令窗口显示该变量的当前值。若输入问号"?",则列出所有变量的名称和当前值。

4.4.2　对象信息查询

对象信息查询命令有 4 个,分别是列表"List"、定位点"Id"、测量工具(包括测量距离、测量半径、测量角度、测量面积、测量体积)"Measuregeom"、面域/质量特性"Massprop",如表 4-8 所示。

表 4-8　对象信息查询命令

中文名	命令	工具按钮	功能
列表	List		显示选定对象的特性数据
定位点	Id		显示选定点的坐标值
测量距离			测量两点之间或多段线上的距离
测量半径			测量圆或圆弧的半径
测量角度	Measuregeom		测量角度
测量面积			测量面积
测量体积			测量体积
面域/质量特性	Massprop		计算面域或三维实体的质量特性

■列表

命令名称:List

命令简称:LI

命令参数:选择对象:

命令功能:显示选定对象的特性数据

调用"List"命令,选择对象后按"Enter"键,AutoCAD 弹出文本窗口,在其中将列出与所选对象有关的特性数据内容。例如:若用户选择了一个矩形,在文本窗口将列出该矩形的宽度、面积、周长、4 个端点的空间坐标值等。选择不同的对象,显示的内容会随之变化。

■定位点

命令名称:Id

命令简称:无

命令参数:指定点:

命令功能:显示选定点的坐标值

该命令的使用非常简单,调用"Id"命令后,命令窗口提示指定点,此时可采用对象捕捉工具拾取绘图窗口中的点,按"Enter"键后即显示该点的 X、Y、Z 坐标值。

■测量工具

命令名称:Measuregeom

命令简称:MEA

命令参数:移动光标或[距离(D)/半径(R)/角度(A)/面积(AR)/体积(V)/快速(Q)/模式(M)/退出(X)]<退出>:

命令功能:测量选定对象或点序列的距离、半径、角度、面积和体积

测量工具命令"Measuregeom"是一个复合式命令,用来测量绘图窗口中已绘制图形对象或者用户依次指定的点所构成图形的各种几何特性。在 AutoCAD 2023 中,该命令的部分功能可用来替代 AutoCAD 早期版本中的查询距离命令"Dist"和查询区域命令"Area"。

下面结合图 4-47 中的图形,给出测量工具中 5 个子命令(参数)的功能和操作示例。已知图中正六边形的外接圆的半径为 100,正六边形内部圆形的半径为 30。

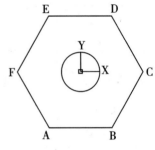

图 4-47　测量工具命令示例

▶距离:输入参数"D",含义为测量指定点之间的距离,以及 X、Y、Z 三个坐标增量和相对于当前 UCS 的角度。在指定第一点后,如输入"M"参数,可依次指定多个点,则显示连续输入点的总距离。

【示例】测量 A 点到 D 点的距离。

依次指定"A"点和"D"点后,命令窗口显示:

"距离 = 200.0000,XY 平面中的倾角 = 60, 与 XY 平面的夹角 = 0

X 增量 = 100.0000, Y 增量 = 173.2051, Z 增量 = 0.0000"

▶半径:输入参数"R",含义为测量指定圆弧、圆或多段线圆弧的半径和直径。

【示例】测量圆的半径。

选择圆后,命令窗口显示:

"半径 = 30.0000

直径 = 60.0000"

▶角度:输入参数"A",含义为测量与选定的圆弧、圆、多段线线段和线对象关联的角度。

【示例】测量角 A 的度数。

依次选择"AB"线和"AF"线后,命令窗口显示:

"角度 = 120°"

▶面积:输入参数"AR",含义为测量对象或定义区域的面积和周长,但无法计算自交对象的面积。

【示例】测量正六边形的面积。

输入参数"O",选择正六边形后,命令窗口显示:

"区域 = 25980.7621,周长 = 600.0000"

▶体积:输入参数"V",含义为测量对象或定义区域的体积。

【示例】测量以图中圆形为底边,高度为 50 的圆柱体的体积。

输入参数"O",选择圆形后,指定高度为"50",命令窗口显示:

"指定高度: 50

体积 = 141371.6694"

应注意,在调用"Measuregeom"命令测量所选对象的面积时,一次只能选择一个图形对象。如果想要得到图 4-47 中六边形扣除圆形之后图形的面积,只能在分别测量出六边形和圆的面积后,再用减法自行计算。当然,如果调用布尔运算中的差集"Subtract"命令,把图 4-47 中的图形合并为一个对象后,就可直接得到挖孔图形的面积了。关于布尔运算,将在第 5 章中详细介绍。

■面域/质量特性

命令名称:Massprop

命令简称:无

命令参数:选择对象:

命令功能:计算面域或三维实体的质量特性

面域的概念和创建方法在第 3 章中已经介绍过。对于已经创建好的面域对象,可通过面域/质量特性命令计算该对象的多种特性。

★例题 4-1

如图 4-48 所示,求下列图形的面积、周长、关于形心主轴的惯性矩和旋转半径(回转半径)。

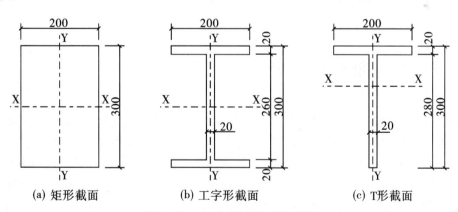

(a) 矩形截面　　　　(b) 工字形截面　　　　(c) T 形截面

图 4-48　查询面域几何参数简例

【操作过程】

提示:二维闭合图形只有在创建为面域后方可调用 Massprop 命令计算其形心位置、惯性矩等几何参数。计算得到的惯性矩、回转半径都是关于当前直角坐标系(通常为WCS)的数值,只有将面域对象移动到其形心与当前坐标原点重合,才能得到关于形心主轴的正确值。下面以图 4-48(c)的 T 形截面为例简述其操作过程。

（1）在绘图区的任意位置采用 1∶1 的比例绘出图 4-48(c)所示 T 形截面。

（2）调用 Region 命令将 T 形截面创建为面域。

（3）调用 Massprop 命令计算并显示 T 形面域的几何参数。计算结果中的面积和周长是准确的,但其他数值的准确性依赖于面域的位置。如果计算所得形心的 X、Y 坐标不为 0,则需要移动面域后重新计算。

（4）调用 Move 命令将 T 形面域移动到其形心与坐标原点重合的位置,即移动的位移矢量为第 3 步中得到的形心坐标的负值。

（5）再次调用 Massprop 命令计算并显示 T 形面域的几何参数。

【补充说明】

图 4-48 中各图形的几何参数值列于表 4-9 中,请读者据此核对自己的计算结果。

表 4-9　例题 4-1 计算结果

几何参数	矩形截面	工字形截面	T 形截面
面　积	60000.0000	13200.0000	9600.0000
周　长	1000.0000	1360.0000	1000.0000
X 轴惯性矩	450000000.0000	186360000.0000	89220000.0000
Y 轴惯性矩	200000000.0000	26840000.0000	13520000.0000
X 轴旋转半径	86.6025	118.8200	96.4041
Y 轴旋转半径	57.7350	45.0925	37.5278

4.5　图块、外部参照和设计中心

绘图时,如果图形中包含大量相同或相似的内容,或者所绘制的图形文件与已有图形文件的部分内容相同时,就可以把需要重复绘制的图形创建为图块(以后简称为块),然后再将块插入到当前图形文件中。使用块操作不仅可提高绘图效率,还能够节省文件存储空间,并有利于实现设计标准化。在 AutoCAD 中,除了使用普通的块外,还可以创建和编辑带有属性的块。此外,使用外部参照和 AutoCAD 设计中心,均可实现图形文件之间的数据交换、资源共享,从而提高图形管理和图形设计的效率。

4.5.1　块的创建与插入

在 AutoCAD 中创建的任意对象或对象集合都可以保存为一个块。创建块就是将已有的对象定义为块的过程。块分为内部块和外部块两种类型。内部块被存储在定义它的图形文件中,因此只能在该图形文件中被调用。外部块也称作外部块文件,它以 dwg 文件的形式独立地保存在本地硬盘中,用户可根据需要随时将外部块调用到其他图形文件中。

创建内部块的命令是"Block",创建外部块的命令是"Wblock"。

■创建内部块

命令名称:Block

命令简称:B

要想创建块,首先需要绘制出准备创建为块的对象。调用 Block 命令后,系统弹出"块定义"对话框,如图 4-49 所示。其中的主要内容含义如下:

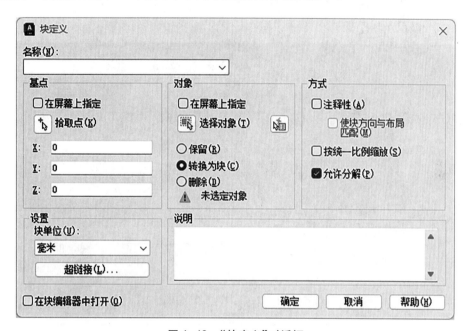

图 4-49　"块定义"对话框

►名称:对要创建的块命名。

►基点:定义块的基点,可在屏幕上指定,或输入坐标值。该基点是块插入过程中进行旋转或调整比例的基准点,一般应选择在块的中心、角点等有特征的位置。

►对象:指定将要创建的块中要包含的对象,以及创建块之后如何处理这些对象,是保留还是删除选定的对象或者是将它们转换成块。

►方式:设置将要创建的块的几种基本属性,如注释性、是否允许分解等。

►设置:选择块的插入单位,以及设置块超链接。

创建块时所选择的对象可以包含块对象,即块可以嵌套。另外,如果创建了大量的块,但这些块在当前图形中最终没有使用,则可调用"Purge"命令删除它们,这样可以减小图形文件的大小。

■创建外部块

命令名称:Wblock

命令简称:W

调用"Wblock"命令后,系统弹出"写块"对话框,如图 4-50 所示。创建外部块的操作过程与创建内部块类似,但外部块是以独立图形文件的方式存储的。因此可被其他图形文件调用,即外部块是一种"公用块"。

图 4-50 "写块"对话框

　　外部块与普通的 dwg 文件还是有些区别的。首先,外部块的插入基点是由用户指定的,而普通的 dwg 文件在插入到当前文件时是以坐标原点(0,0,0)作为插入的基点。其次,由"Wblock"命令创建的外部块文件,比一般的 dwg 文件占用更少的空间。

　　创建块之后,可使用"Insert"命令实现块的插入。

　　■插入块

　　命令名称:Insert

　　命令简称:I

　　使用该命令可在当前图形文件中插入一个预先定义好的内部块或外部块,也可插入一个已存在的图形文件。

　　调用"Insert"命令,可弹出插入"块"对话框,如图 4-51 所示。在该对话框中,除了可以插入"当前图形"中的块以外,还可以从"最近使用的项目"、"收藏夹"、"库"中插入块。

　　插入块时可指定块或图形文件在绘图区上的插入点、缩放比例、旋转角度等参数,并可选择插入后是否分解。如果在创建内部块时按默认设置未选中"按统一比例缩放",则插入的块或图形文件在 X、Y、Z 三个方向上的比例可不同。

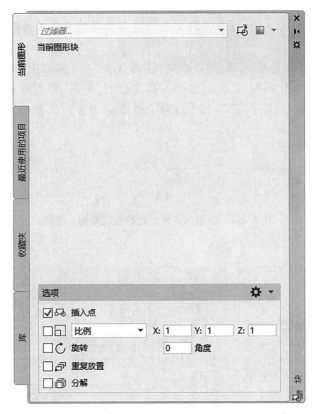

图 4-51　插入"块"对话框

4.5.2　属性块

属性块是一种带有附加属性的特殊块。属性是附加到块上的标签。通常情况下,属性被用来放置与块有关的文字。

在创建块(内部块或外部块)之前,首先应定义该块的属性,即设定好属性标记、提示、模式、文字等。一旦定义了属性,该属性将以其标记名称在块中显示,并保存有关信息。接下来应将图形对象和表示属性定义的属性标记一起用来创建块。在插入属性块时,软件将提示用户输入需要的属性值,并以该值表示块的属性。因此,同一个块在不同点插入时可有不同的属性值。在插入属性块后,还可对属性作修改并能够把属性单独提取出来写入文件,以供统计、制表使用,并可将其导入到其他的数据库程序或电子表格中。

下面结合例题来学习属性块的功能特点和使用方法。

★**例题 4-2**

创建一个属性块,用作房建施工图中建筑标高的注写。

【操作过程】

提示:具体操作过程可按照绘制图形、定义属性、创建属性块、插入属性块等 4 个步骤进行,详细步骤如下。

(1)调用 Line 命令绘出如图 4-52(a)所示建筑标高符号。三角形高度为 3 mm,斜线倾角为 45°。

(2)执行"插入"功能区选项卡→"块定义"面板→"定义属性",弹出"属性定义"对话框。在该对话框内按图 4-53 中的内容填入属性标记、提示,并作好文字设置。单击"确定"按钮,返回绘图窗口,拾取图 4-52(a)中三角形的右上顶点作为属性插入点,结果如图 4-52(b)所示。

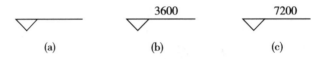

图 4-52 建筑标高属性块的创建与插入简例

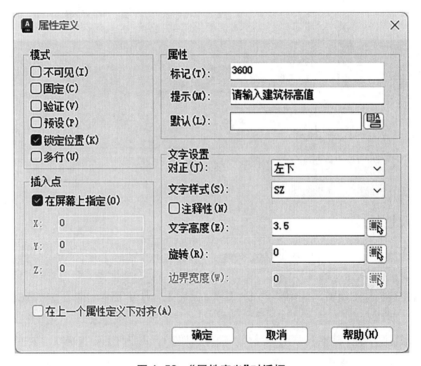

图 4-53 "属性定义"对话框

(3)执行"插入"功能区选项卡→"块定义"面板→"创建块",弹出"块定义"对话框。在该对话框内按图 4-54 的内容填入块的名称,拾取基点,并选择图 4-52(b)所示的图形和属性。此时,该对话框中会显示所选择对象的预览缩微图样。单击"确定"按钮,弹出"编辑属性"对话框,填入数值,如图 4-55 所示。

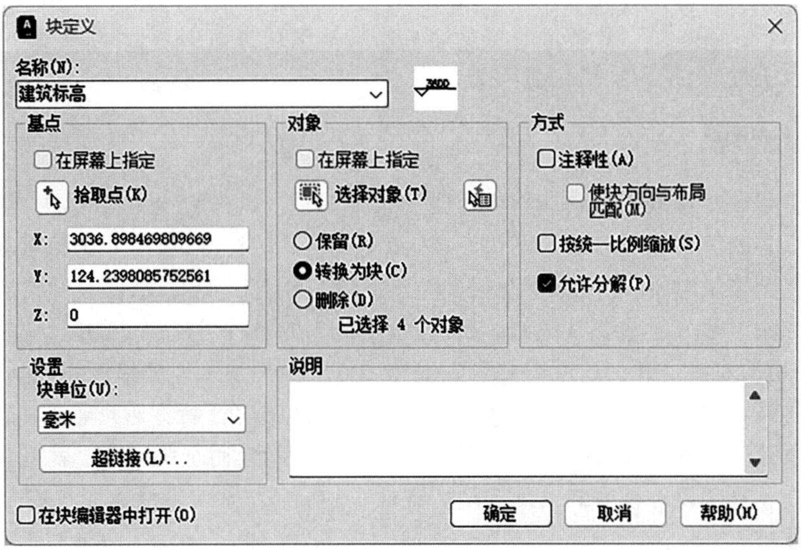

图 4-54　"块定义"对话框

图 4-55　"编辑属性"对话框

（4）执行"插入"功能区选项卡→"块"面板→"插入"，最上面的块预览区显示的就是刚创建好的建筑标高块，单击后在屏幕适当位置拾取插入点，随后再一次弹出图 4-55"编辑属性"对话框,此时,可根据插入点在图形中的位置输入新的建筑标高值,例如输入 7200,确定后块属性为 7200 新值的建筑标高就被插入到当前图形,结果如图 4-52(c)所示。重复以上过程,用户可根据需要插入其他标高。

4.5.3 动态块

块在工程设计标准化中具有不可替代的重要作用。对于任何一个专业,都可以通过创建数量众多的块来建立专业的图块库,从而实现产品的标准设计,并避免重复劳动。

但是在创建块时,可能会保存有很多经常使用且相互类似的块,而且经常会以各种不同的比例和角度插入这些块。例如,以各种角度插入的各种可能尺寸的门,有时是从右侧打开,有时是从左侧打开。这就需要事先创建出许多个门块。但如果该门块是动态的,并且定义为可调整大小和角度,那么只需拖动自定义夹点或在"特性管理器"中指定不同的数值就可以修改门的尺寸,并能修改门的开启角度。因此,动态块实际上就是一种具有智能和高灵活度且能以各种方式插入的块。这样,就可能大大减少专业图块库中所需要保存的块的数量。

动态块的创建过程比较复杂,这里仅简单介绍其大致步骤。

(1)在创建动态块之前规划动态块的内容。

(2)绘制几何图形。

(3)了解块元素如何共同作用。

(4)添加参数。

(5)添加动作。

(6)定义动态块参照的操作方式。

(7)保存块然后在图形中进行测试。

对于已经创建好的动态块,可以像插入普通块那样插入它。选中插入的动态块,根据创建时设定动作种类的不同,可以看到一些特殊的、青绿色的动态块夹点。利用这些夹点,就可以对所插入到图形中的动态块进行旋转、拉伸、镜像、缩放等操作,从而使这些块更容易被使用。

4.5.4 外部参照

有时,需要参考其他的图形而并不插入它。例如,把其他图形的一部分作为自己当前图形的样例,或者想查看自己的图形中的模型与其他图形中的模型是否匹配。这就需要用到外部参照的功能。

插入外部块或文件与外部参照都能实现不同文件之间的数据传递与共享,但外部参照比块在以下几个方面更有优越性:

▶使用外部参照比插入块能够使图形文件的存储量更小。外部参照的图形不会成为当前图形的一部分,在当前图形文件中仅保存外部参照的文件名称和存储路径。

▶在图形文件中始终显示外部参照文件的最新版。每次打开图形文件时,都会加载外部参照文件的最新版本,而作为块插入的文件,如果需要显示更新后的版本,则必须重新插入该文件。

▶同一个文件可同时被多个文件所参照,在每个图形文件中都显示其最新的更改。例如在一个工程设计项目中,所有设计人员都可将图框文件作为外部参照附着到自己的文件中,图框文件的每一次更新都会同步反映到每个人的设计文件中。

将 AutoCAD 的 dwg 图形文件附着到当前图形文件的命令为"Attach"。此外,使用其他几个类似的命令还可分别将 dwf 文件、dgn 文件、各种光栅图形文件(如 bmp、jpg、tiff 文件等)附着到当前图形。

■附着外部参照

命令名称:Attach

命令功能:将参照插入到外部文件,例如其他图形、光栅图像、点云、协调模型和参考底图

在命令行输入该命令,或者执行"插入"功能区选项卡→"参照"面板→"附着",将弹出"选择参照文件"对话框,如图4-56所示。选择待附着的图形文件后,即可完成所选文件的外部参照。

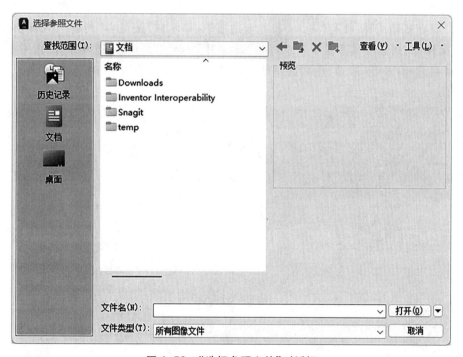

图4-56 "选择参照文件"对话框

下面结合例题来学习附着外部参照的功能特点和使用方法。

★例题4-3

图4-57所示为两种人行道地砖图案。现将其按4×4阵列,以观察整体铺设效果。

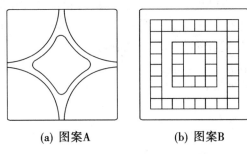

(a) 图案A   (b) 图案B

图 4-57   单块人行道地砖图案外部参照简例

【操作过程】

提示：使用外部参照，将单块地砖图形文件附着到新文件后再执行阵列操作。

（1）参照第 3 章例题 3-12，绘制图案 A。将文件命名为"地砖图案.dwg"，保存后退出。

（2）新建图形文件，执行"插入"功能区选项卡→"参照"面板→"附着"，在弹出的"选择参照文件"对话框中选中第 1 步保存的"地砖图案.dwg"文件后，随即弹出"附着外部参照"对话框，如图 4-58 所示，返回绘图区指定插入点后，完成图案 A 的附着。

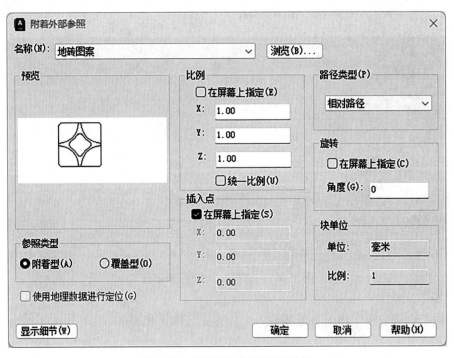

图 4-58   "附着外部参照"对话框

（3）调用 Array 命令，对附着的图案 A 作 4×4 阵列，结果如图 4-59（a）所示。将当前文件命名为"阵列图案.dwg"，保存后退出。

（4）重新打开"地砖图案.dwg"文件，删去图案 A 的内部线条，并按图案 B 的形状绘制。完成后将文件原名保存后退出。

（5）重新打开"阵列图案.dwg"文件，发现该文件的内容已经随参照文件的更新而改变，结果如图 4-59(b)所示。

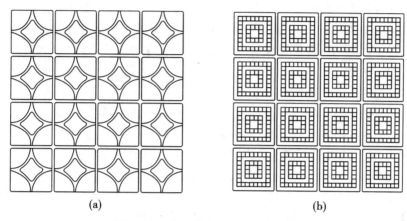

| (a) | (b) |

图 4-59　人行道地砖 4×4 阵列效果

【补充说明】

本例题演示了附着外部参照的操作方法，并说明了当参照文件更新后，附着外部参照的图形文件会随之更新。读者可以比较一下插入外部块的操作与之有何区别。

4.5.5　工具选项板

工具选项板是 AutoCAD 为了提高绘图效率而建立的一种集成性的选项板式工具，为用户提供了一种用来组织、共享和放置图块、图案填充及其他工具的高效操作方法。工具选项板还可包含由第三方开发人员提供的自定义工具。

执行"视图"功能区选项卡→"选项板"面板→"工具选项板"，可弹出浮动式的"工具选项板"，如图 4-60 所示。在 AutoCAD 2023 的工具选项板中，预设了 21 项各类选项卡，其中每一个选项卡都是一个独立的工具集。在图 4-60 的工具选项板中单击左下角的选项卡重叠部分，可在弹出的快捷菜单中选择使用其他

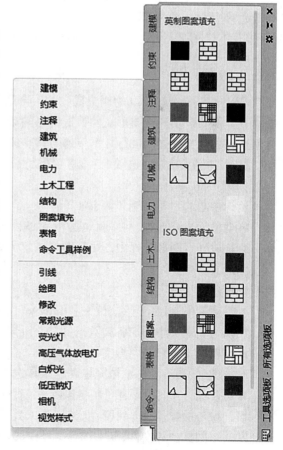

图 4-60　工具选项板

的选项卡。

工具选项板的操作方法非常简便,首先选择一个选项卡,然后采用按住并拖动的方法即可将所选工具放置到当前文件的绘图窗口中。

工具选项板的主要功能和特点如下:

▶从对象与图像创建及使用工具:可以通过将对象从图形拖至工具选项板来创建工具。然后可以使用新工具创建与拖至工具选项板的对象具有相同特性的对象。

▶创建和使用命令工具:可以在工具选项板上创建执行单个命令或命令字符串的工具。

▶更改工具选项板设置:工具选项板的选项和设置可以从单击鼠标右键弹出的"工具选项板"窗口中显示的各区域中的快捷菜单中获得。

▶控制工具特性:可以更改工具选项板上任何工具的特性。

▶自定义工具选项板:可以通过多种方法在工具选项板中添加工具。

▶整理工具选项板:可以将工具选项板整理为多组并指定显示的工具选项板组。

▶保存和共享工具选项板:通过将工具选项板输出或输入为文件,可以保存和共享工具选项板或工具选项板组。

总之,工具选项板为用户提供了一个方便的集成性的"工具箱",在其中可以放置那些最为常用的块、图案填充、材质库、材质样例以及命令工具。熟练掌握工具选项板的操作技巧,不仅能够大大提高用户的绘图效率,还有助于实现工程设计的标准化。

4.5.6 设计中心

设计中心是 AutoCAD 为用户提供的一个用于组织图形、图案填充、文字样式、标注样式、图层、图块以及其他图形文件数据内容的集成化工具。利用设计中心,可以方便快捷地实现在不同文件之间进行数据传递与共享的目的。

执行"视图"功能区选项卡→"选项板"面板→"设计中心",可弹出浮动式的"设计中心",如图 4-61 所示。

设计中心的主要功能和特点如下:

▶浏览用户计算机、网络驱动器和 Web 网页上的图形内容。

▶查看任意图形文件中图块和图层的定义表,然后将定义插入、附着、复制和粘贴到当前图形文件中。

▶更新图块定义。

▶创建指向常用图形、文件夹和 Internet 网址的快捷方式。

▶向当前图形中添加各类数据,例如外部参照、图块和图案填充。

▶在新窗口中打开图形文件。

▶将图形、图块和图案填充拖动到工具选项板上以便于访问。

▶可以在打开的图形之间复制和粘贴各种样式,例如图层定义、文字样式、标注样式等。

设计中心的操作也非常简便,类似于工具选项板。首先在左侧的目录树中选择需要传递和共享数据的源文件,其次选择文件中的数据或样式,最后在右侧的示例中单击并拖动到当前文件的绘图窗口中。

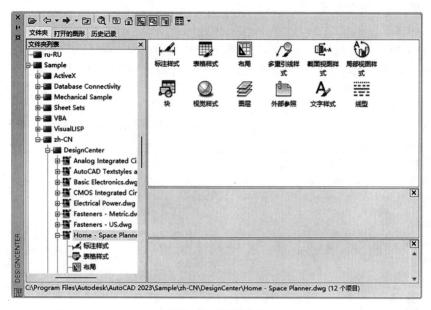

图 4-61　设计中心

4.6　打印图形

4.6.1　在模型空间打印

工程设计的最后一个环节,通常是把已绘制完成并且校对无误的图形文件打印到图纸上。

图形文件可直接在模型空间中打印。模型空间是指可在其中建立二维和三维模型的三维空间,是一种建立各种工程设计对象模型的工作环境。在这个空间中可以使用 AutoCAD 的全部绘图、编辑、修改、显示命令,它是 AutoCAD 为用户提供的主要工作空间。

在打印之前,首先需要新建或修改当前的打印页面设置。执行"输出"功能区选项卡→"打印"面板→"页面设置管理器",可在弹出"页面设置管理器"对话框中对当前页面进行设置,如打印设备、打印范围等。页面设置完成后,执行"输出"功能区选项卡→"打印"面板→"打印",弹出"打印-模型"对话框,如图 4-62 所示。

"打印-模型"对话框中的设置内容很多,各设置项的功能说明如下:

▶页面设置:用于选择图形中已命名或已保存的页面设置。在页面设置中保存有各种打印参数的具体设置值,可对当前的打印参数设置命名并保存。

▶打印机/绘图仪:用于选择打印设备。除了已联机安装的 Windows 系统打印机外, AutoCAD 还提供了其他几种打印到文件的"软打印设备",如打印为 PDF 文件等。选择打印设备后,单击"特性"按钮,可对各种绘图仪配置进行设置。

▶图纸尺寸:用于选择纸张尺寸,但能选择的纸张大小需要被所选打印设备支持。

▶打印份数：用于指定要打印的份数。

▶打印区域：用于指定要打印的图形范围。通常采用"窗口"模式选择打印内容。

▶打印比例：用于指定绘图单位与打印单位之间的比值。默认为"布满图纸"。此时系统会根据打印区域与图纸尺寸的相对大小，自动计算打印图形的缩放比例。

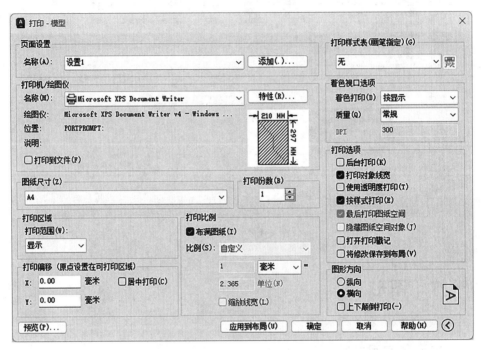

图 4-62 "打印-模型"对话框

▶打印偏移：用于指定打印区域相对于可打印区域左下角或图纸边界的偏移量。

▶打印样式表：用于设置、编辑打印样式表，或者创建新的打印样式表。打印样式是一种对象特性，如同图层、颜色、线型、线宽一样。打印样式决定了对象如何被打印出来，并保存在打印样式表中。

▶着色视口选项：用于指定着色和渲染视口的打印方式，并确定它们的分辨率大小。

▶打印选项：用于指定线宽、打印样式、着色打印和对象的打印次序等常用选项。

▶图形方向：用于指定打印方向，可选择横向、纵向，也可选择反向打印。

设置好以上各种打印参数后，单击按钮"预览"核查打印效果，如果没什么问题，单击"确定"就可执行图形打印。

4.6.2　在图纸空间打印

通常情况下，用户所绘制的二维图形在模型空间中打印。但如果想以不同比例显示模型的视图，就需要用到图纸空间。图纸空间是一个二维空间，可以想象成用户绘图时所使用的绘图纸，它把模型空间中的二维和三维模型投影到图纸空间，用户可以在图纸空间绘制模型的各个视图，并在图中标注尺寸和添加说明文字。而对于三维模型，如果在一张图纸中想同时包含多个视图,例如同时打印出模型的三个正投影视图与一个等轴测视图,也必须在图纸空间中打印。

在图纸空间中打印图形,首先需要创建打印布局。可以使用样板文件来创建布局,也可使用"布局向导"。完成了布局的创建后,用户还可根据需要在布局空间中建立多个视口,以便显示模型的不同视图。在布局空间中建立视口时,可以设定视口的大小,并可将其定位于布局空间的任意位置。因此,布局空间的视口通常被称为浮动视口,可对其执行删除、移动、拉伸、缩放等操作。布局完成后,在视口中调整好模型的大小,执行"输出"功能区选项卡→"打印"面板→"打印",弹出与图4-62相同的对话框,就可在图纸空间中打印图形。

 思考和练习

1. 思考题

(1) 在AutoCAD中怎样设置文字样式? SHX字体与大字体有何不同?

(2) 线条型字体能否用来输入汉字? 它与True type型字体有何区别?

(3) 输入单行文字与多行文字的命令分别是什么? 在功能上有何不同?

(4) 怎样在AutoCAD中输入钢筋直径"φ"、正负号"±"?

(5) 怎样在AutoCAD中创建表格样式并插入表格?

(6) 在标注样式管理器中,新建或修改标准样式时可设置哪7个选项卡? 各选项卡的内容和常用设置值分别是什么?

(7) 在标注样式管理器中,"标注特征比例"与"测量单位比例"有何不同?

(8) 线性标注与对齐标注有何区别? 二者分别应在何种情况下使用?

(9) 调用连续标注和基线标注的命令分别是什么? 如何使用?

(10) 如何修改一个已创建的尺寸标注的文字内容?

(11) "冻结"的图层与"锁定"图层有何不同? 在实际绘图中应如何使用?

(12) 如果某对象的颜色设为ByLayer,是什么含义? 如果设为ByBlock呢?

(13) "默认"线宽是否就是线宽为"0"? 怎样绘出宽度大于2.2 mm的直线段?

(14) 样板文件的扩展名是什么? 有何作用?

(15) 面域有什么特点? 怎样创建?

(16) 图案填充设为"关联"是什么含义? 选中"边界保留"的含义是什么?

(17) 工具选项板有何作用? 如何使用?

(18) 查询对象信息有哪些命令? 功能分别是什么?

(19) 特性管理器有何作用? 如何使用?

(20) 内部块与外部块有何区别? 如何创建和插入?

(21) 属性块与普通块有何不同? 使用属性块有何优点?

(22) 外部参照的含义是什么? 在图形文件中附着外部参照与插入外部块有何区别?

(23) AutoCAD设计中心有何作用? 如何使用?

(24) 怎样在模型空间中打印AutoCAD图形? 通常需要作哪些打印参数的设定?

(25) 什么是图纸空间? 在图纸空间中打印图形比在模型空间中打印有哪些优越性?

2.练习题

(1)绘出题4-1图中夏比冲击试验标准试件图,比例自定,并注写文字、标注尺寸。

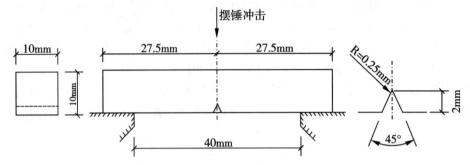

题4-1图　夏比冲击试验标准试件图

(2)绘出题4-2图中劲性骨架钢筋混凝土柱截面图,标注尺寸,完成图案填充,图中未注明劲性骨架的钢板厚度均为40 mm,比例自定。

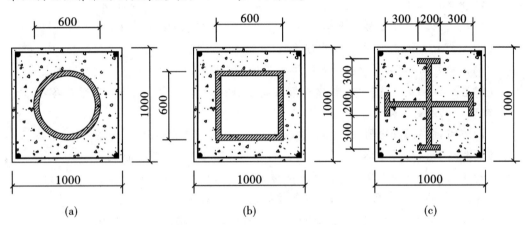

题4-2图　劲性骨架钢筋混凝土柱截面图

(3)绘出题4-3图中空心砌块截面图,并标注尺寸、注写文字。图中尺寸单位为mm,计算图中带阴影线的区域关于其形心主轴 X 轴的惯性矩。

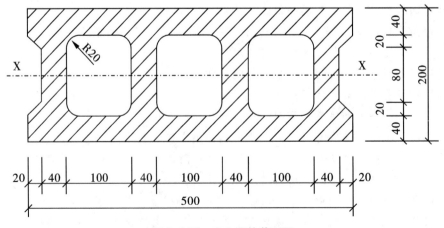

题4-3图　空心砌块截面图

（4）绘出题 4-4 图中钢结构螺栓连接图并标注尺寸，比例自定。

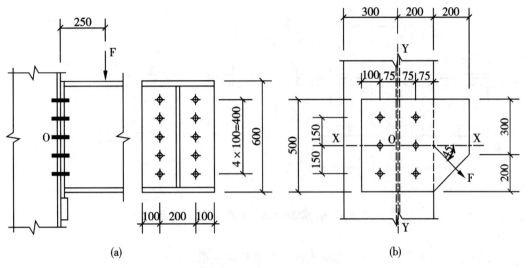

(a)　　　　　　　　　　　　　　(b)

题 4-4 图　钢结构螺栓连接图

（5）绘出题 4-5 图中砌体房屋马牙槎结构图，比例自定。

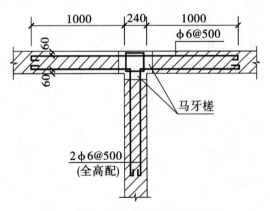

题 4-5 图　砌体房屋马牙槎结构图

（6）绘出题 4-6 图中钢筋混凝土梁附加钢筋构造图，比例自定结构。

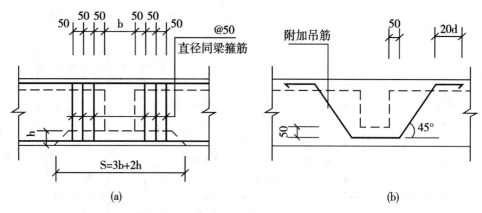

（a）   （b）

题 4-6 图   钢筋混凝土梁附加钢筋构造图

（7）绘出题 4-7 图中钢筋混凝土柱变截面处构造图，比例自定。

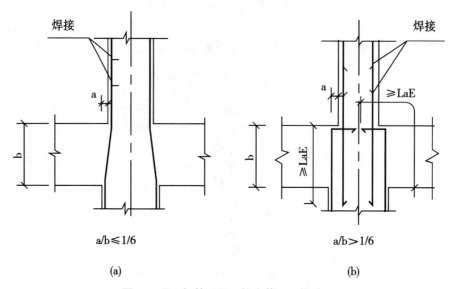

$a/b \leqslant 1/6$ $a/b > 1/6$

（a）   （b）

题 4-7 图   钢筋混凝土柱变截面处构造图

（8）绘出题4-8图中剪力墙表，比例自定。

截　面	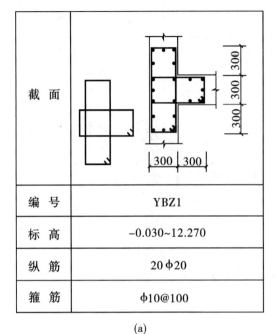	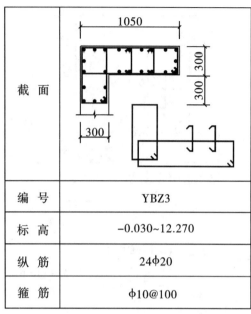
编　号	YBZ1	YBZ3
标　高	−0.030~12.270	−0.030~12.270
纵　筋	20Φ20	24Φ20
箍　筋	Φ10@100	Φ10@100
	(a)	(b)

题4-8图　剪力墙表

（9）绘出题4-9图中墙下条形基础剖面图，比例自定。

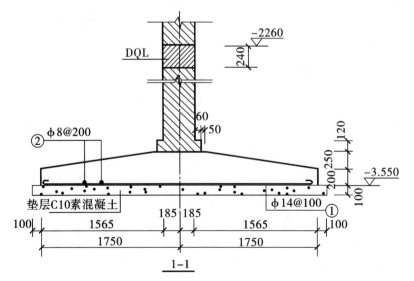

题4-9图　墙下条形基础剖面图

（10）绘出题4-10图中桩基承台平面图,比例自定。

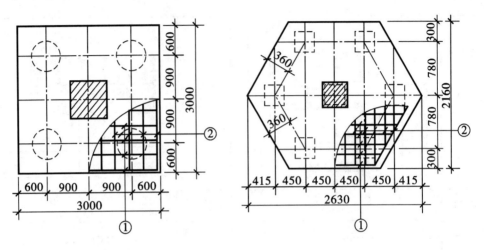

(a) 四桩承台   (b) 六桩承台

题4-10图 桩基承台平面图

第 5 章

AutoCAD 三维建模

内容提要　　本章以掌握 AutoCAD 三维建模基本操作技能为目标,首先介绍了 AutoCAD 三维图形建模的基本概念,介绍了三维模型的观察与显示方法,以及用户坐标系的建立方法。接着重点介绍了三维线框模型、三维表面模型和三维实体模型的创建方法,介绍了布尔运算的功能,以及三维表面模型、三维实体模型的编辑方法。

5.1　AutoCAD 三维建模概述

通过前几章的学习,读者已经初步掌握了使用 AutoCAD 绘制二维图形的方法。二维投影图作图方便,表达图形全面、准确,是建筑、土木等工程图样的主要形式。但二维图形缺乏立体感,直观性较差,对于一般用户很难理解和感受工程和产品的设计效果,因此二维图形只适用于受过专门训练的专业用户。而三维图形能够非常直观地反映建筑或产品的空间立体位置,使普通用户也能够很好地理解设计师的设计思路和理念,对建筑或产品能够在设计阶段就有一个直观的概念,因此,三维图形也是建筑和工业设计的重要发展方向。

在 AutoCAD 中,三维图形的计算机表达按照创建方式可分为三维线框模型、三维表面模型和三维实体模型。它们的特点分别为:

（1）三维线框模型

三维线框模型以物体的边界轮廓线来表达立体的对象。通常由一些描绘对象边界的点、直线和曲线构成,不含有平面及曲面,只是三维对象的骨架,有时也可直接创建生成三维线框模型。由于没有面和体的信息,因此不能进行消隐、着色和渲染处理。

（2）三维表面模型

三维表面模型用面来描述三维物体,不仅有棱边,并且由有序的棱边和内环构成了面,由多个面围成封闭的物体。在 AutoCAD 中,表面模型使用曲面和网格来定义面。表面模型在 CAD 和计算机图形学中是一种重要的三维描述形式,可以进行消隐和渲染处理。但是表面模型没有实体的信息,例如空心的气球和实心的铅球在表面模型的描述下具体相同的外部表现。

(3)三维实体模型

三维实体模型是三种模型中最高级的一种,除具有线框模型和表面模型的所有特性外,还具有实体的信息,因而可以对三维形体进行各种物理特性计算,如质量、重心、惯性矩等。因此如果要想将三维形体的各类信息完整地表达出来,必须使用实体模型。

本书第 2 章已经介绍过,在 AutoCAD 2023 中,如果单击自定义快速访问工具栏下拉列表按钮,可以自定义快速访问工具栏的显示内容。如图 2-11 所示,选择开启倒数第 4 行的"工作空间",则在自定义快速访问工具栏中将显示"工作空间"下拉列表区,单击右侧向下的箭头,可以打开"工作空间"下拉列表,如图 5-1 所示。

图 5-1　"工作空间"下拉列表

在 AutoCAD 2023 中,一共预设了 3 个工作空间,分别是"草图与注释"工作空间、"三维基础"工作空间、"三维建模"工作空间。选择不同的工作空间,用户界面的功能区选项卡面板将显示不同的命令图标。图 5-2 所示为"三维基础"工作空间的功能区,图 5-3 所示为"三维建模"工作空间的功能区,可见这两个功能区与"草图与注释"功能区在选项卡布局及预设命令图标方面均有很大的区别。"三维基础"工作空间中,预设的选项卡及命令图标均较为精简,建议读者在学习三维建模时,直接切换到"三维建模"工作空间进行命令的调用和操作。

图 5-2　"三维基础"工作空间功能区

图 5-3　"三维建模"工作空间功能区

　　此外,读者仍然可以使用菜单栏执行三维建模的各种操作,前提是在快速访问工具栏的下方显示菜单栏。图 5-4 给出了弹出 3 级子菜单后的"绘图—建模—网格—图元"菜单的示意图,其中,涉及三维图形操作的命令位于"建模"1 级子菜单内,在该 1 级子菜单中,集成了大多数三维实体模型的创建命令,而三维线框模型及三维表面模型的创建命令分别集成在"曲面"及"网格"2 个 2 级子菜单内,部分菜单项可继续展开弹出 3 级子菜单。

图 5-4　"绘图—建模—网格—图元"菜单

　　AutoCAD 提供了强大的三维建模功能,利用上述功能区命令或菜单命令,用户可以快捷方便地进行三维线框模型、三维表面模型和三维实体模型的创建,并可对所创建的三维模型进行多视图显示,在模型空间内进行实时漫游并可显示和打印具有真实感的三维模型渲染图等。利用 AutoCAD 丰富的三维建模功能,可以创建出照片级的逼真立体图形,增强建筑设计或工业产品的表现力,使一些无法在二维图形中表达的细节可以清晰地显示在屏幕上,形成生动的三维模型。

5.2　三维模型的观察与显示

在 AutoCAD 中,与创建二维模型一样,创建三维模型也是在模型空间内进行的。但对于三维模型,用户可能需要开启多个视口,选择不同的视图,进行多角度观察与显示,需要进行实时的动态观察与漫游,需要采用不同的视觉样式显示及打印。这就涉及 AutoCAD 中的几个重要的概念:视口、视图、动态观察和视觉样式。

5.2.1　视口

视口是 AutoCAD 在屏幕上用于显示模型的区域,一个视口可以包含用户的整个绘图区,也可以将绘图区划分成多个视口。在绘制二维图形时,用户通常使用一个视口显示整个绘图区,并且在这一个视口中观察和绘制图形。在创建三维模型时,用户可能需要使用多个视口,并且要在各个视口中设置不同的视点,才能更全面更方便地观察所创建的模型。

视口设置的命令是 Vports,在命令行执行该命令,可弹出"视口"对话框,如图 5-5 所示。

■命名视口

命令名称:Vports

命令简称:无

命令参数:无(采用对话框方式)

命令功能:创建新的视口配置,或命名和保存模型空间视口配置

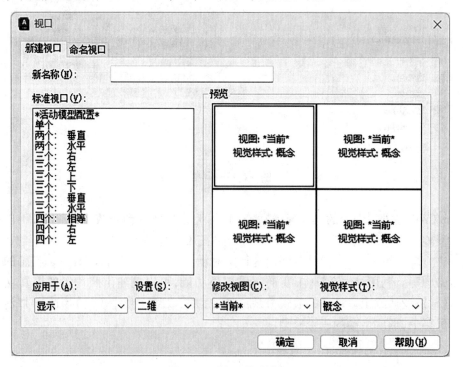

图 5-5　"视口"对话框

　　调用"Vports"命令,或单击"视图"→"视口"→"新建视口",也可开启图 5-5 对话框。在"视口"对话框中,包含"新建视口"和"命名视口"2 个选项卡页面。在"新建视口"选项卡页面中,AutoCAD 预设了多种标准视口,选择其中的"四个:相等",即可将单一视口分割为四个相等视口。利用"视口"对话框下方的 4 个下拉列表,可以选择视口的应用目的、设置方式。设置方式列表中包括二维和三维,如果选择二维,新的视口配置将最初通过所有视口中的当前视图来创建;如果选择三维,一组标准正交三维视图将被应用到配置中的各个视口。

　　用户也可以通过执行"可视化"功能区选项卡,单击"模型视口"面板中的"视口配置",弹出如图 5-6 所示的下拉列表,其操作与直接调用命令的操作方式类似。篇幅所限,本章下面的讲解以命令行方式为主。

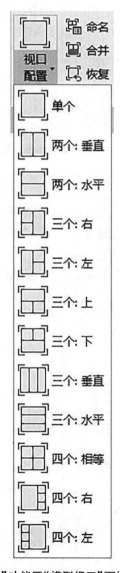

图 5-6　"可视化"功能区"模型视口"面板"视口配置"列表

将 AutoCAD 的用户界面切换到"三维建模"工作空间,打开一个已经创建好的机械零件三维模型文件,并选择以等轴测视图的方式在单视口中显示该模型,如图 5-7 所示。

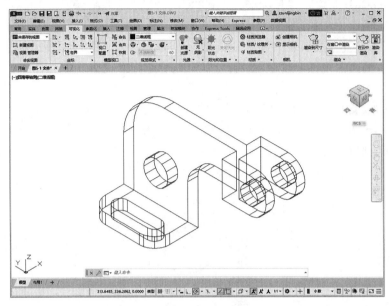

图 5-7　单视口显示三维模型示例

为了更好地观察和理解上面的三维模型,可以采用多视口方式在模型空间中展示该三维对象。采用四个相等的视口显示的同一个三维模型如图 5-8 所示。按照工程制图的习惯,该三维模型采用 3 个平面视图加 1 个等轴测视图的方式展示。

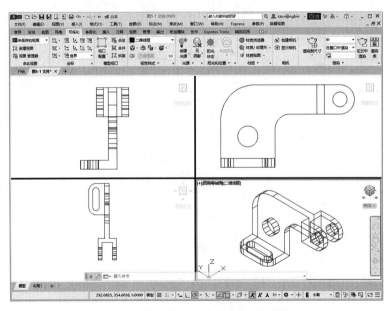

图 5-8　四个等视口显示三维模型示例

5.2.2　视图

在图 5-8 的四个等视口中已经分别采用预设的俯视图(正视图)、前视图、左视图及西南等轴测视图显示。AutoCAD 涉及视图命令主要有 3 个,分别是视图管理"View"、视点"Vpoint"、创建相机"Camera"。

■视图管理

命令名称:View

命令简称:V

命令参数:无(采用对话框方式)

命令功能:保存和恢复模型空间视图、布局视图和预设视图

调用"View"命令,或者单击"可视化"功能区"命名视图"面板中的"视图管理器",或者单击菜单项"视图"→"命名视图",可开启"视图管理器"对话框,如图 5-9 所示。

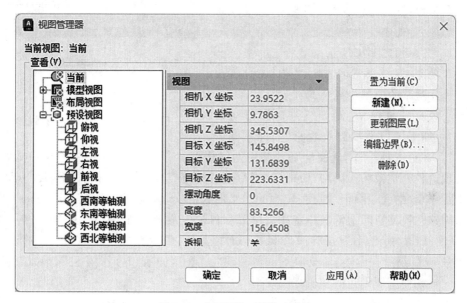

图 5-9　"视图管理器"对话框

在"视图管理器"对话框中,用户可查看和选择各种模型视图、布局视图以及预设视图。可以新建视图并保存。如果选择模型视图中的"Best",AutoCAD 将自动选择一种最佳的观察角度显示当前视口中的三维模型。使用频率最高的是 10 个预设视图,包括"俯视"、"仰视"、"左视"、"右视"、"前视"、"后视"、"西南等轴测"、"东南等轴测"、"东北等轴测"、"西北等轴测"。选择某一种视图后,单击"确定"按钮,则当前视口中的模型就会以所选视图的方位显示。

■视点

命令名称:Vpoint

命令简称:VP

命令参数:无(采用对话框方式)

命令功能:在模型空间显示定义观察方向的指南针和三轴架

调用"Vpoint"命令后,命令窗口显示当前的视图方向。视图方向用观察点(即视点)位置的 *X*、*Y*、*Z* 坐标值表示。观察方向为从视点的位置朝向 WCS 坐标原点。

"视点预设"对话框采用指定 2 个具体的观察角度值来更改视点。如图 5-10 所示,左侧的观察角度代表经度,右侧的观察角度代表纬度。可直接输入经度值和纬度值,或者直接单击鼠标左键拨动上面的指针。

■创建相机

命令名称:Camera

命令简称:CAM

命令参数:当前相机设置:高度=0 焦距=50 毫米

　　　　　指定相机位置:

命令功能:在模型空间中创建相机对象,以创建并保存对象的三维透视视图

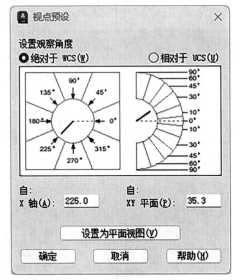

图 5-10 "视点预设"对话框

对于大型三维模型,例如三维房屋建筑模型,用户可能需要以透视方式观察它,即视图中的形体符合"近大远小"的透视准则。调用创建相机命令,在当前视口中创建相机对象,就可实现这种视觉效果。调用"Camera"命令后,命令窗口显示当前相机的高度、焦距值。高度指距 WCS 的 *XY* 平面的高度;焦距的初始值为 50 mm,最大不能超过 600 mm。接下来提示用户在模型空间中依次指定相机位置和目标位置,然后提示"输入选项[?/名称(N)/位置(LO)/高度(H)/坐标(T)/镜头(LE)/剪裁(C)/视图(V)/退出(X)]"。如果输入参数"V",继续提示"是否切换到相机视图?[是(Y)/否(N)]<否>:",输入"Y",则当前视口被切换到所创建的相机视图。

除了创建相机命令外,单击菜单项"视图"→"相机"→"调整视距",可调整相机到对象的显示距离;单击菜单项"视图"→"相机"→"回旋",可模拟相机绕对象旋转的效果。调用这两个命令都会改变当前相机视图的显示范围和内容。

5.2.3 动态观察

通过调用"View"、"Vpoint"、"Camera"等视图命令可以实现在当前视口以任意方位、角度显示三维模型。但这些命令所创建的各种视图,包括各种预设视图,都是静态显示的。在三维建模过程中,用户可能经常需要采用一种更直观、更方便的动态方式,连续显示当前视口中三维模型在各种方位、视角下的形状。为此,AutoCAD 提供了动态观察命令,以及漫游和飞行命令。

动态观察的命令有 3 个,分别是受约束的动态观察"3Dorbit"、自由动态观察"3Dforbit"、连续动态观察"3Dcorbit"。

■受约束的动态观察

命令名称：3Dorbit

命令简称：3DO

命令参数：按 ESC 或 ENTER 键退出，或者单击鼠标右键显示快捷菜单

命令功能：在三维空间中旋转视图，但仅限于在水平和垂直方向上动态观察

■自由动态观察

命令名称：3Dforbit

命令简称：无

命令参数：按 ESC 或 ENTER 键退出，或者单击鼠标右键显示快捷菜单

命令功能：在三维空间中不受滚动约束的旋转视图

■连续动态观察

命令名称：3Dcorbit

命令简称：无

命令参数：按 ESC 或 ENTER 键退出，或者单击鼠标右键显示快捷菜单

命令功能：以连续运动方式在三维空间中旋转视图

这 3 个动态观察命令的操作方法基本相同，调用后在当前视图中会出现对应的动态观察图标，单击并拖动动态观察图标就能以动态方式观察三维模型。单击鼠标右键显示"视图和导航"快捷菜单，如图 5-11 所示。在其中不仅可以切换到其他动态观察模式，还可以切换到视图、缩放、飞行、漫游等其他用于显示和观察三维模型的命令。

图 5-11　"视图和导航"快捷菜单

对于大型建筑物的三维模型，可以启用漫游"3Dwalk"和飞行"3Dfly"命令来进行动态连续观察。这两个命令的操作方法类似，可以用来模拟在观察者三维模型中的漫游和飞

越。二者的区别是:漫游模型时,观察者将沿 *XY* 平面行进;飞越模型时,观察者将不受 *XY* 平面的约束,所以看起来像"飞"过模型所在区域。

此外,可用于三维图形观察和显示的工具还有 ViewCube 导航和 SteeringWheels 控制盘,二者的功能和操作比较简单,此处不再赘述。

5.2.4　视觉样式

创建和设置多个视口,用不同的视图显示模型,使用动态观察器、进入漫游和飞行模式等,这些命令都只是解决了从不同方位和角度来观察三维模型这一问题。而为了使三维模型看起来更加逼真、更加具有立体感,还需要使用另一类命令,即视觉样式命令。视觉样式控制着三维模型中边界、光源和着色的显示。可通过更改视觉样式的特性值控制其显示效果。

视觉样式命令主要有 2 个,分别为创建和修改视觉样式命令"Visualstyles"、设置视觉样式命令"Vscurrent"。

■创建和修改视觉样式

命令名称:Visualstyles

命令简称:无

命令参数:无(采用对话框方式)

命令功能:创建和修改视觉样式,并将视觉样式应用于视口

调用"Visualstyles"命令后,将弹出"视觉样式管理器"对话框,如图 5-12 所示。

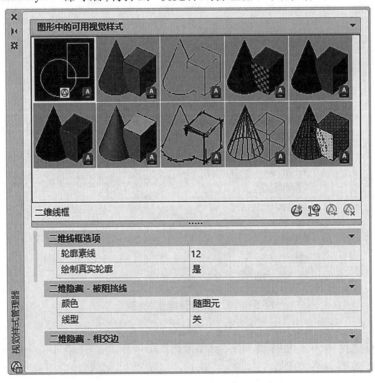

图 5-12　"视觉样式管理器"对话框

在"视觉样式管理器"对话框中,显示了图形中可用的所有视觉样式,包括 AutoCAD 预设的默认视觉样式。若选定某种视觉样式,则选定样式的设置值将显示在样例图像下方的面板中。如图 5-12 所示,面板中显示的就是"二维线框"样式的各种设置值。除了选用 AutoCAD 预设的默认视觉样式外,用户还可以创建和设置新的视觉样式,并在面板中对设置值进行修改。

AutoCAD 2023 预设的 10 种默认视觉样式的名称及概念列于表 5-1 中。图 5-7 和图 5-8 中三维模型的视觉样式就是"二维线框"。

表 5-1　预设的默认视觉样式

样式名称	按钮	基本概念
二维线框		使用直线和曲线表示边界的方式显示对象,坐标采用二维方式显示
线框		使用直线和曲线表示边界的方式显示对象,坐标采用三维方式显示
消隐		使用线框表示法显示对象,而隐藏表示背面的线
真实		使用平滑着色和材质显示对象
概念		使用平滑着色和古氏面样式显示对象。古氏面样式在冷暖颜色而不是明暗效果之间转换。效果缺乏真实感,但是可以更方便地查看模型的细节
着色		使用平滑着色显示对象
带边缘着色		使用平滑着色和可见边显示对象
灰度		使用平滑着色和单色灰度显示对象
勾画		使用线延伸和抖动边修改器显示手绘效果的对象
X 射线		以局部透明度显示对象

■设置视觉样式

命令名称:Vscurrent

命令简称:VS

命令参数:输入选项 [二维线框(2)/线框(W)/隐藏(H)/真实(R)/概念(C)/着色(S)/带边缘着色(E)/灰度(G)/勾画(SK)/X 射线(X)/其他(O)] <二维线框>

命令功能:设置当前视口的视觉样式

调用"Vscurrent"命令,选择其中一种默认视觉样式或用户已创建的视觉样式,确认后当前视口中的三维模型就将以该样式显示。不同视觉样式的显示效果差别很大。有些视觉样式具有很强的立体感,而有些视觉样式则更适合选择和修改对象。因此,在三维建模过程中,用户经常需要在不同的视觉样式之间进行切换。

仍以图 5-7 中的三维模型为例,图 5-13 给出了除"二维线框"以外,其他 9 种视觉样式的三维模型显示效果,视图仍均选取西南等轴测视图。

(a) 线框   (b) 消隐

(c) 真实   (d) 概念

(e) 着色   (f) 带边缘着色

(g) 灰度   (h) 勾画

(i) X射线

图 5-13   三维对象视觉样式显示示例

5.3　用户坐标系

　　本书在第 2 章已经介绍过世界坐标系(WCS)和用户坐标系(UCS)的基本概念。在二维绘图时,通常所有的图形对象都按默认处在世界坐标系的 XY 平面上,一般不需要新建用户坐标系。但在三维建模时,模型上不同的点、线、面均处在三维模型空间内,而很多二维绘图命令和二维修改命令只能在指定的二维平面内使用。对三维模型的观察尚且需要不断地调整和改变视图,在三维模型创建时,更是经常要在不同的模型平面之间切换,也就是要不断地调整和改变当前坐标系的方位,即新建和使用不同方位的用户坐标系。

　　与用户坐标系相关的命令主要有 2 个,分别是新建用户坐标系"Ucs"、管理用户坐标系"Ucsman"。

　　■新建用户坐标系

　　命令名称:Ucs

　　命令简称:无

　　命令参数:当前 UCS 名称:＊世界＊

　　　　　　指定 UCS 的原点或 ［面(F)/命名(NA)/对象(OB)/上一个(P)/视图(V)/世界(W)/X/Y/Z/Z 轴(ZA)］<世界>:

　　命令功能:设定当前用户坐标系的原点和方向

　　调用"Ucs"命令后,命令窗口首先提示当前用户坐标系的名称,初始状态下为"世界",即世界坐标系。接下来按照命令窗口提示,用户可采用多种方式新建当前用户坐标系。各命令参数的具体含义如下:

　　▶指定 UCS 的原点:使用一点、两点或三点定义一个新的 UCS。

　　▶如果指定单个点,当前 UCS 的原点将会移动而不会更改 X、Y 和 Z 轴的方向;

　　▶如果指定第二个点,则 UCS 旋转以将正 X 轴通过该点;

　　▶如果指定第三个点,则 UCS 绕新的 X 轴旋转来定义正 Y 轴。

　　▶面:将 UCS 动态对齐到三维对象的面。

　　▶命名:保存或恢复已创建并命名的 UCS。

　　▶对象:将 UCS 与选定的二维或三维对象对齐,UCS 可与任何对象类型对齐(除了参照线和三维多段线)。

　　▶上一个:恢复上一个 UCS。

　　▶视图:将 UCS 的 XY 平面与垂直于观察方向的平面对齐,原点保持不变,但 X 轴和 Y 轴分别变为水平和垂直。

　　▶世界:恢复世界坐标系。

　　▶X/Y/Z:绕指定轴旋转当前 UCS,采用右手螺旋法则,默认为逆时针旋转为正。

　　▶Z 轴:将 UCS 与指定的正 Z 轴对齐,UCS 原点移动到第一个点,其正 Z 轴通过第二个点。

■管理用户坐标系

命令名称：Ucsman

命令简称：UC

命令参数：无(采用对话框方式)

命令功能：管理已定义的用户坐标系，并控制视口的 UCS 和 UCS 图标设置

对"Ucs"命令新建的用户坐标系，可以使用管理用户坐标系命令"Ucsman"进行保存和命名。调用"Ucsman"命令后，将弹出"UCS"对话框，包括 3 个选项卡页面，选择"命名 UCS"选项卡后的对话框如图 5-14 所示。在该对话框的其余两个选项卡中，可以设置正交 UCS 以及对 UCS 的图标特性进行设置。

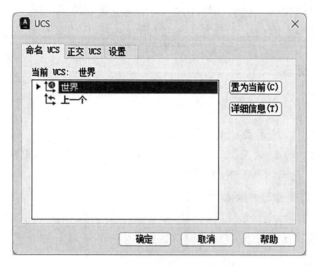

图 5-14   "UCS—命名 UCS"对话框

单击图 5-14 所示对话框中的"详细信息"按钮，将弹出"UCS 详细信息"窗口，如图 5-15 所示。其中详细列出了所选定的用户坐标系的原点位置，以及 X、Y、Z 轴的指向。

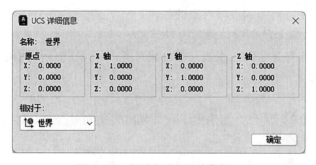

图 5-15   "UCS 详细信息"窗口

★**例题 5-1**

如图 5-16 所示,在长方体的不同方位绘图并注写文字。

图 5-16　UCS 应用简例

【操作过程】

(1)调用 Box 命令,创建 1 个长方体对象,尺寸任意。

(2)调用视图命令,以正等轴测视图显示该长方体。

(3)调用"Ucs"命令,选择"视图"(V),设置用户坐标系的 XY 平面与屏幕平面平行。

(4)绘制图框,注写文字"正轴测图"。

(5)调用"Ucs"命令,选择"前一个"(P),恢复为上一个用户坐标系。

(6)调用"Ucsicon"命令,将用户坐标系的图标设置为在原点处显示。

(7)调用"Ucs"命令,选择"原点"(O),利用端点捕捉,把用户坐标系平移到图 5-17(a)所示顶面左下顶点处,此时图标也移动到该位置。

(8)当前作图平面为顶面,注写文字"顶面",并绘制外框线。

(9)调用"Ucs"命令,选择"原点(O)",把用户坐标系平移到图 5-17(b)所示正面左下顶点处,再次调用"Ucs"命令,选择 X,把用户坐标系绕 X 轴旋转90°,使当前用户坐标系处于图 5-17(b)所示的位置,注写文字"正面",并绘制外框线。

(10)执行类似第(9)步的操作,把用户坐标系平移到图 5-17(c)所示背面左下顶点处,并将用户坐标系绕 Y 轴旋转-90°,注写文字"侧面",并绘制外框线。

最终完成后的图形为图 5-16。

【补充说明】

由于文字的注写只能在当前用户坐标系的 XY 平面内进行,所以为了能够在长方体的 3 个表面注写文字,必须分别将这 3 个表面设置为当前用户坐标系的 XY 面。

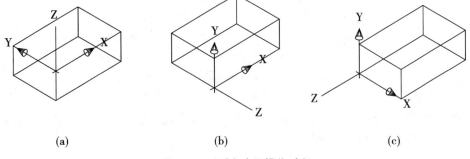

(a)　　　　　　　　　(b)　　　　　　　　　(c)

图 5-17　UCS 应用操作过程

5.4 创建三维线框模型

5.4.1 创建空间点

三维线框模型是一类最简单的三维模型,仅由空间点和空间直线或曲线组成,也就是仅包含了三维形体的空间"骨架"。

空间点是三维线框模型中最基本的组成部分。调用"Point"命令不仅可以创建二维平面上的点,还可以创建三维空间中的点。但需要输入空间点的 3 个坐标值。按照第 2 章表 2-4 中的坐标输入格式,可以采用直角坐标、柱面坐标、球面坐标三种方式之一输入空间点的坐标。

此外,定数等分"Divide"命令和定距等分"Measure"命令也适用于三维空间中等分点对象的创建。

5.4.2 创建空间直线和曲线

在第 3 章学习各种二维绘图命令时,所绘制的二维直线、二维曲线按默认都位于世界坐标系的 *XY* 平面。若通过指定空间上的点作为线的端点,或者通过调用"Ucs"命令更改当前用户坐标系的方向,则虽然仍使用这些二维绘图命令,但可以创建出不仅局限于世界坐标系 *XY* 平面上的线对象,即能够创建出空间直线和曲线对象。

图 5-18 给出了通过绘制空间直线,进而创建出三维线框模型的一个示例。首先调用"Point"命令依次输入 4 个空间点 A、B、C、D,坐标分别为:A(87,-50,0)、B(0,100,0)、C(-87,-50,0)、D(0,0,120)。然后开启对象捕捉中的"节点"捕捉,调用"Line"命令依次两两连接这 4 个点,就可得到图中所示四面体三维线框模型了。

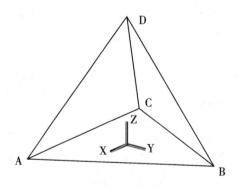

图 5-18 四面体三维线框模型示例

除了使用二维绘图命令外,AutoCAD 还提供了专门用于创建空间线对象的 2 个命令,分别是三维多段线"3Dpoly"、螺旋线"Helix"。

■三维多段线

命令名称:3Dpoly

命令简称:3P

命令参数:指定多段线的起点:

命令功能:创建三维多段线

调用"3Dpoly"命令,命令窗口提示指定三维多段线的起点,然后依次输入各直线段的端点,以形成一条由多段首尾相连的直线段组成的三维多段线对象。不管直线段的数量有多少,仍属于一个单独的对象。三维多段线的各段直线可以不共面,即依次输入的各个点可以是三维空间中的任意点。但创建三维多段线时不能绘制圆弧,这一点与"Pline"命令绘制的二维多段线不同。另外,二维多段线中的各点必须共面,且在创建时只能位于当前用户坐标系的 XY 平面内。

多段线修改命令为"Pedit",可以对二维多段线、三维多段线进行修改。若调用"Pedit"命令并选择三维多段线对象后,命令窗口提示"输入选项 [闭合(C)/合并(J)/编辑顶点(E)/样条曲线(S)/非曲线化(D)/反转(R)/放弃(U)]:",此时可以输入"S"参数,把三维多段线转换为三维样条曲线。图 5-19 所示为创建的三维多段线及经过转换的三维样条曲线。

(a)　三维多段线　　　　(b)　转换为三维样条曲线

图 5-19　三维多段线示例

■螺旋线

命令名称:Helix

命令简称:无

命令参数:圈数 = 3.0000　　扭曲=CCW

　　　　　指定底面的中心点:

命令功能:创建二维螺旋或三维弹簧

螺旋线命令可以创建平面或空间的螺旋线。当赋予其截面形状和尺寸后,可以再调用扫掠命令"Sweep"创建出三维弹簧。调用"Helix"命令后,命令窗口要求指定底面的中心点,然后依次输入底面半径和顶面半径后,命令窗口提示"指定螺旋高度或 [轴端点(A)/圈数(T)/圈高(H)/扭曲(W)]<5.0000>:"。输入参数"A"可指定螺旋轴的端点位置,用于定义螺旋的长度和方向;输入参数"T"可修改螺旋的圈数,最大不能超过 500 圈;

输入参数"W"可修改螺旋的旋转方向;输入参数"H"可指定单圈高度。或不输入任何参数,直接指定螺旋的总高度。

图 5-20 所示为螺旋线绘图示例,其中的螺旋线均为 6 圈。图 5-20(b)的螺旋顶面半径退化为 0,图 5-20(c)的螺旋高度退化为 0。

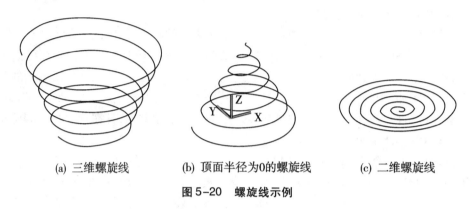

(a) 三维螺旋线　　　(b) 顶面半径为0的螺旋线　　　(c) 二维螺旋线

图 5-20　螺旋线示例

三维线框模型的修改和编辑可以使用第 3 章学过的大多数二维修改命令,如"Copy"、"Stretch"、"Fillet"等,或直接选择对象后使用夹点编辑功能。

5.5　创建三维表面模型

5.5.1　概述

三维表面模型中的对象既包括"点"、"线",也包括"面"。采用最简单的方式,把三维线框模型构建的空间形体的"骨架"用"面"进行蒙皮,就形成了三维表面模型。由于有了"面",对三维表面模型就可以使用"消隐"、"真实"、"着色"等各种不同的视觉样式显示,使三维模型的空间形状更加易于理解。

三维表面模型中,最重要、最关键的对象当然就是"面"。在 AutoCAD 中,"面"定义为实体或曲面对象的三角形或四边形部分。在 AutoCAD 的早期版本中,"面"对象采用多边形网格面来定义。近年来的版本中,AutoCAD 大大增强了其三维建模功能,涉及"面"对象的类型和相关的创建命令也变得更加丰富。

AutoCAD 2023 中的"三维表面"对象,可以划分为两大基本类型:网格对象和曲面对象。

■网格对象

网格对象由使用多边形所定义的三维形状的顶点、边和面组成,是一类镶嵌或细分的对象类型,由面、边和顶点定义。可以对网格对象进行平滑处理以获得更圆滑的外观,也可进行锐化处理以引入棱边。

与早期的多边形网格对象相比,网格镶嵌对象以更详细的方式提供了用于建模对象形状的增强功能。在 AutoCAD 2023 中,可以平滑化、锐化、分割和优化默认的网格对象类型。对网格对象进行平滑处理和优化时,会增加镶嵌的密度(细分数)。此外,实体对象、曲面对象和传统网格对象类型都可以调用相关命令将其转换为网格对象。

■曲面对象

曲面对象是无限薄的壳体三维对象。在 AutoCAD 2023 中,可以创建 2 种类型的曲面对象:程序曲面和 NURBS 曲面。

▶程序曲面:又可分为解析曲面和基本曲面。其属性可以是关联曲面,即保持与其他对象间的关系,以便可以将它们作为一个组进行处理。所谓关联曲面,是指在修改与关联曲面相关联的几何图形对象时,关联曲面将自动调整其位置和形状。

▶NURBS 曲面:由 NURBS 曲线定义的四面片的平滑合并集合,以 Bezier 曲线或样条曲线为基础。NURBS 曲线将沿着并穿过 U 方向和 V 方向中的曲面进行排列,且它们在控制顶点处相交。NURBS 曲面不是关联曲面。此类曲面具有控制点,使用户可以一种更自然的方式对其进行造型。

曲面对象的创建方式非常丰富和灵活。调用相关命令后,可以把各种曲面对象转换为网格对象,从而利用网格镶嵌功能更灵活地修改其拓扑形状。

5.5.2　创建网格对象

AutoCAD 2023 中,可以采用以下几种方法创建或转换网格对象。

▶创建平滑网格图元,例如长方体、圆锥体、圆柱体、棱锥体、楔体、球体和圆环体。平滑网格图元是由镶嵌面而不是由平滑曲面定义的基本网格对象。

▶从其他对象创建网格,例如旋转网格对象、平移网格对象、直纹网格对象和边界网格对象。这些对象的边界内插在其他对象或点中。

▶从其他对象类型进行转换,将现有实体或曲面模型(包括复合模型)转换为网格对象。

▶创建自定义网格(即传统类型的多边形网格)。尽管可以继续创建传统多边形网格和多面网格,但是建议用户将其转换为功能增强的新的网格对象类型,以使用增强编辑功能,能更加灵活地修改网格对象的几何形态。

创建或转换网格对象的命令主要集中在"绘图"→"建模"→"网格"子菜单中,如图 5-4 所示。将 AutoCAD 的用户界面切换到"三维建模"工作空间后,相关命令集成在"网格"功能区选项卡内,如图 5-21 所示。

图 5-21　"网格"功能区选项卡

（1）创建平滑网格图元

创建平滑网格图元的命令只有 1 个：创建平滑网格图元"Mesh"，但该命令包含 7 个子命令（参数），调用该命令能创建出 7 种基本的平滑网格图元。

■创建平滑网格图元

命令名称：Mesh

命令简称：无

命令参数：当前平滑度设置为：0

　　　　　输入选项 [长方体（B）/圆锥体（C）/圆柱体（CY）/棱锥体（P）/球体（S）/楔体（W）/圆环体（T）/设置（SE）] <长方体>：

命令功能：创建三维平滑网格图元对象，包括长方体、圆锥体、圆柱体、棱锥体、球体、楔体和圆环体网格

调用"Mesh"命令，首先提示当前网格图元的平滑度设置，然后根据输入的参数，可创建 7 种不同形状的三维平滑网格图元，包括长方体网格、圆锥体网格、圆柱体网格、棱锥体网格、球体网格、楔体网格、圆环体网格，具体操作可根据相应的提示输入各控制尺寸。

若输入参数"SE"，可用来设置新建网格图元的平滑度。平滑度取值为 0 ~ 4 的一个数。输入"0"表示不平滑，在特定网格的不同面之间有显著的棱边，如圆锥形网格的底面和侧面之间的棱边；输入"4"表示具有最高的平滑度。

图 5-22 给出了这 7 种平滑网格图元的示例，所输入的平滑度均为 2，采用"线框"视觉样式显示。

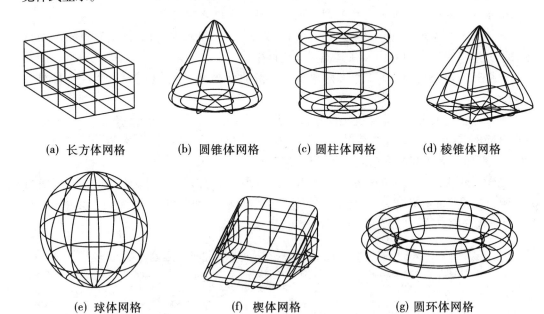

(a) 长方体网格　　(b) 圆锥体网格　　(c) 圆柱体网格　　(d) 棱锥体网格

(e) 球体网格　　　(f) 楔体网格　　　(g) 圆环体网格

图 5-22　平滑网格图元示例（"线框"视觉样式）

将图 5-22 中的平滑网格图元改用"真实"视觉样式显示，如图 5-23 所示。

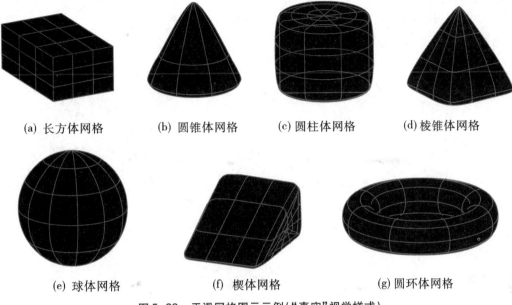

(a) 长方体网格　　(b) 圆锥体网格　　(c) 圆柱体网格　　(d) 棱锥体网格

(e) 球体网格　　　　(f) 楔体网格　　　　(g) 圆环体网格

图 5-23　平滑网格图元示例("真实"视觉样式)

应注意,图 5-23 中的平滑网格图元虽然看起来好像具有一个实心的"体",但其实调用"Mesh"命令只能得到各类形体的"表面",其内部还是空心的。只不过因为这些网格表面完全闭合,因此看不到其内部的真实状况。本节所涉及的其他网格对象、曲面对象都具有这一特点。

(2)从其他对象创建网格

利用绘图窗口中已有的图形对象,如点、直线段、多段线、圆弧、样条曲线等,可以创建出更复杂的网格对象。主要命令有 4 个:旋转网格"Revsurf"、平移网格"Tabsurf"、直纹网格"Rulesurf"、边界网格"Edgesurf"。

■旋转网格

命令名称:Revsurf

命令简称:无

命令参数:当前线框密度:SURFTAB1 = 6　　SURFTAB2 = 6

　　　　　选择要旋转的对象:

命令功能:通过绕轴旋转轮廓来创建网格

调用"Revsurf"命令后,命令窗口提示"当前线框密度:SURFTAB1 = 6　　SURFTAB2 = 6"。变量"SURFTAB1"控制网格对象在经度方向(旋转方向)上的网格数量,变量"SURFTAB2"控制网格对象在纬度方向(沿旋转轴方向)上的网格数量。为使创建的旋转网格更光滑,可将"SURFTAB1"和"SURFTAB2"都改为一个更大的数,例如都设置为 36。

线框密度重新设置后,命令窗口提示"选择要旋转的对象:",即选择待旋转的母线,例如图 5-24(a)中的样条曲线。接下来提示"选择定义旋转轴的对象:",即选择作为旋转轴的对象,例如图 5-24(a)中的直线段。然后按提示依次输入起点角度和包含角,就能创建出旋转网格。图 5-24(b)为线框密度均为 6 时创建的旋转网格；图 5-24(c)为线框密度修改为 36 后创建的旋转网格。

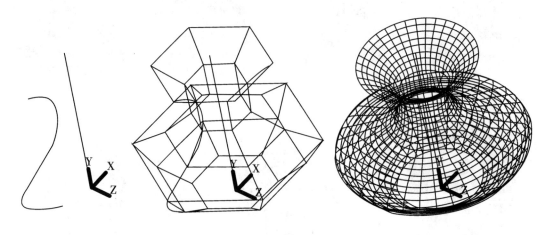

(a) 旋转对象和旋转轴　　　(b) 旋转网格（线框密度=6）　　　(c) 旋转网格（线框密度=36）

图 5-24　旋转网格示例

■平移网格

命令名称：Tabsurf

命令简称：无

命令参数：当前线框密度：SURFTAB1 = 6

　　　　　选择用作轮廓曲线的对象：

命令功能：从沿直线路径扫掠的直线或曲线创建网格

调用"Tabsurf"命令后，命令窗口提示当前线框密度值，并提示"选择用作轮廓曲线的对象："，即选择待平移的母线，例如图 5-25(a)中的样条曲线。接下来提示"选择用作方向矢量的对象："，即选择轮廓线将要扫掠的路径，例如图 5-25(a)中的直线段。所创建的平移网格如图 5-25(b)所示。

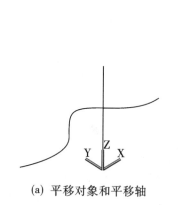

(a) 平移对象和平移轴　　　　　　　　(b) 平移网格（线框密度=36）

图 5-25　平移网格示例

■直纹网格

命令名称:Rulesurf

命令简称:无

命令参数:当前线框密度:SURFTAB1 = 6

　　　　　选择第一条定义曲线:

命令功能:在两条曲线或直线之间创建网格

调用"Rulesurf"命令后,命令窗口提示当前线框密度值,并提示"选择第一条定义曲线:",接下来提示"选择第二条定义曲线:"。定义曲线可以是直线段、多段线、样条曲线等,选择的顺序与最终得到的结果无关。例如依次选择图 5-26(a)中的样条曲线和圆弧线,所创建的直纹网格如图 5-26(b)所示。

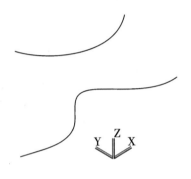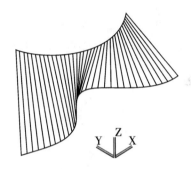

(a) 定义曲线　　　　　　　(b) 直纹网格（线框密度=36）

图 5-26　直纹网格示例

■边界网格

命令名称:Edgesurf

命令简称:无

命令参数:当前线框密度:SURFTAB1 = 6　　SURFTAB2 = 6

　　　　　选择用作曲面边界的对象 1:

命令功能:在四条彼此相连的边或曲线之间创建网格

调用"Edgesurf"命令后,命令窗口提示当前线框密度值,并提示"选择用作曲面边界的对象 1:",选择后接着提示用户再选择其他 3 条用作曲面边界的对象。定义曲面边界的对象可以是直线段、多段线、样条曲线等,选择的顺序与最终结果无关,但这 4 条边界对象必须彼此相连并构成闭合图形。例如依次选择图 5-27(a)中的 2 条样条曲线、1 条圆弧线、1 条直线段,所创建的边界网格如图 5-27(b)所示。

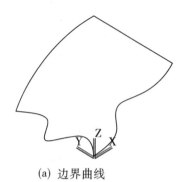

(a) 边界曲线

(b) 边界网格（线框密度=36）

图 5-27   边界网格示例

（3）从其他对象转换网格

用户可以直接从其他对象类型转换网格,命令有 2 个:转换平滑网格"Meshsmooth"、转换为网格"Convtomesh"。

■转换平滑网格

命令名称:Meshsmooth

命令简称:SMOOTH

命令参数:选择要转换的对象:

命令功能:将三维对象转换为网格对象

调用"Meshsmooth"命令,用户可以将绘图窗口中的三维曲面、三维实体、传统的多边形网格等对象转换为网格对象,也可以将面域对象、封闭多段线对象转换为网格对象。转换之后可以使用专门针对网格对象的修改命令对其进行编辑。但应注意,在对面域、封闭多段线等二维图形转换时,有可能得出畸变的图形。

转换为网格"Convtomesh"命令实际上是"Meshsmooth"命令的另一种形式,二者的功能和操作方法完全一样。

（4）创建自定义网格

自定义网格即 AutoCAD 2009 及之前的版本中的传统多边形网格,创建自定义网格的命令主要有 3 个:三维面"3Dface"、三维多面网格"Pface"、三维网格面"3Dmesh"。

■三维面

命令名称:3Dface

命令简称:无

命令参数:指定第一点或 [不可见(I)]:

命令功能:在三维空间中创建由三条或四条边构成的曲面

调用"3Dface"命令,按提示依次输入构成三维面的 3 个顶点或 4 个顶点,软件据此创建出三角形或四边形的三维网格曲面。当输入三维面的最后 2 个顶点后,该命令将自动重复这 2 个点用作下一个三维面的前 2 个点。如果所指定的所有 4 个顶点位于同一平面上,那么将创建一个类似于面域对象的二维面。当着色或渲染对象时,二维面将被填充。

参数"I"控制三维面各边的可见性,以便建立有孔对象的正确模型。在指定第一个顶点之前输入"I",可以使该边不可见。不可见属性必须在使用任何对象捕捉模式、XYZ 过滤器或输入边的坐标之前定义。可以创建所有边都不可见的三维面。这样的面是虚幻面,它不显示在线框图中,但在线框图形中会遮挡形体。三维面能够在其他视觉样式中被显示。用户可利用创建的多个三维面组成复杂的三维曲面对象。

图 5-18 中,利用"Point"命令和"Line"命令创建了一个四面体线框模型,但该模型中只有 4 个顶点和 4 条棱边。现在,就可以调用"3Dface"为该模型新建 4 个三角形的三维面,从而构成一个三维表面模型。图 5-28 示意了在不同视觉样式下该模型的显示效果,由于已经有了 4 个三维面的"覆盖",因此,在消隐和真实视觉样式下最里面的一条边不可见。

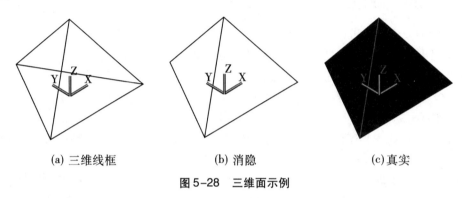

(a) 三维线框　　　　　(b) 消隐　　　　　(c)真实

图 5-28　三维面示例

■三维多面网格

命令名称:Pface

命令简称:无

命令参数:为顶点 1 指定位置:

　　　　　为顶点 2 或 <定义面> 指定位置:

　　　　　为顶点 3 或 <定义面> 指定位置:

　　　　　……

命令功能:依次指定多个顶点创建三维多面网格

调用"Pface"命令后,命令窗口提示用户依次指定在网格中使用的所有顶点的坐标。提示中显示的顶点编号表示引用各个顶点的序号。命令提示将不断重复,直到按"Enter"键为止。如果在空行上按"Enter"键,将提示输入要指定到每个面的顶点。

■三维网格面

命令名称:3Dmesh

命令简称:无

命令参数:输入 M 方向上的网格数量:

　　　　　输入 N 方向上的网格数量:

　　　　　为顶点 (0,0) 指定位置:

　　　　　为顶点 (0,1) 指定位置:

　　　　　……

命令功能:在三维空间中创建自定义的多边形网格

调用"3Dmesh"命令可以一次创建出包含多个三维面的三维网格面。网格密度控制镶嵌面的数目,它由包含 M×N 个顶点的矩阵定义,类似于由行和列组成的栅格。调用该命令后,命令窗口提示输入 M 方向、N 方向上的网格数量,用户可输入 2~256 之间的数值。M 值乘以 N 值等于必须指定的顶点数。然后提示用户为每一个顶点指定具体的坐标。

"3Dmesh"命令是创建网格的传统方法,主要针对程序控制下的而非手动输入的操作而设计。但使用该命令创建的网格对象不支持平滑处理、锐化和优化功能。

5.5.3 创建曲面对象

AutoCAD 2023 中,可以采用以下几种方法创建或转换曲面对象。

▶基于轮廓创建曲面。利用已存在的直线或曲线对象组成的轮廓形状,通过平面、网络、拉伸、旋转、扫掠、放样等操作创建曲面。

▶从其他曲面创建曲面。利用已存在的曲面,对其执行过渡、修补、偏移、圆角等操作创建新的曲面。

▶将对象转换为程序曲面。将现有三维实体(包括复合对象)、曲面和网格转换为程序曲面。

▶将程序曲面转换为 NURBS 曲面。由于无法将某些对象(例如网格对象)直接转换为 NURBS 曲面。在这种情况下,可将对象先转换为程序曲面,然后再将其转换为 NURBS 曲面。

创建或转换曲面对象的命令主要集中在"绘图"→"建模"→"曲面"子菜单中,如图 5-4 所示。将 AutoCAD 的用户界面切换到"三维建模"工作空间后,相关命令集成在"曲面"功能区选项卡内,如图 5-29 所示。

图 5-29 "曲面"功能区选项卡

(1)基于轮廓创建曲面

基于轮廓创建曲面的命令主要有 6 个,分别是:平面曲面"Planesurf"、网络曲面"Surfnetwork"、拉伸"Extrude"、旋转"Revolve"、扫掠"Sweep"、放样"Loft"。其中,后 4 个命令既可用于创建曲面,也可用于创建三维实体。

■平面曲面

命令名称:Planesurf

命令简称:无

命令参数:指定第一个角点或 [对象(O)]<对象>:

命令功能:创建平面曲面

　　该命令可以通过选择闭合对象或指定矩形的对角点创建平面曲面。调用"Planesurf"命令后,命令窗口提示"指定第一个角点或［对象(O)］<对象>:"。按默认方式,用户可依次指定矩形的两个对角点,则在拉出的矩形内创建出平面曲面。若按"Enter"键或输入"O",命令窗口提示选择闭合对象,选定后在该闭合对象内创建出平面曲面。系统变量"SURFU"和"SURFV"控制曲面上显示的行数和列数,初始值均为6。可以构成闭合对象的图形对象有直线段、圆、圆弧、椭圆、椭圆弧、二维多段线、平面三维多段线和二维样条曲线。

　　图 5-30 给出了平面曲面的示例。其中图 5-30(a)是采用指定矩形对角点的方式创建的平面曲面;图 5-30(b)是采用选择闭合对象的方式创建的平面曲面。该示例中,系统变量"SURFU"和"SURFV"的值均为6。

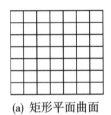　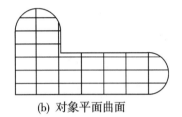

(a)　矩形平面曲面　　　　　　(b)　对象平面曲面

图 5-30　平面曲面示例

■网络曲面

命令名称:Surfnetwork

命令简称:无

命令参数:沿第一个方向选择曲线或曲面边:

　　　　　沿第二个方向选择曲线或曲面边:

命令功能:在 U 方向和 V 方向的几条曲线之间的空间中创建曲面

　　该命令可以在曲线网络之间或在其他三维曲面或实体的边之间创建网络曲面。调用"Surfnetwork"命令后,命令窗口提示"沿第一个方向选择曲线或曲面边:",可选择同一方向的多条曲线或曲面边。按"Enter"键确认第一轮选择结束后,接着提示"沿第二个方向选择曲线或曲面边:",可选择沿第二个方向上的多条曲线或曲面边,按"Enter"键确认第二轮选择结束后,在这些曲线或曲面边之间的空间中将创建出网络曲面。

　　利用网络曲面可以创建出非常复杂的曲面对象。创建过程中,当所选择的边属于三维实体或曲面(而不是曲线)时,会增加一项关于凸度幅值的设置。该参数用来设定网络曲面边与其原始曲面相交处该网络曲面边的圆度。有效值介于 0 和 1 之间,默认的初始值为0.5。

　　图 5-31 给出了网络曲面的示例。其中图 5-31(a)是创建网络曲面前的几何图形,调用网络曲面命令后把图中的 3 条圆弧线选中作为 U 方向的曲线,把与这 3 条圆弧线都相交的 2 条直线段作为 V 方向的曲线。创建的网络曲面如图 5-31(b)所示。该示例中,系统变量"SURFU"和"SURFV"的值均修改为24。

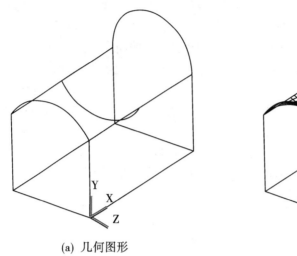
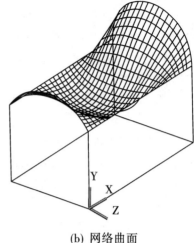

(a) 几何图形   (b) 网络曲面

图 5-31   网络曲面示例

■拉伸

命令名称:Extrude

命令简称:EXT

命令参数:当前线框密度: ISOLINES=4,闭合轮廓创建模式 = 实体

　　　　　选择要拉伸的对象或 [模式(MO)]:

命令功能:通过拉伸二维或三维曲线创建三维实体或曲面

调用"Extrude"命令后,命令窗口提示当前的线框密度及闭合轮廓创建模式。输入参数"MO",命令窗口提示"闭合轮廓创建模式 [实体(SO)/曲面(SU)]<实体>:",输入参数"SU",可将闭合轮廓创建模式修改为曲面。选择要拉伸的对象后,命令窗口接下来提示"指定拉伸的高度或 [方向(D)/路径(P)/倾斜角(T)/表达式(E)]:",如果此时输入一个高度值,则所选择的对象将按照指定高度被拉伸为曲面,拉伸方向沿着当前用户坐标系的 Z 轴。输入参数"P"用于沿指定路径拉伸;输入参数"T"指定拉伸的倾斜角;输入参数"E"可按照输入公式的计算结果确定拉伸高度。

几乎所有的二维对象或三维曲线都可以被拉伸,包括各种闭合对象和非闭合对象,例如直线段、圆弧、圆、椭圆、多段线、多边形、样条曲线、面域、三维面等。非闭合对象只能被拉伸为曲面。闭合对象根据创建模式的不同,可被拉伸为曲面或实体。

图 5-32 给出了拉伸曲面示例,6 个二维对象按指定高度被拉伸为曲面。

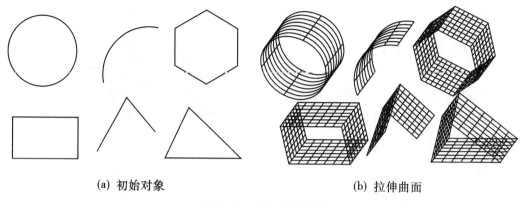

(a) 初始对象　　　　　　　　　　　　(b) 拉伸曲面

图 5-32　拉伸曲面示例

■旋转

命令名称:Revolve

命令简称:REV

命令参数:当前线框密度:　ISOLINES＝4,闭合轮廓创建模式 = 实体

　　　　选择要旋转的对象或［模式(MO)］:

命令功能:通过绕轴旋转对象创建三维实体或曲面

调用"Revolve"命令后,命令窗口提示当前的线框密度及闭合轮廓创建模式。首先输入参数"MO",把创建模式改为曲面。接下来选择要旋转的对象后,命令窗口提示"指定轴起点或根据以下选项之一定义轴［对象(O)/X/Y/Z］<对象>:",即旋转轴可以是当前用户坐标系的 X、Y、Z 轴,也可以通过指定两点来确定,或选择已有的对象作为旋转轴。确定了旋转轴后,命令窗口接着提示"指定旋转角度或［起点角度(ST)/反转(R)/表达式(EX)］<360>:",若给定角度值即可得到旋转曲面。输入参数"R"可以得到反转的旋转曲面;输入参数"ST"指定起点角度;输入参数"EX"用于按公式计算结果确定旋转角度值。

当闭合轮廓创建模式为实体时,可以将闭合对象旋转为实体。当闭合轮廓创建模式为曲面时,不论要旋转的对象是闭合的还是非闭合的,只能得到旋转曲面。

图 5-33 给出了旋转曲面示例。选择图 5-33(a)中的二维多段线为旋转对象,选择直线段为旋转轴。输入旋转角度 315°,得到的旋转曲面如图 5-33(b)所示。

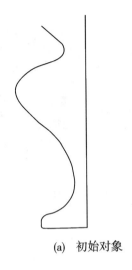　　　　　　　　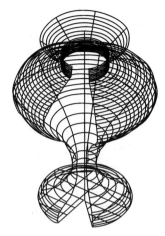

(a)　初始对象　　　　　　　　(b)　旋转曲面

图 5-33　旋转曲面示例

■扫掠

命令名称:Sweep

命令简称:无

命令参数:当前线框密度:　ISOLINES=4,闭合轮廓创建模式 = 实体

　　　　　选择要扫掠的对象或［模式(MO)］:

命令功能:通过沿路径扫掠二维对象或者三维对象或子对象来创建三维实体或曲面

　　调用"Sweep"命令后,命令窗口提示当前的线框密度及闭合轮廓创建模式。首先输入参数"MO",把创建模式改为曲面。接下来选择要扫掠的对象,可以选择闭合对象或非闭合对象。直线段、圆弧、圆、椭圆、二维多段线、样条曲线等都可以选择为要扫掠的对象。选择后,命令窗口提示"选择扫掠路径或［对齐(A)/基点(B)/比例(S)/扭曲(T)］:"。选择扫掠路径后,即可得到扫掠曲面。参数"A"用来指定是否对齐轮廓以使其作为扫掠路径切向的法向;参数"B"用来指定扫掠对象的基点;参数"S"指定扫掠对象的比例因子;参数"T"设置被扫掠对象的扭曲角度。

　　当闭合轮廓创建模式为实体时,可以将闭合对象扫掠为实体。当闭合轮廓创建模式为曲面时,不论要扫掠的对象是闭合的还是非闭合的,只能得到扫掠曲面。

　　图 5-34 给出了扫掠曲面示例。选择图 5-34(a)中的圆作为要扫掠的对象,选择螺旋线作为扫掠路径,得到的扫掠曲面如图 5-34(b)所示。

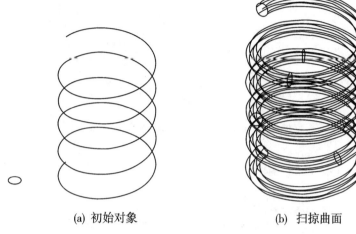

(a) 初始对象　　　　　　　(b) 扫掠曲面

图 5-34　扫掠曲面示例

■放样

命令名称：Loft

命令简称：无

命令参数：当前线框密度：　ISOLINES=4，闭合轮廓创建模式 ＝ 实体

　　　　　按放样次序选择横截面或 ［点(PO)/合并多条边(J)/模式(MO)］：

命令功能：在若干横截面之间的空间中创建三维实体或曲面

　　调用"Loft"命令后，命令窗口提示当前的线框密度及闭合轮廓创建模式。首先输入参数"MO"，把创建模式改为曲面。接下来提示"按放样次序选择横截面或 ［点(PO)/合并多条边(J)/模式(MO)］："。默认选项为选择放样横截面，应按照放样的次序来选择。放样横截面至少应有 2 个，可以是非闭合二维对象，如直线段、圆弧、二维多段线、二维样条曲线等；也可以是闭合二维对象，如圆、多边形、闭合二维多段线等。参数"PO"用来指定放样操作的第一个点或最后一个点，如果以"点"选项开始，接下来必须选择闭合二维对象；参数"J"用来将多个端点相交的边处理为一个横截面。

　　依次选择 2 个横截面后，绘图窗口动态显示当前的放样曲面，直到用户选择并确认所有的横截面后，命令窗口提示"输入选项 ［导向(G)/路径(P)/仅横截面(C)/设置(S)］<仅横截面>："，按"Enter"键或输入参数"C"，则在不使用导向或路径的情况下，创建出放样曲面。若输入参数"G"，用来指定控制放样曲面形状的导向曲线，可以使用导向曲线来控制点如何匹配相应的横截面以防止出现不希望的效果；若输入参数"P"，指定放样曲面的单一路径；若输入参数"S"，则弹出"放样设置"对话框，如图 5-35 所示，在其中可对放样效果进行更详细的设置。

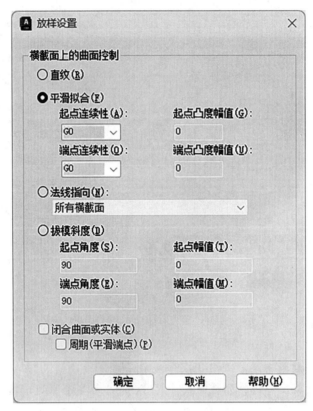

图 5-35   "放样设置"对话框

图 5-36 给出了放样曲面示例。依次选择图 5-36(a)中的六边形、矩形、小圆、中圆、大圆等 5 个放样横截面,按照默认设置得到的放样曲面如图 5-36(b)所示。

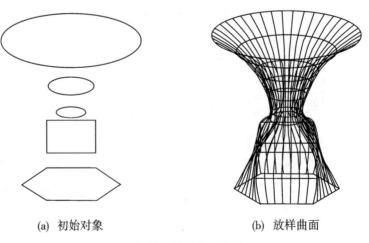

(a) 初始对象   (b) 放样曲面

图 5-36   放样曲面示例

（2）从其他曲面创建曲面

从其他曲面创建曲面的命令主要有 4 个,分别是:曲面过渡"Surfblend"、曲面修补
"Surfpatch"、曲面偏移"Surfoffset"、曲面圆角"Surffillet"。

■曲面过渡

命令名称:Surfblend

命令简称:无

命令参数:连续性 = G1 - 相切,凸度幅值 = 0.5

　　　　　选择要过渡的第一个曲面的边或［链(CH)］:

命令功能:在两个现有曲面之间创建连续的过渡曲面

调用"Surfblend"命令后,命令窗口首先提示当前曲面的连续性和凸度幅值。连续性
是衡量两条曲线或两个曲面交汇时平滑程度的指标。包括 3 种连续性:G0(位置),即如
果各个曲面的边共线,则曲面的位置在边曲线处是连续的;G1(相切),包括位置连续性和
相切连续性,对于相切连续的曲面,各端点切向在公共边一致;G2(曲率),包括位置、相切
和曲率连续性,两个交汇的曲面具有相同曲率。凸度幅值是测量曲面与另一曲面汇合时
的弯曲或"凸出"程度的一个指标。幅值可以是 0 到 1 的值,其中 0 表示平坦,1 表示弯曲
程度最大。

按照默认初值,"Surfblend"命令创建的过渡曲面具有 G1(相切)的连续性,凸度幅值
为 0.5。然后按照命令窗口提示,选择要过渡的第一个曲面的边,可以选择多条边,确定
后结束第一轮选择。接下来选择要过渡的第二个曲面的边。选择并确定后在所选曲面的
边之间显示动态的过渡曲面。然后根据提示,分别确定两个曲面的边上的连续性和凸度
幅值后,该过渡曲面被创建。

图 5-37 给出了曲面过渡的示例。在图 5-37(a)中,依次选择 2 个平面的 2 条圆弧
边,并设连续性为 G1,凸度幅值为 0.5。创建得到的过渡曲面如图 5-37(b)所示。

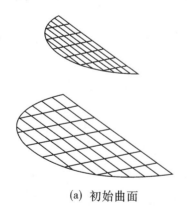

　　（a）初始曲面　　　　　　　　（b）过渡曲面

图 5-37　曲面过渡示例

■曲面修补

命令名称:Surfpatch

命令简称:无

命令参数:连续性 = G0 - 位置,凸度幅值 = 0.5

　　　　　选择要修补的曲面边或 [链(CH)/曲线(CU)]<曲线>:

命令功能:通过在形成闭环的曲面边上拟合一个封口来创建新曲面

　　调用"Surfpatch"命令后,命令窗口首先提示当前曲面的连续性和凸度幅值。默认情况下,连续性为 G0,凸度幅值 0.5。然后选择要修补的曲面边,注意所选择的边必须形成一个闭合的轮廓线。若输入参数"CH",可选择连接的但单独的曲面对象的连续边;若输入参数"CU",可选择曲线而不是曲面的边。

　　当要修补的曲面边选择确定后,命令窗口提示"按 Enter 键接受修补曲面或 [连续性(CON)/凸度幅值(B)/导向(G)]:"。此时,可输入参数"CON"修改曲面的连续性;输入参数"B"修改凸度幅值;输入参数"G",可使用其他导向曲线以塑造修补曲面的形状,导向曲线可以是曲线,也可以是点。最后,按"Enter"键接受所创建的修补曲面。

　　图 5-38 给出了曲面修补示例。图 5-38(a)所示为一个由圆角矩形拉伸出的曲面,该曲面上下均开口;图 5-38(b)为选择该曲面的底边后创建的修补曲面,连续性为 G0;图 5-38(c)为再选择该曲面的顶边后创建的修补曲面,连续性为 G1。两次创建修补曲面时,凸度幅值均按默认取为 0.5。最后得到了一个完全封闭的三维表面模型。

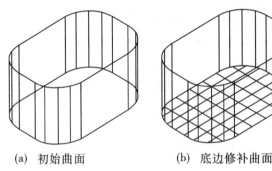 

(a) 初始曲面　　　　　(b) 底边修补曲面　　　　　(c) 顶边修补曲面

图 5-38　曲面修补示例

■曲面偏移

命令名称:Surfoffset

命令简称:无

命令参数:连接相邻边 = 否

　　　　　选择要偏移的曲面或面域:

命令功能:创建与原始曲面相距指定距离的平行曲面

　　调用"Surfoffset"命令后,命令窗口提示选择要偏移的面或面域。选择后接着提示"指定偏移距离或 [翻转方向(F)/两侧(B)/实体(S)/连接(C)/表达式(E)]<0.0000>:",同时在所选择的面或面域上用一些箭头示意当前的偏移方向。此时,若直接输入偏移距离,则沿偏移方向创建出偏移曲面。其他参数的含义为:参数"F"用来翻转偏移的方向;参数"B"用来同时在曲面的两侧偏移,可一次创建两个偏移曲面;参数"S"可得到偏移实体;参数"C"用来连接多个偏移面,这与所选择的曲面的初始连接情况有关;参数"E"用公式计算结果代替输入的偏移距离。

图 5-39 给出了曲面偏移示例。图 5-39(a)所示为初始曲面;选择后在上面用箭头示意当前的偏移方向,如图 5-39(b)所示;输入偏移距离后可得到图 5-39(c)的偏移曲面。

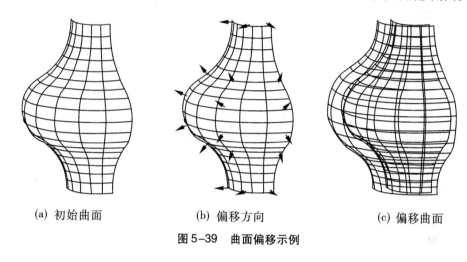

(a) 初始曲面　　　　　(b) 偏移方向　　　　　(c) 偏移曲面

图 5-39　曲面偏移示例

■曲面圆角

命令名称:Surffillet

命令简称:无

命令参数:半径 = 1.0000,修剪曲面 = 是

　　　　　选择要圆角化的第一个曲面或面域或者［半径(R)/修剪曲面(T)］:

命令功能:在两个曲面之间创建圆角曲面

调用"Surffillet"命令后,命令窗口提示选择要圆角化的第一个曲面,接着提示选择要圆角化的第二个曲面,然后提示"按'Enter'键接受圆角曲面或［半径(R)/修剪曲面(T)］:"。此时,输入参数"R"用来指定两个曲面间圆角的半径;输入参数"T"用来切换是否采用修剪模式;按"Enter"键后可创建出曲面圆角。

图 5-40 给出了曲面圆角示例。图 5-40(a)所示为两个初始曲面,二者之间有一条公共边相连;图 5-40(b)为创建的圆角曲面,采用修剪模式。

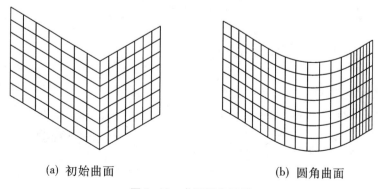

(a) 初始曲面　　　　　　　　(b) 圆角曲面

图 5-40　曲面圆角示例

（3）将对象转换为程序曲面

将对象转换为程序曲面的命令为：转换为程序曲面"Convtosurface"。

■转换为程序曲面

命令名称：Convtosurface

命令简称：无

命令参数：网格转换设置为：平滑处理并优化。

　　　　　选择对象：

命令功能：将对象转换为三维曲面

调用"Convtosurface"命令，用户可以将二维实体、三维实体、面域、网格对象、三维平面、具有厚度的开放多段线、具有厚度的直线段、具有厚度的圆弧线转换为三维程序曲面。将对象转换为程序曲面时，可以指定结果对象是平滑的还是具有镶嵌面的。

（4）将程序曲面转换为 NURBS 曲面

将程序曲面转换为 NURBS 曲面的命令为：转换为 NURBS 曲面"Convtonurbs"。

■转换为 NURBS 曲面

命令名称：Convtonurbs

命令简称：无

命令参数：选择要转换的对象：

命令功能：将三维实体和曲面转换为 NURBS 曲面

调用"Convtonurbs"命令，用户可将三维实体和程序曲面转换为 NURBS 曲面。应注意，网格对象无法直接转换为 NURBS 曲面。需要首先把网格对象转换为实体或程序曲面后，然后再将其转换为 NURBS 曲面。

5.5.4　修改网格和曲面对象

（1）修改网格对象

对于已经创建过的网格对象，可以调用相关命令对其进行修改和编辑。修改网格对象的命令主要集中在图 5-21 所示"网格"功能区选项卡的"网格编辑"面板内。或者通过"修改"→"网格编辑"菜单的相关命令进行编辑，如图 5-41 所示。

修改和编辑网格对象的命令主要有：提高网格平滑度"Meshsmoothmore"、降低网格平滑度"Meshsmoothless"、优化网格"Meshrefine"、锐化网格"Meshcrease"、取消锐化网格"Meshuncrease"等。篇幅所限，具体功能和操作方法不再详细介绍。

图 5-41　"修改—网格编辑"菜单

（2）修改曲面对象

对于已经创建过的曲面对象,可以调用相关命令对其进行修改和编辑。修改曲面对象的命令主要集中在图 5-29 所示"曲面"功能区选项卡的"编辑"面板内。或者通过"修改"→"曲面编辑"菜单的相关命令进行编辑,如图 5-42 所示。

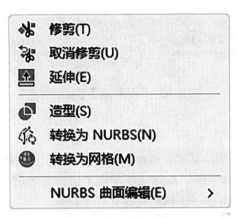

图 5-42　"修改—曲面编辑"菜单

修改和编辑曲面对象的命令主要有:曲面修剪"Surftrim"、曲面延伸"Surfextend"、曲面造型"Surfsculpt"等。篇幅所限,具体功能和操作方法不再详细介绍。

5.6　创建三维实体模型

5.6.1　创建实体对象

三维实体模型是最高级的一种三维模型类型,其中不仅包含了"点"、"线"、"面",并且由"面"所围合而成的闭合空间由"体"来定义。实体模型能够表示三维对象的体积,并且具有物理特性,如质量、重心和惯性矩。因此,三维实体模型是一种与真实的物体更接近的三维模型。如果三维表面模型可以理解为一个"空箱子",那么三维实体模型就可看作是把这个"空箱子"用同样的材料填实装满得到"满箱子"。

AutoCAD 2023 中,可以采用以下几种方法创建或转换实体对象:

▶创建基本实体,例如长方体、楔体、圆锥体、球体、圆柱体、圆环体、棱锥体、多段体。基本实体是最简单的一类实体对象。

▶基于闭合轮廓或曲面创建实体,利用已存在的直线或曲线对象组成的闭合轮廓以及曲面对象,通过拉伸、旋转、扫掠、放样等操作创建实体对象。

▶通过布尔运算创建实体,调用并集、交集、差集这 3 种布尔运算命令,从已有实体对象创建出更复杂的三维实体对象。

▶将对象转换为实体,可以把具有一定厚度的多段线、网格对象和曲面对象转换为三维实体。

创建实体对象的命令主要集中在"绘图"→"建模"子菜单中,如图 5-4 所示。将 AutoCAD 的用户界面切换到"三维建模"工作空间后,相关命令集成在"实体"功能区选项卡内,如图 5-43 所示。

图 5-43   "实体"功能区选项卡

(1)创建基本实体

三维实体对象通常以某种基本实体作为建模的起点,之后用户可以对其进行修改编辑,从而得到更复杂的实体对象。AutoCAD 提供了多种基本实体的创建功能,包括长方体、楔体、圆锥体、球体、圆柱体、圆环体、棱锥体和多段体。

创建基本实体的命令有 8 个,分别是长方体"Box"、楔体"Wedge"、圆锥体"Cone"、球体"Sphere"、圆柱体"Cylinder"、圆环体"Torus"、棱锥体"Pyramid"、多段体"Polysolid"。

■长方体

命令名称:Box

命令简称:无

命令参数:指定第一个角点或 [中心(C)]:

命令功能:创建三维实心长方体

调用"Box"命令后,命令窗口提示"指定第一个角点或 [中心(C)]:",输入参数"C"用于指定长方体底面的中心点。按默认指定第一个角点后,命令窗口提示"指定其他角点或 [立方体(C)/长度(L)]:",输入参数"C"可创建立方体;输入参数"L"指定长方体的长度。按默认指定第二个角点后,命令窗口提示"指定高度或 [两点(2P)]<0.0000>:",输入高度后即可创建出长方体。

图 5-44 给出了创建长方体的示例,为具有更直观的显示效果,采用"消隐"视觉样式。

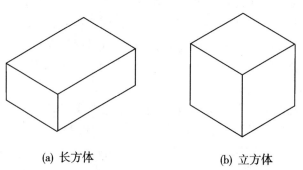

(a) 长方体   (b) 立方体

图 5-44   长方体示例

■楔体

命令名称：Wedge

命令简称：WE

命令参数：指定第一个角点或［中心（C）］：

命令功能：创建三维实心楔形体

调用"Wedge"命令后，命令窗口提示"指定第一个角点或［中心（C）］:"，输入参数"C"用于指定楔体底面的中心点。按默认指定第一个角点后，命令窗口提示"指定其他角点或［立方体（C）/长度（L）］:"，输入参数"C"可创建沿立方体的对角面剖切得到的楔体；输入参数"L"指定楔体的长度。按默认指定第二个角点后，命令窗口提示"指定高度或［两点（2P）］<0.0000>:"，输入高度后即可创建出楔体。

图 5-45 给出了创建楔体的示例，采用"消隐"视觉样式。

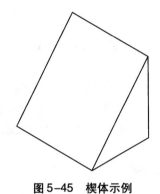

图 5-45　楔体示例

■圆锥体

命令名称：Cone

命令简称：无

命令参数：指定底面的中心点或［三点（3P）/两点（2P）/切点、切点、半径（T）/椭圆（E）］：

命令功能：创建三维实心圆锥体

调用"Cone"命令后，命令窗口提示"指定底面的中心点或［三点（3P）/两点（2P）/切点、切点、半径（T）/椭圆（E）］:"，参数"3P"、"2P"、"T"主要决定了创建圆锥体底面圆的不同方式；输入参数"E"可创建底面为椭圆的圆锥体。按默认指定底面的中心点后，命令窗口提示"指定底面半径或［直径（D）］<0.0000>:"，输入后接着提示"指定高度或［两点（2P）/轴端点（A）/顶面半径（T）］<0.0000>:"，输入高度值后即可创建出圆锥体。若输入参数"T"可创建圆台体。

图 5-46 给出了创建圆锥体的示例。应注意，具有圆形边界的实体，如圆锥体，在"消隐"视觉样式下由于底面圆的一部分不可见，其显示效果可能反而不如"三维线框"视觉样式理想。

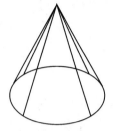

(a)"三维线框"视觉样式   (b)"消隐"视觉样式

图 5-46   圆锥体示例

■球体

命令名称:Sphere

命令简称:无

命令参数:指定中心点或［三点(3P)/两点(2P)/切点、切点、半径(T)］:

命令功能:创建三维实心球体

调用"Sphere"命令后,命令窗口提示"指定中心点或［三点(3P)/两点(2P)/切点、切点、半径(T)］:",参数"3P"、"2P"、"T"主要决定了创建球体大圆的不同方式。按默认指定中心点后,命令窗口提示"指定半径或［直径(D)］<0.0000>:",输入后即可创建出球体。

图 5-47 给出了创建球体的示例。

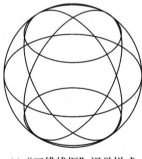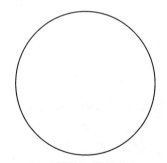

(a)"三维线框"视觉样式   (b)"消隐"视觉样式

图 5-47   球体示例

■圆柱体

命令名称:Cylinder

命令简称:CYL

命令参数:指定底面的中心点或［三点(3P)/两点(2P)/切点、切点、半径(T)/椭圆
　　　　　(E)］:

命令功能:创建三维实心圆柱体

调用"Cylinder"命令后,命令窗口提示"指定底面的中心点或［三点(3P)/两点(2P)/

切点、切点、半径(T)/椭圆(E)]:",参数"3P"、"2P"、"T"主要决定了创建圆柱体底面圆的不同方式;输入参数"E"可创建底面为椭圆的圆柱体。按默认指定底面的中心点后,命令窗口提示"指定底面半径或 [直径(D)]<0.0000>:",输入后接着提示"指定高度或 [两点(2P)/轴端点(A))]<0.0000>:",输入高度值后即可创建出圆柱体。

图 5-48 给出了创建圆柱体的示例。

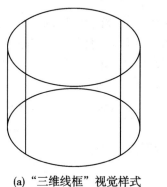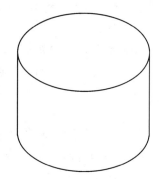

(a)"三维线框"视觉样式　　　　　　　(b)"消隐"视觉样式

图 5-48　圆柱体示例

■圆环体

命令名称:Torus

命令简称:TOR

命令参数:指定中心点或 [三点(3P)/两点(2P)/切点、切点、半径(T)]:

命令功能:创建圆环形三维实体

调用"Torus"命令后,命令窗口提示"指定中心点或 [三点(3P)/两点(2P)/切点、切点、半径(T)]:",参数"3P"、"2P"、"T"主要决定了创建圆环体大圆的不同方式。按默认指定大圆中心点后,命令窗口提示"指定半径或 [直径(D)]<0.0000>:",输入后接着提示"指定圆管半径或 [两点(2P)/直径(D))]<0.0000>:",输入圆管半径后即可创建出圆环体。

图 5-49 给出了创建圆环体的示例。

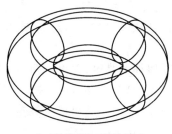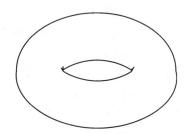

(a)"三维线框"视觉样式　　　　　　　(b)"消隐"视觉样式

图 5-49　圆环体示例

■棱锥体

命令名称:Pyramid

命令简称:PYR

命令参数:4 个侧面 外切

指定底面的中心点或 [边(E)/侧面(S)]:

命令功能:创建三维实心棱锥体

调用"Pyramid"命令后,命令窗口首先提示棱锥体的侧面数量、侧面与底面的连接方式,然后提示"指定底面的中心点或 [边(E)/侧面(S)]:"。参数"E"用于设定底面一条边的长度;参数"S"用于设定侧面的数量,可以输入 3~32 之间的一个数。按默认指定底面的中心点后,命令窗口提示"指定底面半径或 [内接(I)]<0.0000>:",输入后接着提示"指定高度或 [两点(2P)/轴端点(A)/顶面半径(T)]<0.0000>:",输入高度值后即可创建出棱锥体。若输入参数"T",可创建棱台体。

图 5-50 给出了创建棱锥体的示例,采用"消隐"视觉样式。

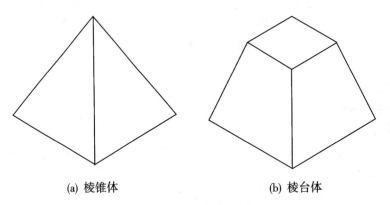

(a) 棱锥体　　　　　　　　　　(b) 棱台体

图 5-50　棱锥体示例

■多段体

命令名称:Polysolid

命令简称:无

命令参数:高度 = 80.0000, 宽度 = 5.0000, 对正 = 居中

指定起点或 [对象(O)/高度(H)/宽度(W)/对正(J)]<对象>:

命令功能:创建三维墙状多段实体

调用"Polysolid"命令后,命令窗口首先提示多段体的高度、宽度、对正形式,然后提示"指定起点或 [对象(O)/高度(H)/宽度(W)/对正(J)]<对象>:"。输入参数"H"可修改多段体的高度,输入参数"W"可修改多段体的宽度,输入参数"J"可修改多段体的对正形式。按"Enter"键或输入参数"O"可以将绘图窗口中已有的二维图形对象转换为多段体。按照默认方式,则采用类似绘制二维多段线的方式依次指定点的坐标,创建出多段体。

图 5-51 给出了创建多段体的一些示例。可见,多段体可以是闭合的,也可以是开口

的;其平面轮廓可以是直线,也可以是曲线。

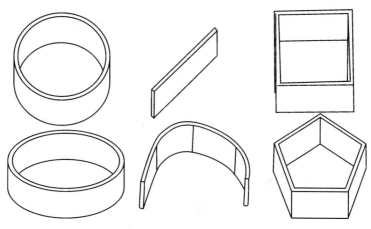

图 5-51　多段体示例

（2）基于闭合轮廓或曲面创建实体

基于闭合轮廓或曲面创建实体的命令主要有 4 个,分别是拉伸"Extrude"、旋转"Revolve"、扫掠"Sweep"、放样"Loft"。

这 4 个命令的功能和具体操作方法在 5.5.3 节中已经介绍过,不仅可以用来创建出曲面对象,也可以用来创建出实体对象。但应注意,如果要想创建出实体对象,则所选择的轮廓线必须是闭合的,或者选择已存在的曲面对象创建出实体。

图 5-52 ~ 图 5-55 分别给出了基于初始闭合轮廓,调用这 4 个命令创建三维实体对象的示例,采用"消隐"视觉样式。

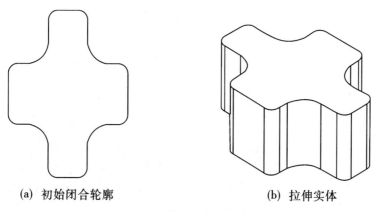

(a)　初始闭合轮廓　　　　　　　　(b)　拉伸实体

图 5-52　拉伸实体对象示例

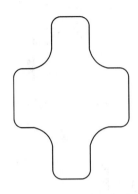

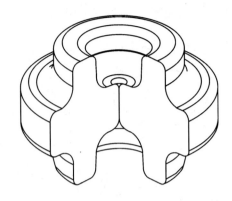

(a) 初始闭合轮廓 　　　　　　　　　　(b) 旋转实体

图 5-53　旋转实体对象示例

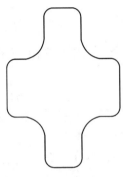

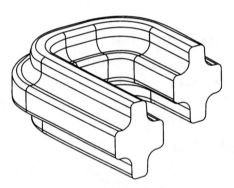

(a) 初始闭合轮廓 　　　　　　　　　　(b) 扫掠实体

图 5-54　扫掠实体对象示例

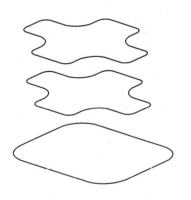

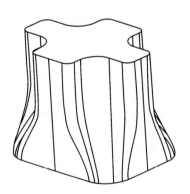

(a) 初始闭合轮廓 　　　　　　　　　　(b) 放样实体

图 5-55　放样实体对象示例

（3）通过布尔运算创建实体

真实的物体远比各种基本实体对象复杂。通过调用拉伸、旋转、扫掠、放样等命令，所创建的实体对象也各有其局限性。为了尽可能逼真地模拟出实际物体的形状，在建模时通常需要先建立一些简单的实体对象，再利用各种布尔运算命令进行"组装"，从而构建出复杂的形体。所谓布尔运算，就是通过对两个以上的物体进行并集、差集、交集的运算，从而得到新的物体形态。

AutoCAD 中提供的布尔运算命令有 3 个，分别是并集"Union"、差集"Subtract"、交集"Intersect"。

■并集

命令名称：Union

命令简称：UNI

命令参数：选择对象：

命令功能：将两个或多个三维实体、曲面或面域合并为一个复合三维实体、曲面或面域

调用"Union"命令，依次选择两个以上的对象，确定后即创建出这些对象的并集。简要而言，并集就是求"加"法的运算。

■差集

命令名称：Subtract

命令简称：SU

命令参数：选择要从中减去的实体、曲面和面域…

选择对象：

命令功能：通过从另一个对象减去一个重叠面域或三维实体来创建为新对象

调用"Subtract"命令，首先选择被减去的对象，按"Enter"键结束选择后，再选择减去的对象，确定后即创建出所选对象的差集。注意若选择对象的顺序不同，得到的结果通常也会不同。简要而言，差集就是求"减"法的运算。

■交集

命令名称：Intersect

命令简称：IN

命令参数：选择对象：

命令功能：通过重叠实体、曲面或面域创建三维实体、曲面或二维面域

调用"Intersect"命令，依次选择两个以上的对象，确定后即创建出这些对象的交集。简要而言，交集就是求公共部分的运算。

★例题 5-2

图 5-56 所示为 2 个长方体，长方体 A 的长宽高为 100×100×200，长方体 B 的长宽高为 150×50×100。首先将两个长方体移动到形心彼此重合，然后对其分别进行并集、差集（两种）和交集布尔运算，观察布尔运算后生成新实体对象的效果。

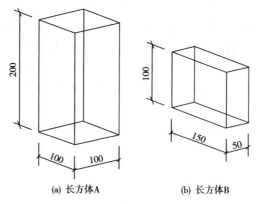

(a) 长方体A　　　　　　(b) 长方体B

图 5-56　布尔运算简例

【操作过程】

（1）将长方体 B 移动到其形心与长方体 A 的形心相重合的位置,如图 5-57 所示。应注意,虽然这两个长方体有一部分相互重叠,但作为实体对象,二者是相互独立的,仍然是"两个"实体对象。在图 5-57(b)所示的消隐视觉样式中,可以很清楚地看到,长方体 B 在向长方体 A 的"侵入"部位,并没有生成二者相交的相贯线。

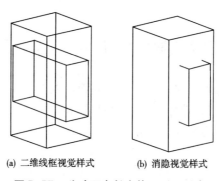

(a) 二维线框视觉样式　　　(b) 消隐视觉样式

图 5-57　移动两个长方体至形心重合

（2）调用"Union"命令,对两个长方体执行并集布尔运算,生成新的实体对象,如图 5-58(a)、图 5-59(a)所示。

（3）调用"Subtract"命令,对两个长方体执行两次差集布尔运算,即分别用长方体 A 减去长方体 B,以及用长方体 B 减去长方体 A,生成新的实体对象,分别如图 5-58(b)、图 5-59(b)和图 5-58(c)、图 5-59(c)所示。

（4）调用"Intersect"命令,对两个长方体执行交集布尔运算,生成新的实体对象,如图 5-58(d)、图 5-59(d)所示。

【补充说明】

本例题演示了对两个实体对象调用布尔运算命令的创建效果,读者应认真观察和体会布尔运算前后两个长方体交接部位的变化。另外,经过布尔运算后,所创建的是"一个"实体对象。例如,即使在经过差集(B-A)运算之后,外观上看起来似乎生成了两个彼此分离的小长方体,但这两个小长方体仍属于同一个实体对象;如果确实想将其分割为两个实体对象,可调用实体编辑"Solidedit"命令,应用其中的分割实体(P)参数执行。

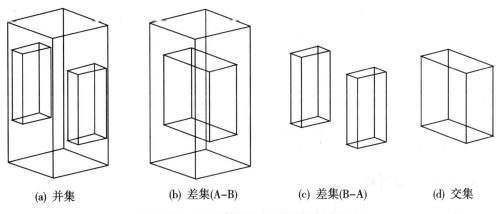

（a）并集　　　　（b）差集(A-B)　　　　（c）差集(B-A)　　　　（d）交集

图 5-58　布尔运算效果(二维线框视觉样式)

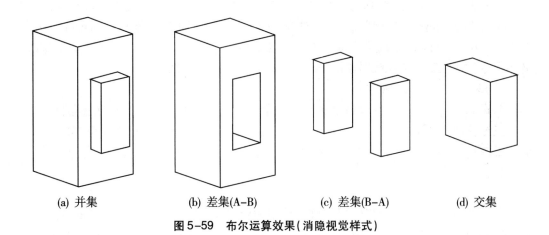

（a）并集　　　　（b）差集(A-B)　　　　（c）差集(B-A)　　　　（d）交集

图 5-59　布尔运算效果(消隐视觉样式)

（4）将对象转换为实体

将对象转换为实体的命令为:转换为实体"Convtosolid"。

■转换为实体

命令名称:Convtosolid

命令简称:无

命令参数:网格转换设置为:平滑处理并优化。

　　　　选择对象:

命令功能:将具有一定厚度的多段线、网格对象和曲面对象转换为三维实体

调用"Convtosolid"命令,用户可以将闭合网格对象、闭合曲面对象、等宽度且具有一定厚度的闭合多段线转换为实体对象。在转换网格对象时,可以指定转换的对象是平滑

的还是镶嵌面的,以及是否合并面。图 5-60 所示为将一个具有厚度的矩形(闭合多段线)转换为实体对象的示例。

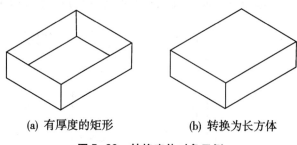

(a) 有厚度的矩形　　　　　　(b) 转换为长方体

图 5-60　转换实体对象示例

5.6.2　修改实体对象

AutoCAD 中,能够对三维实体对象执行修改编辑的命令主要可分为以下 3 类:

(1)二维修改命令

对于大多数二维修改命令,例如删除"Erase"、复制"Copy"、镜像"Mirror"、阵列"Array"、移动"Move"、旋转"Rotate"、对齐"Align"、缩放"Scale"、倒角"Chamfer"、圆角"Fillet"、分解"Explode"等,可直接用于对三维实体对象的修改编辑。但在具体操作时,有些命令对三维实体和二维对象的修改方式上会有一定的区别。

(2)增强型二维修改命令

AutoCAD 对某些二维修改命令进行了功能增强,并提供了这些命令的三维版本,主要有三维移动"3Dmove"、三维旋转"3Drotate"、三维对齐"3Dalign"、三维镜像"Mirror3D"和三维阵列"3Darray"。调用这些命令时,其功能与相应的二维命令基本相同,但具体的操作过程会略有差异。

(3)三维修改命令

这一类修改命令,是专门针对三维实体对象设计的,主要有干涉检查"Interfere"、剖切"Slice"、加厚"Thicken"、压印"Imprint"、倒角边"Chamferedge"、圆角边"Filletdege"等。此外,还有一个包含有很多子命令(参数)的实体编辑"Solidedit",可以对实体对象中的边、面进行多种编辑操作,从而改变该实体对象的几何形状。

修改实体对象的命令主要集中在图 5-43 所示"实体"功能区选项卡的"实体编辑"面板内。或者通过"修改"→"三维操作"子菜单和"修改"→"实体编辑"子菜单的相关命令进行编辑,如图 5-61、图 5-62 所示。

下面,对部分命令简要给出功能和示例,分别是三维倒角"Chamfer"、三维圆角"Fillet"、实体剖切"Slice"、剖切截面"Section",以及实体编辑"Solidedit"的 3 条子命令移动面、偏移面及抽壳。

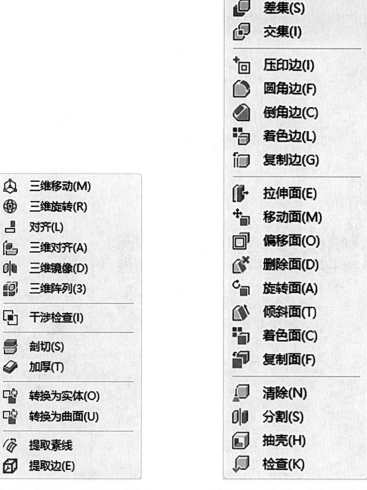

图 5-61　"修改—三维操作"菜单　　　图 5-62　"修改—实体编辑"菜单

　　三维倒角和三维圆角命令可用来切去实体对象的外棱角或填充实体对象的内棱角。这两个命令与第 3 章学习过的倒角和圆角命令完全相同,但在具体操作上与二维倒角和二维圆角有明显的区别。

■三维倒角

命令名称:Chamfer

命令简称:CHA

命令参数:("修剪"模式) 当前倒角距离 1 = 0.0000,距离 2 = 0.0000
　　　　　选择第一条直线或 [放弃(U)/多段线(P)/距离(D)/角度(A)/修剪(T)/
　　　　　方式(E)/多个(M)]:

命令功能:为三维实体的相邻面创建斜角或者倒角

　　图 5-63 给出了对长方体实体对象的顶面执行三维倒角的示例。

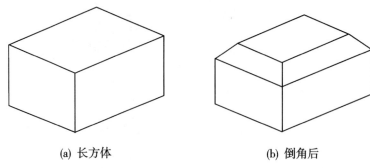

(a) 长方体   (b) 倒角后

图 5-63   三维实体倒角示例

■三维圆角

命令名称：Fillet

命令简称：F

命令参数：当前设置：模式 = 修剪，半径 = 0.0000

　　　　　选择第一个对象或 ［放弃（U）/多段线（P）/半径（R）/修剪（T）/多个
　　　　　（M）]：

命令功能：为三维实体的相邻面倒圆角

图 5-64 给出了对长方体实体对象的顶面执行三维圆角的示例。

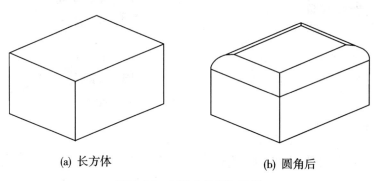

(a) 长方体   (b) 圆角后

图 5-64   三维实体圆角示例

■实体剖切

命令名称：Slice

命令简称：SL

命令参数：选择要剖切的对象：

命令功能：通过剖切或分割现有对象，创建新的三维实体

实体剖切命令可将实体对象用指定的剖切平面切开，然后根据需要可以选择保留实体的一半或两部分都予以保留。剖切平面可以通过依次输入 3 个点来确定，或者指定采用当前用户坐标系的某一个坐标面。

图 5-65 给出了将图 5-13 中的三维实体对象执行实体剖切的示例。图 5-65（a）为

已经剖切后的效果,剖切平面为底座顶面,剖切后的两个部件都保留在原位,应注意图 5-65(a)与剖切前的图 5-13(b)的区别。为便于理解,在图 5-65(b)中将两个部件分开了一定的距离。

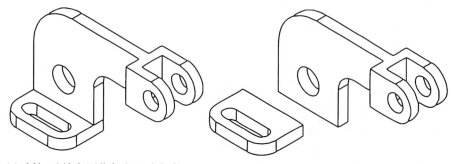

(a) 剖切后并在原位保留两个部件　　　(b) 将剖切后的两个部件分开一定的距离

图 5-65　三维实体剖切示例

用指定的平面对三维实体进行剖切,不仅可将三维实体剖切为两部分,并且在剖切位置将生成由截交线形成的闭合封闭截面。生成截面的操作方法与剖切实体的方法基本相同。

■剖切截面

命令名称:Section

命令简称:SEC

命令参数:选择对象:

命令功能:使用平面与三维实体、曲面或网格的交点创建二维面域对象

图 5-66 给出了将图 5-13 中的三维实体对象执行剖切截面的示例。剖切截面为上部带孔竖板的中面。剖切截面完成后,将生成的截面移出,如图 5-66(b)所示。

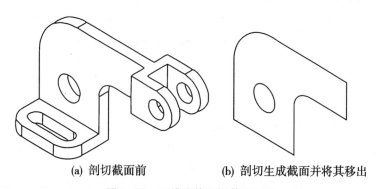

(a) 剖切截面前　　　(b) 剖切生成截面并将其移出

图 5-66　三维实体剖切截面示例

实体编辑命令是一个包含很多子命令的复合型命令。如图 5-62 所示,其中大多数菜单项都是实体编辑命令的子命令。

■**实体编辑**

命令名称:Solidedit

命令简称:无

命令参数:实体编辑自动检查: SOLIDCHECK=1

　　　　　　　输入实体编辑选项 [面(F)/边(E)/体(B)/放弃(U)/退出(X)]<退出>:

命令功能:编辑三维实体对象的面、边和体

使用实体编辑命令,可以拉伸、移动、旋转、偏移、倾斜、复制、删除面、为面指定颜色以及添加材质,还可以复制边以及为其指定颜色。可以对整个三维实体对象(体)进行压印、分割、抽壳、清除,以及检查其有效性。

篇幅所限,下面仅介绍实体编辑命令的 3 个比较典型的子命令:移动面、偏移面和抽壳。其他子命令读者可参考 AutoCAD 帮助自行学习。

▶**移动面**

命令名称:Solidedit

命令功能:将三维实体的内表面(如孔、洞等结构)移动到指定位置

可以通过移动面来更改实体对象的形状。建议将此选项用于已创建实体对象的小幅调整。

图 5-67 给出了将带孔长方体对象中的圆柱面移动到另一侧的示例,虽然移动的只是圆柱面,但孔洞位置的改变造成了三维实体对象几何拓扑形状的改变。

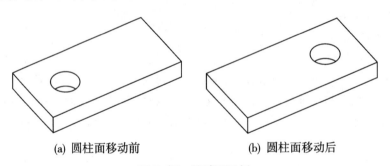

　　　(a) 圆柱面移动前　　　　　　　　　(b) 圆柱面移动后

图 5-67　移动面示例

▶**偏移面**

命令名称:Solidedit

命令功能:按指定的距离或通过指定的点,将面均匀地偏移

可以通过偏移面来更改实体对象的大小和体积,偏移距离输入正值会增大实体对象的大小和体积,输入负值会减小实体对象的大小和体积。

图 5-68 给出了将带孔长方体对象中的圆柱面向外偏移的示例,圆柱面向外侧(相对于其形心)偏移后,其结果造成了孔洞的扩大以及实体对象体积及大小的减小。

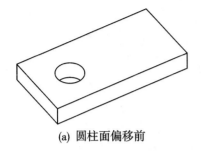
(a) 圆柱面偏移前

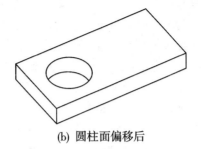
(b) 圆柱面偏移后

图 5-68 偏移面示例

▶抽壳

命令名称:Solidedit

命令功能:将三维实体的各个面从原来的位置向内或向外偏移一个指定的距离而形成新的面,原来的实体对象变成一个具有指定厚度的壳体

一个三维实体只能有一个壳。面的偏移距离为正值可创建实体对象内部的壳,偏移距离为负值可创建实体对象外部的壳。

图 5-69 给出了对长方体进行抽壳的示例。如果将长方体的所有 6 个面都指定同样的偏移距离,所生成的壳体从外观上看仍然像一个长方体。因此,为便于读者理解,图 5-69(b)的抽壳中指定了长方体的前面和顶面不偏移,图 5-69(c)的抽壳中指定了长方体的左面和顶面不偏移。另外,图 5-69(b)中输入的偏移距离为正值,图 5-69(c)中输入的偏移距离为负值。因此,可以把图 5-69(b)的壳放进图 5-69(c)的壳的内部。

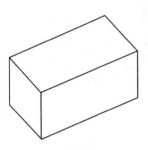
(a) 长方体

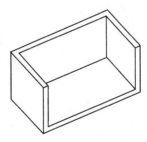
(b) 前面、顶面不偏移的抽壳

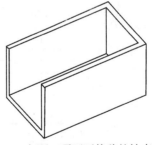
(c) 左面、顶面不偏移的抽壳

图 5-69 抽壳示例

 思考和练习

1.思考题

(1)怎样变换视点,从不同的角度观察三维模型?

(2)为什么要建立用户坐标系?怎样控制用户坐标系图标的显示位置及可见性?

(3)怎样在三维绘图中定义用户坐标系？

(4)空间三维点的坐标表达方式有哪些？

(5)绘制三维螺旋线的命令是什么？各设置选项的含义是什么？

(6)什么是三维面？绘制三维面的命令是什么？

(7)什么是旋转曲面？在 AutoCAD 中绘制旋转曲面的命令是什么？

(8)什么是平移曲面？怎样利用平移曲面命令绘制三维图形？

(9)直纹曲面的定义是什么？直纹曲面的命令是什么？

(10)什么是边界曲面？怎样绘制边界曲面三维图形？

(11)什么是三维实体？它的特点有哪些？

(12)三维实体建模的方法有几种？它们分别是什么？

(13)基本的三维实体有哪些？创建基本三维实体的命令是什么？

(14)什么是多段实体？多段实体怎样绘制？

(15)什么是拉伸实体？绘制拉伸实体的命令和方法是什么？

(16)旋转实体的定义是什么？怎样绘制旋转实体？

(17)什么是扫掠实体？它的绘制步骤是什么？

(18)什么是三维实体的布尔运算？AutoCAD 提供哪几种三维实体布尔运算的操作？

(19)对三维实体编辑可使用哪几类命令？试举例说明。

(20)实体编辑 Solidedit 命令可完成哪些功能？边操作、面操作、体操作各包含哪些子命令？

2.练习题

(1)根据题 5-1 图所示建筑室外台阶的正投影三视图绘制三维实体模型。

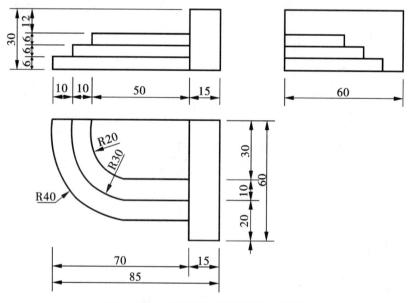

题 5-1 图　建筑室外台阶正投影三视图

（2）根据题 5-2 图所示机械零件的正投影三视图绘制三维实体模型。

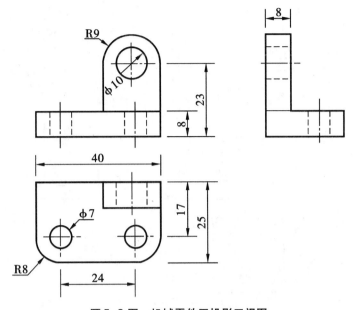

题 5-2 图　机械零件正投影三视图

（3）根据题 5-3 图所示机械零件的正投影三视图绘制三维实体模型。

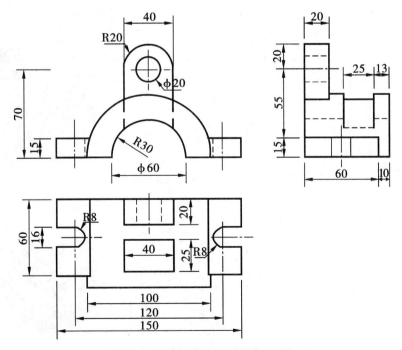

题 5-3 图　机械零件正投影三视图

（4）根据题 5-4 图所示管道的正投影三视图绘制三维实体模型。

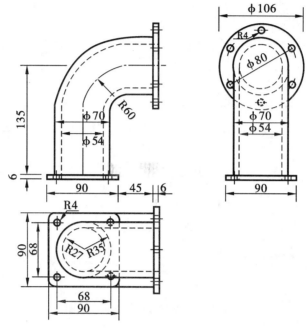

题 5-4 图　管道正投影三视图

（5）绘出题 5-5 图所示机械零件三维模型，尺寸自定。

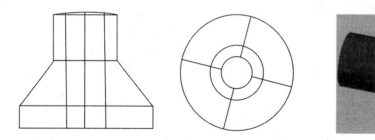

题 5-5 图　机械零件三维模型示意图

（6）绘出题 5-6 图所示机械零件三维模型，尺寸自定。

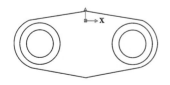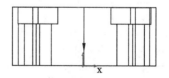

题 5-6 图　机械零件三维模型示意图

应用篇

第6章 建筑施工图绘制

内容提要　　　本章以掌握建筑施工图的绘制步骤和内容为目标。首先介绍了建筑施工图的组成与主要内容,随后结合实例介绍建筑平面图、建筑立面图和建筑剖面图的绘图步骤,阐述建筑施工图的基本绘制过程。

6.1　建筑施工图的组成与主要内容

6.1.1　建筑施工图的组成

建筑施工图简称"建施"。一个工程的建筑施工图要按内容主次关系依次编排成册。通常按照建筑施工图的简称加图纸的顺序号作为图纸的图号,如"建施-01"、"建施-02"等。在不同地区之间,叫法可能不尽相同。建筑施工图表达了建筑物的外部形状、内部布置、内外装修、构造及施工要求,是依据正投影原理绘制的,同时还要满足国家有关建筑制图标准和建筑行业的习惯表达,它是建筑施工、编制概预算、工程验收的重要技术依据。

一套完整的建筑施工图,包括图纸首页、建筑总平面图、建筑平面图、建筑立面图、建筑剖面图、建筑详图等图纸。

下面按照图纸的编排顺序,分别对建筑施工图主要组成图纸的绘制内容进行介绍。

6.1.2　建筑平面图的绘制内容

建筑平面图是通过使用一假想水平剖切面,将建筑物在某层门窗洞口范围内剖开,移去剖切平面以上的部分,对剩下部分作水平面的正投影图形成的。建筑平面图又称平面图,一般用来表示建筑物的平面形状,房间的布局、形状、大小、用途,墙和柱的位置,墙厚和柱子的尺寸,门窗的类型、位置、尺寸大小,以及各部分的联系。

建筑平面图是建筑施工图中最重要又最基本的图样之一,是施工放线、墙体砌筑和安装门窗的依据。建筑平面图应与建筑层数对应。一般建筑物有几层就应有几个建筑平面图分别与之对应。例如"首层平面图"、"一层平面图"、"二层平面图"、…、"顶层平面图"等。很多情况下,建筑物层数较多而中间层(除去首层和顶层的中间楼层)又完全相同,可以共用一个建筑平面图,称其为"标准层平面图",也称为"中间层平面图"。因此,一般情况下,3 层或 3 层以上的建筑物,至少应绘制 3 个楼层平面图,即一层平面图,中间层平面图和顶层平面图。

　　另外,设计上由土建施工完成的建筑构件和装置,应在建筑平面图中按照视图规律表示其位置、大小、做法等,例如讲台、坡道、洗手间的便池等。

　　建筑平面图的绘制内容主要包括以下几个方面:

　　▶建筑物某一层的平面形状,房间的位置、形状、大小、用途以及相互关系。

　　▶墙和柱的位置、尺寸、材料、形式,各房间的门、窗的标号及其位置和开启形式。

　　▶门厅、走道、楼梯、电梯等交通联系设施的位置、形式、走向等。

　　▶其他的设施、构造,例如阳台、雨篷、台阶、雨水管、散水、卫生器具、水池等。

　　▶属于本层但又位于剖切平面以上的建筑构造以及设施,例如高窗、隔板、吊柜等(按规定采用虚线表示)。

　　▶一层平面图还应包括指北方向、建筑剖切图的剖切位置,室内外地坪标高等。

　　▶标明主要楼、地面及其他主要台面的标高,注明总尺寸、定位轴线间的尺寸和细部尺寸。

　　▶屋顶平面图则主要表明屋面的平面形状、屋面坡度、排水方式、雨水口位置、挑檐、女儿墙、烟囱、上人孔、电梯间、水箱间等构造和设施。

　　▶在另外有详图的部位,应注有详图的索引符号。

　　▶图名和绘制比例。

　　在 AutoCAD 中,建筑平面图的绘制步骤大致如下:

　　(1)设置绘图环境。

　　(2)绘制定位轴线。

　　(3)绘制墙线。

　　(4)绘制柱子。

　　(5)绘制门窗。

　　(6)绘制楼梯、洗手间。

　　(7)添加尺寸标注和文字。

　　(8)添加图框和标题栏。

　　(9)打印输出。

6.1.3　建筑立面图的绘制内容

　　建筑立面图是建筑物在与建筑物立面平行的投影面上投影所得的正投影图,它展示了建筑物外貌和外墙面装饰材料,是建筑施工中控制高度和外墙装饰效果的技术依据。对建筑物东西南北每一个立面都要画出它的立面图。通常建筑立面图应根据建筑物的朝向来命名,如南立面图、北立面图等;也可以根据建筑物的主要入口来命名,如正立面图、背立面图、侧立面图等。

　　一般情况下,建筑物的每一面都应该绘制立面图,但有时侧立面图比较简单或者与其他立面图相同,此时则可以略去不画。当建筑物有曲线侧面时可以将曲线侧面展开绘制立面图,从而反映建筑物的实际情况。

建筑立面图的绘制内容主要包括以下几个方面:

▶图名、比例,图名宜反映建筑物的朝向。

▶建筑物立面的外轮廓线形状大小。

▶建筑立面图定位轴线的编号。

▶建筑物立面造型。

▶外墙上建筑构配件,如门窗、阳台、雨水管等的位置和尺寸。

▶外墙面的装饰。

▶立面标高。

▶详图索引符号。

在 AutoCAD 中,建筑立面图的绘图步骤大致如下:

(1)设置绘图环境。

(2)绘制定位轴线、外墙的轮廓线、地坪线、各层的楼面线。

(3)绘制外墙面构件轮廓线。

(4)各种建筑构(配)件的可见轮廓。

(5)绘制建筑物细部,例如门窗、阳台、雨水管等。

(6)添加尺寸标注和文字。

(7)添加图框、标题栏。

(8)打印输出。

6.1.4　建筑剖面图的绘制内容

建筑剖面图是用假想的铅垂切面将房屋剖开后所得的立面视图,主要表达垂直方向标高和高度设计内容,还表达了建筑物在垂直方向上各部分的形状、组合关系,以及建筑物剖面位置的结构形式和构造方法。建筑剖面图和建筑平面图、建筑立面图是相互配套的,都是表达建筑物整体概况的基本图样。

为了清楚地反映建筑物的实际情况,建筑剖面图的剖切位置一般选择在建筑物内部构造复杂或者具有代表性的位置。一般来说,剖切平面应该平行于建筑物长度或者宽度方向,最好能通过门或窗。一般投影方向是向左或者向上的。剖视图宜采用平行剖切面进行剖切,从而表达出建筑物不同位置的构造异同。

不同图形之间,剖切面数量也是不同的。结构简单的建筑物,可以绘制一两个剖切面就行了;但有的建筑物构造复杂,其内部功能又没有什么规律性,此时,需要绘制从多个角度剖切的剖切面才能满足要求。对称的建筑物,剖面图可以只绘制一半。有的建筑物在某一条轴线之间具有不同位置,可以在同一个剖面上绘出不同位置的剖面图,但是要给出说明。

建筑剖面图主要反映了建筑物内部的空间形式及标高。因此,剖面图应能反映出剖切面所能表现到的墙、柱及其定位轴线之间的关系,表现出各细部构造的标高和构造形式,表示出楼梯的梯段尺寸及踏步尺寸,表示出位于墙体内的门窗高度和梁、板、柱的图面示意等内容。

建筑剖面图的绘制内容主要包括以下几个方面：

▶外墙(或柱)的定位轴线和编号。

▶建筑物内部分层情况。

▶建筑物各层层高、水平向间隔。

▶被剖切的室内外地面、楼板层、屋顶层、内外墙、楼梯,以及其他被剖切的构件的位置、形状和相互关系。

▶投影可见部分的形状、位置。

▶地面、楼面、屋面的分层构造,可用文字说明或图例表示。

▶未经剖切,但在剖视图中应看到的建筑物构配件,如楼梯扶手、窗户等。

▶详图索引符号。

▶垂直方向标高。

在 AutoCAD 中,建筑剖面图的绘制步骤大致如下：

(1)设置绘图环境。

(2)绘制辅助线、地坪线、各层的楼面线和楼板厚度。

(3)绘制楼梯及休息平台。

(4)绘制门窗洞口剖面图。

(5)绘制台阶。

(6)绘制出各种梁的轮廓线以及断面。

(7)绘制标高辅助线和标高。

(8)绘制尺寸标注和文字。

(9)绘制索引符号。

(10)添加图框和标题栏。

(11)打印输出。

6.2　建筑平面图的绘制

6.2.1　绘图规定

首先简要介绍《房屋建筑制图统一标准》中有关建筑平面图绘制的若干规定。

(1)图幅

建筑图纸共分以下 5 种图幅,用户可以根据需要选用相应的图幅。

▶A0 图纸:宽度为 1189 mm,长度为 841 mm。

▶A1 图纸:宽度为 841 mm,长度为 594 mm。

▶A2 图纸:宽度为 594 mm,长度为 420 mm。

▶A3 图纸:宽度为 420 mm,长度为 297 mm。

▶A4 图纸:宽度为 297 mm,长度为 210 mm。

（2）比例

可根据建筑物的大小采用不同的比例。绘制平面图常用的比例有 1∶50、1∶100、1∶200，一般采用 1∶100 的比例。建筑过小或过大时，可以选用 1∶50 或 1∶200 的比例。

（3）定位轴线

定位轴线是施工定位、放线的重要依据。凡是承重墙、柱子等主要承重构件都应该画出轴线来确定位置。定位轴线采用点划线表示，并给予编号。绘制轴线时一般根据图面布置，首先定"A"和"1"轴线，然后依次画出其他轴线。轴线端部的圆圈采用细实线绘制。平面图上定位轴线的标号一般放在图的下方与左侧，有时当平面图过于复杂时，图上方和右侧也可以放置轴线。横向编号一般采用阿拉伯数字，从左到右顺序编写；竖向编号采用大写的拉丁字母，自下而上编写。但是大写拉丁字母中的 I、O、Z 不能作为轴线编号，以防止它们和数字 1、0、2 相混淆。

（4）线型与线宽

建筑施工图中的图线应做到粗细均匀，宽窄适当。图线宽度的选用，首先应确定基本线宽 b，再选用不同的线宽组。基本宽度 b，宜从 1.4 mm、1.0 mm、0.7 mm、0.5 mm、0.35 mm、0.25 mm、0.18 mm、0.13 mm 的线宽系列中选取。应注意，在同一张图纸内，不宜选用过多的线宽组。如确需采用，各不同线宽组中的细线，可统一采用较细的线宽组的细线。对于比较简单的图样，可采用两种线宽的线宽组，其线宽比宜为 b∶$0.25b$。

建筑施工图及建筑专业的其他图纸中的图线应按照表6-1中的图线宽度采用。

表6-1　图线（建筑施工图及其他建筑专业图纸适用）

名称		线型	线宽	用途
实线	粗	——	b	①平、剖面图中被剖切的主要建筑构造（包括构配件）的轮廓线 ②建筑立面图或室内立面图的外轮廓线 ③建筑构造详图中被剖切的主要部分的轮廓线 ④建筑构配件详图中的外轮廓线 ⑤平、立、剖面的剖切符号
	中粗	——	$0.7b$	①平、剖面图中被剖切的次要建筑构造（包括构配件）的轮廓线 ②建筑平、立、剖面图中建筑构配件的轮廓线 ③建筑构造详图及建筑构配件详图中的一般轮廓线
	中	——	$0.5b$	小于0.7b的图形线、尺寸线、尺寸界线、索引符号、标高符号、详图材料做法、引出线、粉刷线、保温层线、地面、墙面的高差分界线等
	细	——	$0.25b$	图例填充线、家具线、纹样线等

续表 6-1

名称		线型	线宽	用途
虚线	粗	▬ ▬ ▬ ▬ ▬ ▬	b	不采用
	中粗	▬ ▬ ▬ ▬ ▬ ▬	$0.7b$	①建筑构造详图及建筑构配件不可见的轮廓线 ②平面图中的起重机(吊车)轮廓线 ③拟建、扩建建筑物轮廓线
	中	▬ ▬ ▬ ▬ ▬ ▬	$0.5b$	投影线、小于 $0.5b$ 的不可见轮廓线
	细	▬ ▬ ▬ ▬ ▬ ▬	$0.25b$	图例填充线、家具线等
单点长画线	粗	▬ ▬ ▬ ▬	b	起重机(吊车)轨道线
	细	—·—·—·—	$0.25b$	中心线、对称线、定位轴线
双点长画线	粗	▬ ▬ ▬	b	不采用
	细	—··—··—··	$0.25b$	不采用
折断线	细	～⌐	$0.25b$	部分省略表示时的断开界线
波浪线	细	～～～	$0.25b$	部分省略表示时的断开界线,曲线形构件断开界线,构造层次的断开界线

（5）图例

一般来说,平面图所有的构件都应该采用国家有关标准规定的图例来绘制,而相应的具体构造会在建筑详图中采用较大的比例来绘制。

（6）尺寸标注和文字

在建筑平面图中,平面图轮廓外的尺寸称为外部尺寸,主要有 3 道:第 1 道尺寸主要标明外墙门窗洞口宽度及定位尺寸,同时标明窗间墙宽度;第 2 道标明定位轴线距离,表明开间和进深的尺寸;第 3 道尺寸反映建筑物该层的总长度和总宽度。在外墙外轮廓内,应注有必要的内部尺寸,如房间的净尺寸,内墙上门窗洞口宽,定位尺寸和内墙宽度。对首层建筑平面图,还应标明室外台阶、散水等尺寸,有时还要标注预留孔洞位置、标高等。

（7）详图索引符号

一般在屋顶平面图附近有檐口、女儿墙、雨水口等构造详图,以配合平面图的识读。在建筑平面图中,凡需要绘制详图的地方都要标注详图索引符号。详图索引符号的圆和水平直径均以细实线绘制,直径一般为 10 mm。详图符号的圆直径为 14 mm,以粗实线绘制。

6.2.2　建筑平面图绘图示例

图 6-1 所示为一幢二层砌体结构独立房屋的底层平面图,采用 1∶100 的比例绘制。

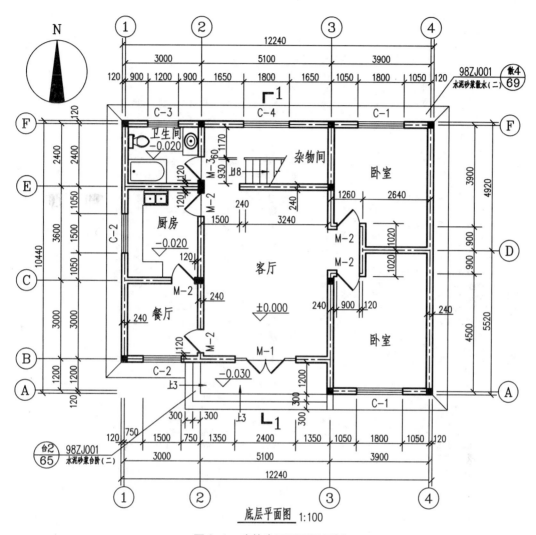

图 6-1　建筑底层平面图示例

6.2.3　设置绘图环境

　　读者要逐步培养利用图层管理复杂图形的良好习惯。首先应参照《房屋建筑制图统一标准》建立一批在建筑平面图绘制中将要用到的图层,并对各图层分配不同的颜色以利于区分,还应对各图层设置相应的线型和线宽。除"建筑-轴线-轴网"图层采用"CENTER"线型外,其他图层均采用"Continuous"线型。各图层的线宽建议按以下线宽定义,即选用的基本线宽 $b = 0.70$ mm,则中粗线线宽为 $3b/4 = 0.50$ mm,中线线宽为 $b/2 = 0.35$ mm,细线线宽为 $b/4 = 0.18$ mm。

　　图 6-2 所示为绘制建筑施工图所需创建图层的示例,包括建筑平面图、建筑立面图和建筑剖面图,图层命名方式及各图层特性的设定初值可供读者参考。

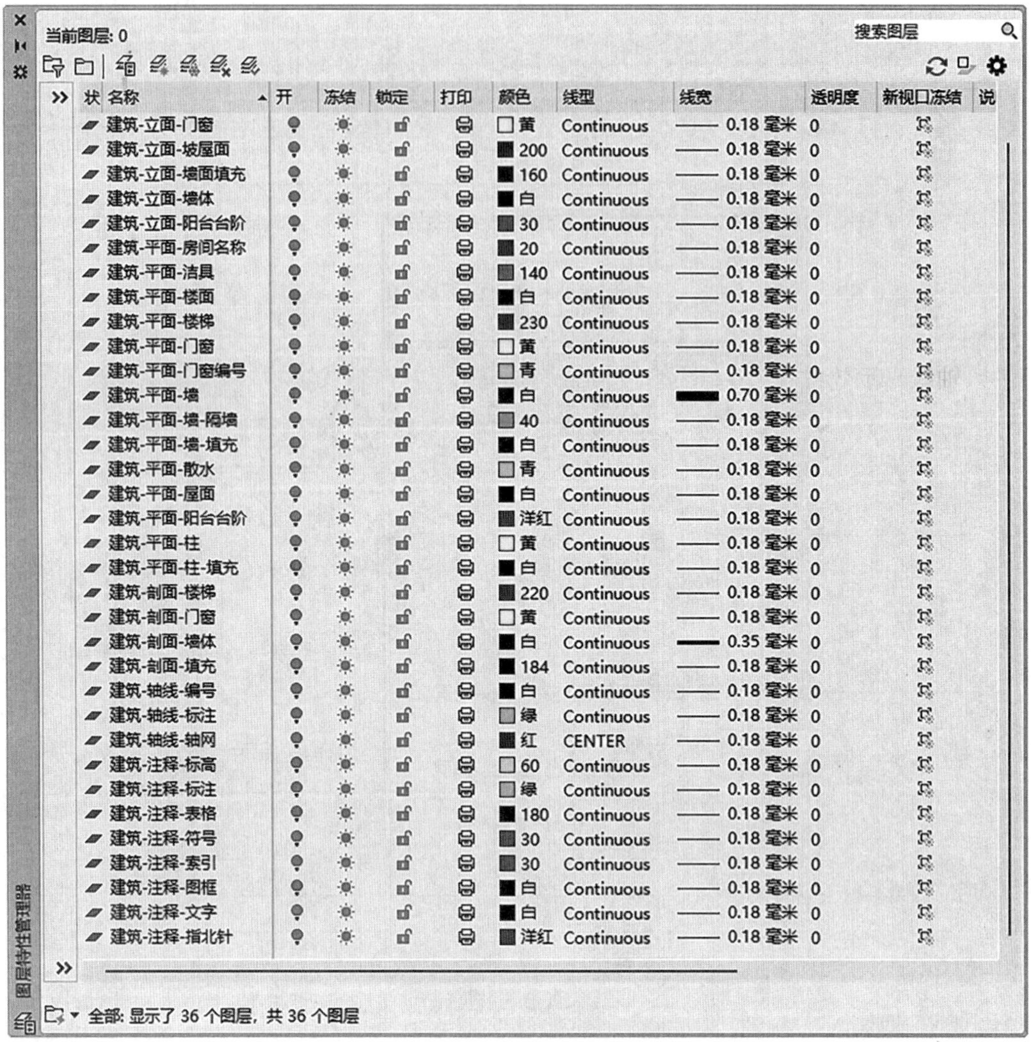

当前图层: 0 　　　　　　　　　　　　　　　　搜索图层

状	名称	开	冻结	锁定	打印	颜色	线型	线宽	透明度	新视口冻结	说
	建筑-立面-门窗					□黄	Continuous	0.18 毫米	0		
	建筑-立面-坡屋面					■200	Continuous	0.18 毫米	0		
	建筑-立面-墙面填充					■160	Continuous	0.18 毫米	0		
	建筑-立面-墙体					□白	Continuous	0.18 毫米	0		
	建筑-立面-阳台台阶					■30	Continuous	0.18 毫米	0		
	建筑-平面-房间名称					■20	Continuous	0.18 毫米	0		
	建筑-平面-洁具					■140	Continuous	0.18 毫米	0		
	建筑-平面-楼面					□白	Continuous	0.18 毫米	0		
	建筑-平面-楼梯					■230	Continuous	0.18 毫米	0		
	建筑-平面-门窗					□黄	Continuous	0.18 毫米	0		
	建筑-平面-门窗编号					□青	Continuous	0.18 毫米	0		
	建筑-平面-墙					□白	Continuous	0.70 毫米	0		
	建筑-平面-墙-隔墙					■40	Continuous	0.18 毫米	0		
	建筑-平面-墙-填充					□白	Continuous	0.18 毫米	0		
	建筑-平面-散水					□青	Continuous	0.18 毫米	0		
	建筑-平面-屋面					□白	Continuous	0.18 毫米	0		
	建筑-平面-阳台台阶					■洋红	Continuous	0.18 毫米	0		
	建筑-平面-柱					□黄	Continuous	0.18 毫米	0		
	建筑-平面-柱-填充					■白	Continuous	0.18 毫米	0		
	建筑-剖面-楼梯					■220	Continuous	0.18 毫米	0		
	建筑-剖面-门窗					□黄	Continuous	0.18 毫米	0		
	建筑-剖面-墙体					■白	Continuous	0.35 毫米	0		
	建筑-剖面-填充					■184	Continuous	0.18 毫米	0		
	建筑-轴线-编号					■白	Continuous	0.18 毫米	0		
	建筑-轴线-标注					■绿	Continuous	0.18 毫米	0		
	建筑-轴线-轴网					■红	CENTER	0.18 毫米	0		
	建筑-注释-标高					□60	Continuous	0.18 毫米	0		
	建筑-注释-标注					■绿	Continuous	0.18 毫米	0		
	建筑-注释-表格					■180	Continuous	0.18 毫米	0		
	建筑-注释-符号					■30	Continuous	0.18 毫米	0		
	建筑-注释-索引					■30	Continuous	0.18 毫米	0		
	建筑-注释-图框					□白	Continuous	0.18 毫米	0		
	建筑-注释-文字					□白	Continuous	0.18 毫米	0		
	建筑-注释-指北针					■洋红	Continuous	0.18 毫米	0		

全部: 显示了 36 个图层, 共 36 个图层

图 6-2　建筑施工图图层设置示例

除了新建图层外, 用户还需要创建一些符合建筑制图标准的文字样式、表格样式和标注样式。本节不再详细举例说明, 读者可参考第 4 章相关内容自行创建。

6.2.4　绘制轴网

要想绘制出一幅达到施工图设计深度要求的建筑平面图, 所需要绘制的内容是非常丰富的。首先应绘制出建筑平面图的轴网, 这不仅是建筑施工图中所要表达的最基本的内容, 也是整套施工图, 包括结构、给排水、暖通空调、强电弱电等各专业设计的基础。

该建筑平面施工图最终的出图比例为 1∶100, 在第 4 章已经介绍过, 可以采用两种方式绘图和打印:

(1)1∶1 绘图, 按 1∶100 的比例打印。

（2）1∶100 的比例绘图，按 1∶1 打印。

本章采用第（1）种方式。因此所有的图线，包括轴线的长度尺寸均按照该房屋建筑的真实尺寸采用 1∶1 绘制。

将所创建的"建筑–轴线–轴网"图层置为当前，按照图 6–1 所示轴线的定位，调用"Line"命令首先绘制出一道水平轴线和一道竖向轴线，其他轴线可以继续调用"Line"命令绘制，也可调用"Copy"、"Offset"等命令复制生成。由于按照 1∶1 的真实尺寸绘制，而轴线采用"CENTER"线型，则因 AutoCAD 预设的该线型初始比例过小，所绘制的轴线看上去与连续线相仿。需要调整当前的线型显示比例，可调用"Ltscale"命令，将线型比例由 1.0 的初始值改为 20。线型比例调整后，再调用"Regen"命令重生成图形，即可得到点画线的轴线显示效果。

绘制得到的建筑基本轴网如图 6–3 所示。考虑到下一步绘制墙体的方便，再调用"Trim"命令在基本轴网上修剪出门窗洞口，得到的轴网如图 6–4 所示。

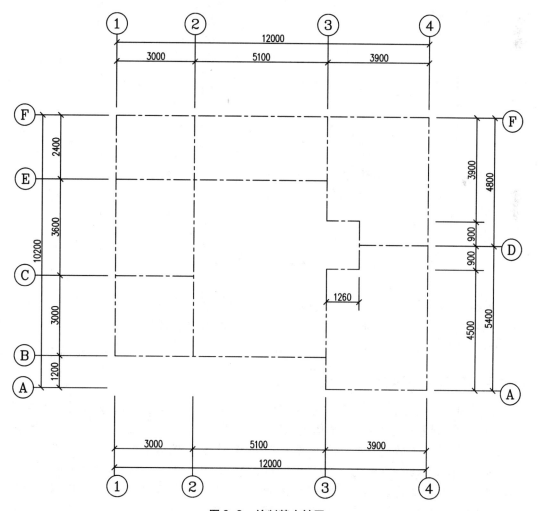

图 6–3 绘制基本轴网

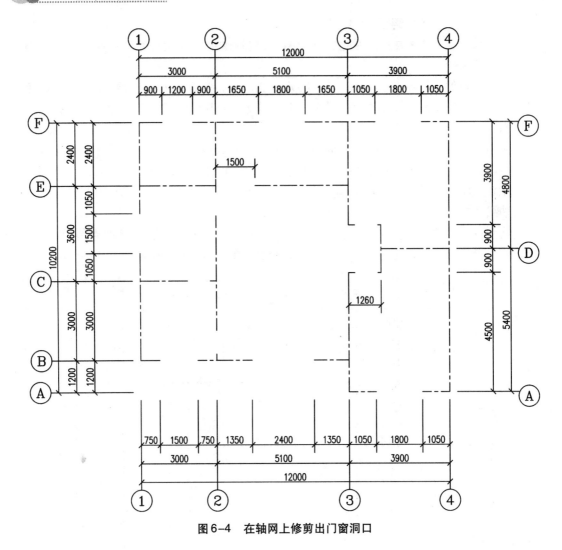

图6-4　在轴网上修剪出门窗洞口

　　通常情况下,绘制轴网时,如果设计者对轴网尺寸非常清楚,在图6-3和图6-4中的轴线编号及尺寸可最后再统一注写。当然,在绘制轴网的同时即绘出轴线编号及尺寸,有利于设计者对建筑平面设计的合理性作总体掌控。

6.2.5　绘制平面墙体

　　建筑轴网绘制完成后,接下来就可以绘制平面图中的墙体剖断线。本例中的二层建筑采用砖砌体承重的结构体系,墙体为承重墙,采用240 mm厚的黏土空心砖。因此,绘制墙体可采用多线命令"Mline",多线样式可参照第3章相关内容进行设置。调用"Mline"命令后,多线比例应修改为"240",对正方式应修改为"无",即中心对正。打开对象捕捉工具,依次输入图6-4中所绘各根轴线的端点,分别绘制出各段墙体图线。对于已绘制的纵、横墙线的交汇部位,可利用"多线编辑工具"对话框中的多线编辑工具进行打开或合并处理。

绘制完成的建筑平面图墙体如图 6-5 所示。应注意墙线要绘制在"建筑-平面-墙"图层上,因该图层的线宽已在图层定义中设为 0.70 mm,故所绘出的墙线均为 0.70 mm 宽的粗实线。另外,为显示出当前图形中图线的相对线宽,需开启"线宽设置"对话框,选中"显示线宽"前面的复选框。

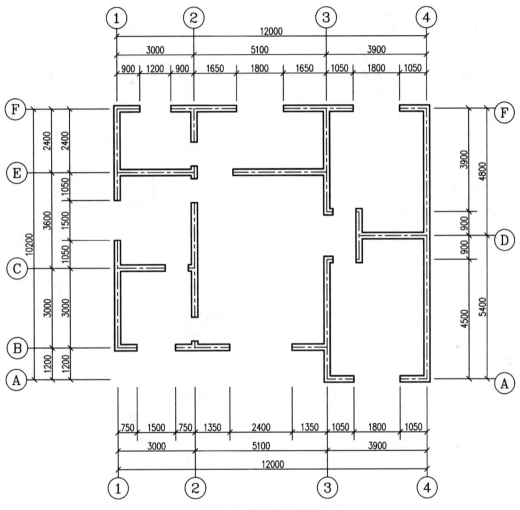

图 6-5　绘制平面墙体

6.2.6　绘制平面门、窗

在上一绘图步骤中,所绘制的墙线已经在需要开洞的部位预留门、窗洞口,接下来应按照设计尺寸绘制门、窗。

首先绘制建筑平面图中的窗。平面窗线由 4 道线组成,外侧的 2 道线表示窗台线,与墙线位置一致;中间的 2 道线表示窗框线。参照第 3 章中采用多线绘制窗的窗线设置方法,建立平面窗多线样式。然后调用"Mline"命令,依次输入各个窗线的起点和终点,即可绘制出平面图中的窗线。最后再调用单行文字"Text"或"Dtext"命令,在所绘窗线中点附近注写窗编号,得到的图形如图 6-6 所示。

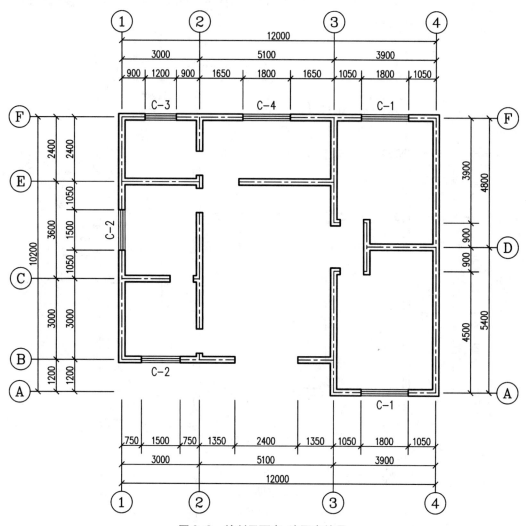

图 6-6　绘制平面窗、注写窗编号

　　其次绘制建筑平面图中的门。该房屋的入户门为双扇平开门,室内分户门均为单扇平开门。门线可用中粗线绘制,即线宽为 $3b/4=0.50$ mm;门的开启线可用细实线绘制,即线宽为 $b/4=0.18$ mm。由于在图 6-2 中所定义的"建筑-平面-门窗"图层的线宽为 0.18 mm,所以在绘制门线和门开启线时需要利用线宽下拉列表单独指定。

　　在本例中,底层建筑平面图中门的数量很少,门的绘制可首先调用"Line"、"Arc"或"Circle"等命令绘制出一个,然后再调用"Copy"、"Mirror"、"Rotate"等命令复制其他门并根据需要调整其方位。也可在绘制出一个门后,调用"Block"命令创建平面门图块,对其他的门执行"Insert"命令插入创建。所有门绘制完成并注写编号后的图形如图 6-7 所示。

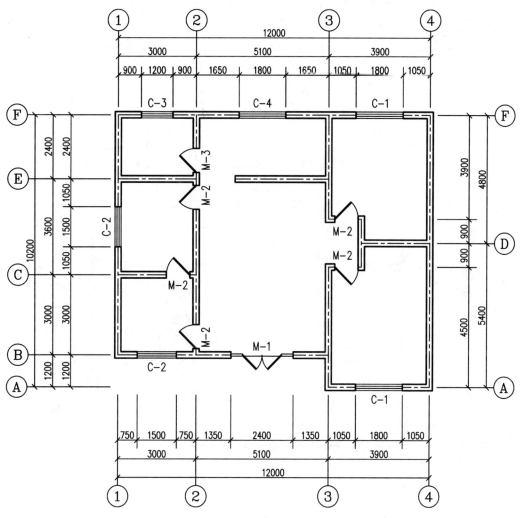

图6-7　绘制平面门、注写门编号

6.2.7　绘制楼梯、厨卫设施

建筑平面图中需绘制出楼梯的踏步线、楼梯栏杆线并注写从该楼层到相邻楼层的上、下步数。厨房、卫生间中应绘出固定厨卫设施。而其他房间中的可移动家具,如床、沙发、餐桌等则不需要绘制。但在建筑设计的方案图中,是需要绘出可移动家具的。

如图6-8所示,分别在楼梯间绘出平面楼梯,在厨房绘出水池和灶台,在卫生间绘出浴盆、洗脸池和坐便器。厨卫设施通常为定型产品,用户可使用已有的图块快速绘出。具体操作时通常打开"AutoCAD 设计中心"利用已有的设计图纸,找到合适的建筑构配件图块并插入到当前文件。如果完全重新开始绘制,则需要调用"Line"、"Circle"、"Arc"、"Ellipse"等命令,具体绘图过程不再详述。

由于建筑平面图的比例较小(通常为1∶100),对于楼梯间、卫生间、厨房等房间,一般还需要用更大的比例(如 1∶50)来表达设计意图。所绘图形包括楼梯间大样图、卫生间大样图、厨房大样图等,都属于建筑详图的范畴。在大样图中,可以更清楚地表达楼梯做法、栏杆尺寸、扶手位置,以及固定厨卫设施的平面尺寸、开洞尺寸和定位尺寸。建筑平面图中所应表达的设计内容和表达深度应满足住建部相关规定。

平面楼梯、厨卫设施绘制完成后的图样如图 6-8 所示。

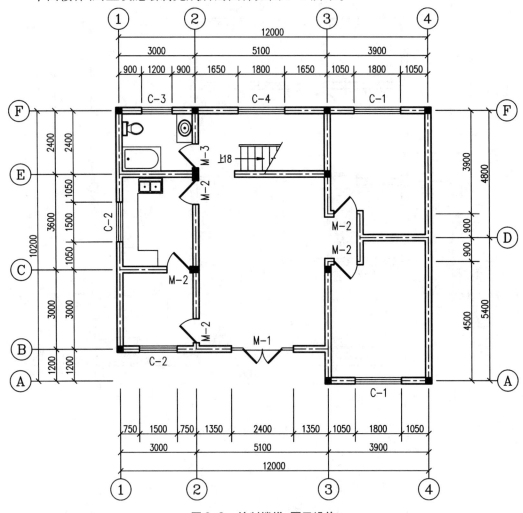

图 6-8　绘制楼梯、厨卫设施

6.2.8　标注细部尺寸与建筑标高

除了标注轴网尺寸外,建筑平面图中还应注写各种细部尺寸,用来表达墙体厚度、墙体与轴线之间的关系、门窗洞口尺寸、门洞处的墙垛尺寸,以及在建筑物外侧的三道尺寸线所无法表达的尺寸内容。此外,平面图中还需要对房间注写其功能,如本例中的卧室、客厅等房间名称。可采用直接在房间内注写文字的方式,也可采用对房间进行编号然后在图纸其他位置创建房间功能名称表的方式。

在建筑施工图中,一般不需要注写房间的使用面积。在建筑设计方案图中,则需要注写每个房间的面积,可调用"Measuregeom"命令查询房间面积然后再调用"Text"命令进行注写。调用"Measuregeom"命令时,对于多边形房间的查询可采用将其分割为多个矩形分别查询,再对查询结果进行累加的方法。

地面或楼面建筑标高也是在建筑平面图中所必须表达的设计内容。标高符号的绘制可按照第4章图4-52的样式绘制,应注意区分建筑标高与结构标高的不同。底层平面图和其他楼层平面图注写的是建筑标高,而屋顶平面图则应注写结构标高。

在建筑底层平面图中,还应沿墙体外侧绘出室外台阶和散水。

尺寸及建筑标高注写完成后的图样如图6-9所示。

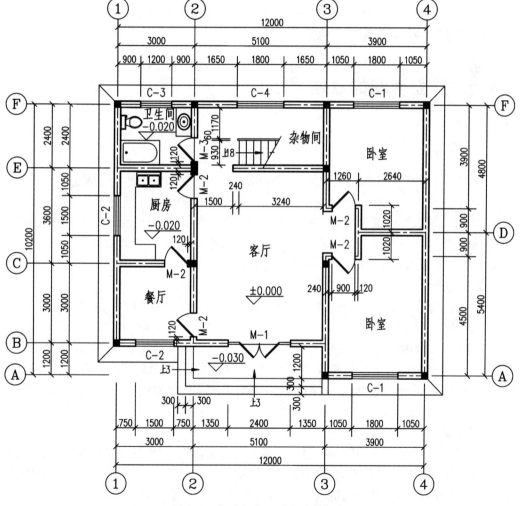

图6-9 标注细部尺寸及建筑标高

6.2.9 绘制平面图其他内容

在建筑平面图中还应表达本设计所采用的建筑构造做法,如楼面、屋面、室外台阶、散

水、楼梯栏杆、楼梯扶手、雨篷、女儿墙等设计内容的建筑构造及其做法。建筑构造可采用
大比例建筑详图的方式绘制和表达,也可使用本地区通用建筑构配件图集中的标准建筑
做法,以简化设计图纸编制内容,并有利于房屋建筑标准化设计和施工。无论是自行绘制
建筑构造详图,还是采用通用建筑标准图集中的构造做法,均应在建筑平面图的相应位置
绘制详图索引符号、注明详图所在页码及详图编号,以及所采用的标准图集名称。

底层建筑平面图中需绘出指北针,应按照国家制图标准的规范样式绘制。在建筑平
面图的适当位置还应绘制剖切符号,注写剖面图编号。最后,在所绘制建筑平面图的下方
注写本图图名及打印比例。

完成以上绘图步骤后,图 6-1 所示的建筑底层平面图就绘制完成了。

篇幅所限,该二层独立房屋的建筑平面图、屋顶建筑平面图不再逐一介绍,其绘图步
骤和方法与底层建筑平面图类似。门窗表、室内外装修做法表可结合整套图纸的编排,安
排在设计说明页或平面图的适当位置。

6.3　建筑立面图的绘制

6.3.1　绘图规定

首先简要介绍《房屋建筑制图统一标准》有关建筑立面图绘制的若干规定。

(1)比例

建筑立面图的比例通常与建筑平面图一致。也可根据建筑物大小,采用不同的比例。
绘制立面图常用的比例有 1∶50、1∶100、1∶200,一般采用 1∶100 的比例。当建筑物过
小或过大时,可以采用 1∶50 或 1∶200 的比例。

(2)定位轴线

立面图一般只绘制两端的轴线及其编号,与建筑平面图相对照,方便阅读。

(3)线型与线宽

在建筑立面图中,轮廓线通常采用粗实线,以增强立面图的效果。室外地坪线一般采
用加粗实线(线宽 $1.5b$,b 为粗实线线宽)。外墙面上的起伏细部,例如阳台、台阶等也可
以采用粗实线。其他部分,例如文字说明、标高等一般采用细实线绘制即可。具体内容详
见表 6-1。

(4)图例

立面图一般也要求采用图例来绘制图形。一般来说,立面图所有的构件(例如门、窗
等)都应该采用国家有关标准规定的图例来绘制,而相应的具体构造会在建筑详图中采
用较大的比例来绘制。常用构造以及配件的图例可以查阅有关建筑规范。

(5)尺寸标注

建筑立面图主要标注各楼层及主要构件的标高。

(6)详图索引符号

一般建筑立面图的细部做法均需要绘制详图,凡是需要绘制详图的地方都要标注详

图的符号。

6.3.2　设置绘图环境

绘图环境的设置方法与建筑平面图相同,仅需根据建筑物的实际情况设置相应的立面图图层,如图 6-2 所示,此处不再重复。

6.3.3　绘制建筑立面轮廓

建筑立面图中的轴线和轴网可从建筑平面图中复制得到。应注意在建筑立面图中,不需要绘出所有轴线和轴线编号,通常只需绘出建筑物两端及平面转折处的轴线和轴线编号即可。对应平面图的外墙线位置,首先绘出建筑立面的竖向外轮廓线,包括平面转折处的墙体竖向外轮廓线。再用单线绘出室外地坪线、楼层水平线,如图 6-10 所示。因坡屋面比较复杂,可最后再绘制。

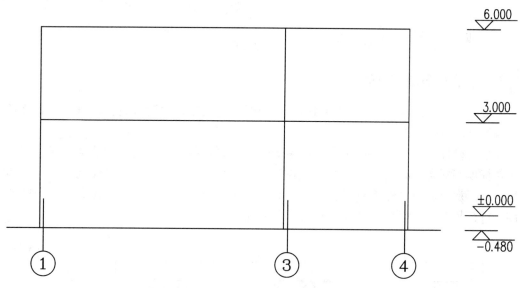

图 6-10　绘制建筑立面基本轮廓

6.3.4　绘制立面门、窗

在图 6-10 的基础上,按照平面图中门、窗的位置和洞口尺寸,分别绘出立面门和立面窗,如图 6-11 所示。

在 1∶100 的建筑立面图中,由于图纸打印比例较小,因此只需要精确绘出门窗洞口的位置及尺寸;门扇、窗扇的分隔示意绘出即可,不需要绘制开启方向,也不需要标注门窗的细部尺寸。

如果设计所采用的门窗引自通用建筑标准图集,在本套图纸的门窗表中需要注明所引用标准图集的名称、图集号、采用的门窗所在页码和编号。如果设计所采用的门窗为自行设计,则需要采用较大比例(如 1∶30、1∶20)绘制门窗大样图,该图样属于建筑详图。

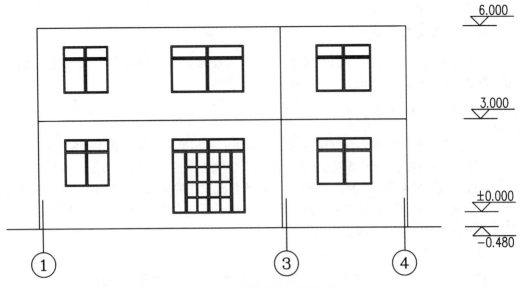

图 6-11　绘制建筑立面门、窗

6.3.5　绘制阳台、台阶

接下来绘制当前立面图中的其他建筑构配件,包括室外台阶、阳台及栏杆、外墙墙身勒脚等,如图 6-12 所示。

阳台栏杆先绘制出一道后再调用"Array"命令采用阵列复制的方法快速创建。因阳台栏杆顶部标高高于二层窗台,因此绘制完阳台栏杆后要对前一步骤已绘制的二层窗调用"Trim"命令修剪。外墙勒脚首先需绘制出轮廓线,然后调用"Hatch"命令选择合适的图案进行填充。所填充图案的比例、插入位置应当恰当。

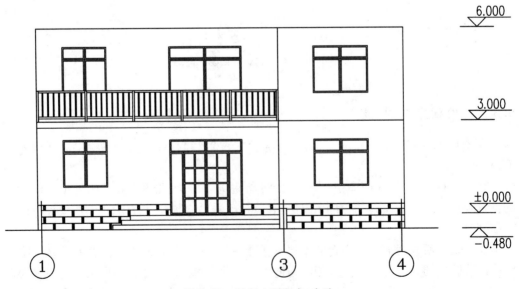

图 6-12　绘制立面阳台、台阶

6.3.6   绘制坡屋面

该二层独立房屋的屋顶采用双坡硬山的屋面形式。坡屋面的屋脊线高度应根据坡屋面的平面尺寸及屋面坡度经过计算确定。屋面檐口线、屋脊线等可调用"Line"命令绘制，坡屋面挂瓦可调用"Hatch"命令选择合适的图案填充绘制。

绘制完成坡屋面的图样如图 6-13 所示。

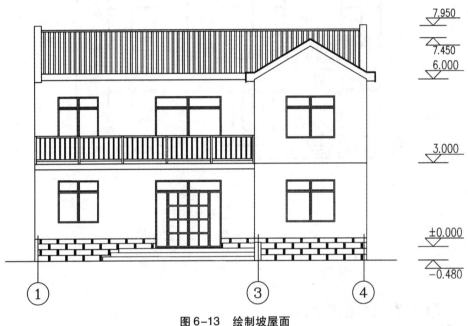

图 6-13   绘制坡屋面

6.3.7   绘制立面图其他内容

沿高度方向的建筑标高，是立面图中所应表达的最重要的内容之一。通常应标注建筑的室外地坪、楼地面、阳台、檐口、屋脊、女儿墙、雨篷、门、窗、台阶处的标高。为使图面简洁，当建筑物的竖向标高注写齐全时，沿竖向高度的尺寸可不标注。

建筑立面图中还应对主要墙面、屋面的建筑构造做法进行说明，如果采用本地区通用建筑构配件图集中的标准建筑做法，则在立面图的相应位置应绘制详图索引符号并注写详图图集名称、标准构造做法所在页码和编号。

最后，在所绘制立面图的下方注写本图图名及打印比例。完成以上绘图步骤后，该二层建筑的正立面图，即①~④立面图就绘制完成了，如图 6-14 所示。

篇幅所限，该建筑其他立面图不再逐一介绍，其绘图步骤和方法与①~④立面图类似。

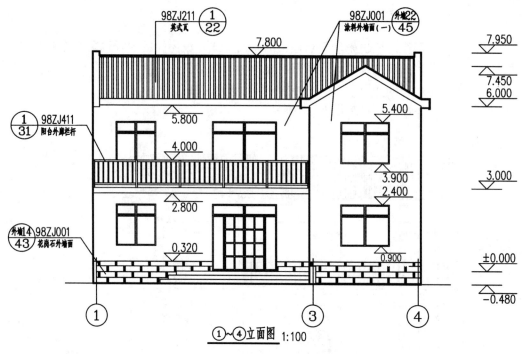

①~④立面图 1:100

图 6-14　绘制完成的建筑立面图

6.4　建筑剖面图的绘制

6.4.1　绘图规定

首先简要介绍《房屋建筑制图统一标准》有关建筑剖面图绘制的若干规定。

(1)比例

建筑剖面图的比例通常应当与建筑立面图的比例相同。

(2)定位轴线

剖面图一般只绘制两端的轴线及其编号,与建筑平面图相对照,方便阅读。

(3)线型与线宽

建筑剖面图中,被剖切轮廓线应该采用粗实线表示,其余构配件采用细实线。被剖切内部构件材料也应该得到表示,例如楼梯构件,在剖切面中应该表现出其内部材料。具体内容详见表 6-1。

(4)图例

剖面图一般也要采用图例来绘制图形。一般来说,剖面图上的构件(如门、窗等)都应该采用国家有关标准规定的图例来绘制,而相应的具体构造会在建筑详图中采用较大的比例来绘制。常用构造以及配件的图例可以查阅有关建筑规范。

（5）尺寸标注

建筑剖面图主要标注建筑物的标高，具体为室外地坪、窗台、门窗洞口、各层层高、房屋建筑物的总高度。习惯上，将建筑剖面图的尺寸也分为3道。

（6）详图索引符号

一般建筑剖面图的细部做法，如屋顶檐口、女儿墙、雨水口等构造，均需要绘制详图，凡是需要绘制详图的地方都要标注详图符号。

6.4.2 设置绘图环境

绘图环境的设置方法与建筑平面图相同，仅需根据建筑物的实际情况设置相应的剖面图图层，如图6-2所示，此处不再重复。

6.4.3 绘制墙体、楼板剖面轮廓

建筑剖面图的剖切位置通常选择在能表现建筑物内部结构形式和构造比较复杂、有变化、有代表性的部位，一般通过门窗洞口、楼梯间以及主要出入口等位置。如图6-1所示，将要绘制的1-1剖面剖切位置从室外台阶、主入口开始，穿过客厅，并剖切到室内楼梯。

首先绘制建筑剖面图中的墙体、楼板等主要建筑构件的轮廓线。轴线及轴线编号可从建筑平面图中复制得到。通过在已绘制完成的平面图、立面图中引绘辅助线，可以帮助绘图者快速定位剖面图中的部分图线。

除坡屋面外，底层和二层墙体、楼板的基本剖面轮廓线如图6-15所示。

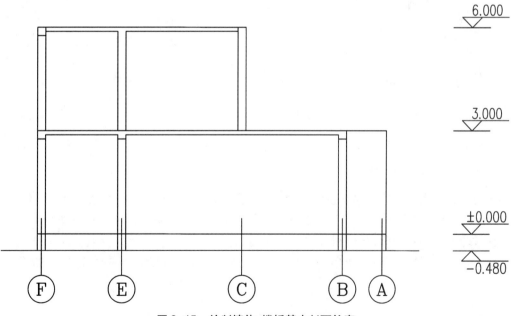

图6-15 绘制墙体、楼板基本剖面轮廓

6.4.4 绘制坡屋面、剖面窗

接下来绘制该二层建筑的坡屋面剖面图。注意 6.000 m 标高处不设结构楼板层,因此需要修改图 6-15 相应部位的图线。把楼板轮廓线改为用间隔较近的细实线表示的吊顶水平剖断线。

根据平面图、立面图中窗的位置和尺寸,在剖面图中所剖切到的墙体上绘制窗剖面线,如图 6-16 所示。

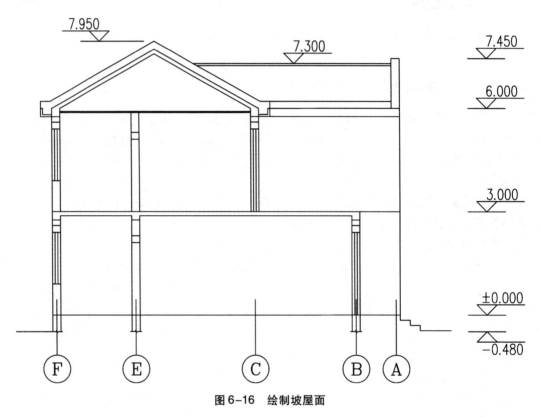

图 6-16 绘制坡屋面

6.4.5 绘制楼梯、门洞

楼梯是剖面图中应主要表达的内容之一,用来体现该建筑的竖向交通设计。本例中,1-1 剖面沿垂直主入口的方向进行剖切,对该建筑中唯一的室内楼梯的剖切方向为垂直于梯板跨度方向。因此,在绘制楼梯剖面图时,应注意本图中楼梯的特点。在 1-1 剖面图中,可见首层和二层的 2 个门洞,绘出门洞线后,应采用细实线绘制洞口符号,如图 6-17 所示。

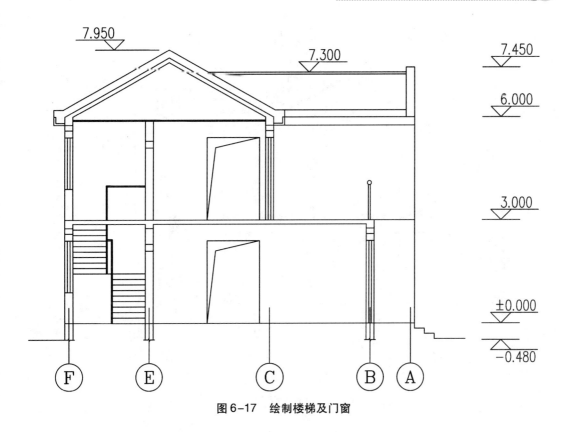

图 6-17　绘制楼梯及门窗

6.4.6 绘制剖面图其他内容

在剖面图中,对于剖切到的墙体、楼板、梁等应按照《房屋建筑制图统一标准》中规定的建筑材料图例进行填充。剖切到的承重墙体用 45°等距斜线表示。剖切到的楼板、梁等钢筋混凝土结构构件在 1∶100 的图样中可采用实体填充。

最后,在所绘制剖面图的下方注写本图图名及打印比例。完成以上绘图步骤后,该二层建筑的 1-1 剖面图就绘制完成了,如图 6-18 所示。

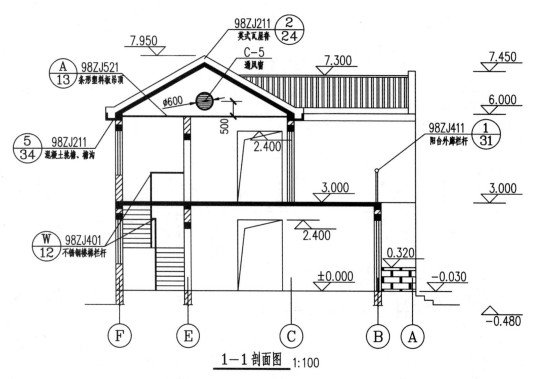

图 6-18　绘制完成的建筑剖面图

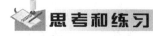 思考和练习

1. 思考题

(1) 建筑施工图都包括哪几部分, 各组成部分之间的关系如何?

(2) 建筑平面图的表达内容有哪些?

(3) 建筑平面图的绘制步骤是什么?

(4) 建筑立面图的表达内容有哪些?

(5) 建筑立面图的绘制步骤是什么?

(6) 建筑剖面图的表达内容有哪些?

(7) 建筑剖面图的绘制步骤是什么?

(8) 建筑剖面图的剖切位置根据什么原则确定?

2. 练习题

(1) 练习绘制本章建筑平面图、立面图示例。

(2) 沿平行于水平轴线的方向, 在 E-F 轴线间建立 2-2 剖面, 绘出相应的剖面图。

第7章 结构施工图绘制

内容提要　　本章以掌握结构施工图的绘制步骤和内容为目标。首先介绍了结构施工图的组成与绘制规定,随后结合实例介绍基础平面图、基础详图、楼层结构平面图、构造柱及圈梁构件详图的绘图步骤,阐述结构施工图的基本绘制过程。

7.1　结构施工图的组成与主要内容

表示一栋房屋承重体系的布局和建筑物的各承重构件(如基础、承重墙、柱、梁、板、屋架、屋面板等)的布置、形状、大小、数量、类型、材料做法以及相互关系和结构形式等内容的图纸,称为建筑物的结构施工图,简称结构图。

7.1.1　结构施工图的组成

结构施工图主要由 3 部分组成:结构设计说明、结构平面图和构件详图。

(1)结构设计说明

依据工程的复杂程度,结构设计说明一般包括 4 个方面的内容:

▶主要设计依据:阐明上级机关(政府)的批文,以及所选的国家有关的标准、规范等。

▶自然条件及使用条件:即地质情况,抗震设防烈度,风、雪荷载以及从使用方面对结构的特殊要求。

▶施工注意事项。

▶材料的类型、规格、强度等级。

(2)结构平面图

结构平面图也叫结构平面布置图,同建筑平面图一样,属于全局性的图纸,主要内容包括:

▶基础平面图及基础详图。

▶楼面结构平面图及节点详图,工业建筑还包括柱网、吊车梁、柱间支撑、连系梁布置等。

▶屋顶结构平面图及节点详图,包括屋面板、天沟板、屋架、天窗架及支撑系统布置等。

（3）构件详图

构件详图属于局部性的图纸,表示构件的形状、大小、所用材料的强度等级和制作安装等。它的主要内容如下:

▶梁、板、柱等构件详图。

▶楼梯构件详图。

▶屋架构件详图。

▶其他构件详图,如支撑详图等。

7.1.2　基础图的绘制内容

基础的类型有条形基础、独立基础、筏形基础(包括板式筏基和梁板式筏基)、箱形基础、桩基础等。设计中具体采用哪一种基础类型要根据地基承载力和上部结构荷载的具体情况经计算分析确定。基础图主要包括基础平面图和基础详图两种图样。基础平面图是表示基础平面整体布置的图样,为施工放线、基坑开挖、垫层施工等提供最直接的设计依据。基础平面图与建筑平面图的绘图比例相同,通常采用 1∶100 的比例绘制。

（1）天然地基浅基础的基础平面图中应包括以下主要内容

▶定位轴线、基础构件的位置、尺寸、底标高、构件编号。

▶标明砌体结构墙与墙垛、柱的位置与尺寸、编号;混凝土结构可另绘结构墙、柱平面定位图,并注明截面变化关系尺寸。

▶标明地沟、地坑和已定设备基础的平面位置、尺寸、标高,预留孔与预埋件的位置、尺寸、标高。

▶需进行沉降观测时注明观测点位置(宜附测点构造详图)。

▶基础设计说明应包括基础持力层及基础进入持力层的深度、地基的承载力特征值、持力层验槽要求、基底及基槽回填土的处理措施与要求,以及对施工的有关要求等。

（2）天然地基浅基础的基础详图中应包括以下主要内容

▶砌体结构无筋扩展基础应绘出剖面、基础圈梁、防潮层位置,并标注总尺寸、分尺寸、标高及定位尺寸。

▶扩展基础应绘出平、剖面及配筋、基础垫层,标注总尺寸、分尺寸、标高及定位尺寸等。

▶基础梁可参照现浇楼面梁详图方法表示。对形状简单、规则的无筋扩展基础、扩展基础、基础梁和承台板,也可用列表方法表示。

7.1.3　结构平面图的绘制内容

结构平面图是结构施工图中用来表达上部结构构件材料及做法的重要图纸,一般应包括楼层结构平面图、屋面结构平面图等。根据房屋上部结构采用结构形式的不同,结构平面图的表达内容也有比较大的差异。通常钢筋混凝土楼面板有两种结构形式,其一为现浇楼面,其二为预制楼面。对于现浇楼面,结构平面图实际上就是楼板配筋图,需要绘出配置在楼板内的上、下层钢筋,并注写钢筋级别、直径、间距、长度等。对于预制楼面,需要绘制所采用的预制楼板的图集编号、楼板编号、规格、数量、板缝尺寸及做法等。

(1)结构平面图(包括楼层结构平面图及屋面结构平面图)

▶定位轴线及梁、柱、承重墙、抗震构造柱位置及必要的定位尺寸,并注明其编号和楼面结构标高。

▶采用预制板时注明预制板的跨度方向、板号、数量及板底标高,标出预留洞大小及位置;预制梁、洞口过梁的位置和型号、梁底标高。

▶现浇板应注明板厚、板面标高、配筋,标高或板厚变化处应绘局部剖面,有预留孔、埋件、已定设备基础时应标出规格与位置,洞边加强措施,当预留孔、埋件、设备基础复杂时亦可另绘详图;必要时尚应在平面图中表示施工后浇带的位置及宽度;电梯间机房尚应表示吊钩平面位置与详图。

▶砌体结构有圈梁时应注明位置、编号、标高,可用小比例绘制单线平面示意图。

▶楼梯间可绘斜线注明编号与所在详图号。

▶屋面结构平面图内容与楼层平面类同,当结构找坡时应标注屋面板的坡度、坡向、坡向起终点处的板面标高;当屋面上有预留洞或其他设施时应绘出其位置、尺寸与详图,女儿墙或女儿墙构造柱的位置、编号及详图。

▶当选用标准图中节点或另绘节点构造详图时,应在平面图中注明详图索引号。

(2)现浇构件(现浇梁、板、柱及墙等构件详图)

▶纵剖面、长度、定位尺寸、标高及配筋,梁和板的支座(可利用标准图中的纵剖面图)。

▶横剖面、定位尺寸、断面尺寸、配筋(可利用标准图中的横剖面图)。

▶若钢筋较复杂不易表示清楚时,宜将钢筋分离绘出。

7.1.4　结构施工图的绘图规定

结构施工图与建筑、设备及其他专业的施工图相比有其自己的特点。有关绘图规定的具体要求如下:

(1)投影法

结构施工图应采用正投影法绘制,并采用多面视图、剖面图和断面图 3 种基本图示形式。在比例较小的结构布置图中,构件的外形或材料图例很难按实际投影或规定图例表达时,允许进行简化。

(2)表达方式

结构施工图的表达应采用由整体到局部、逐步详细的方式。如先用较小比例的结构布置图来表明房屋结构中各种承重构件的布置和定位,再用较大比例的构件详图来表明各个承重构件的形状、大小、材料和构造,最后用更大比例的节点详图来表明细部和连接构造。

(3)构件代号

结构施工图中的基本构件(如板、梁、柱等),种类繁多,布置复杂,为了图示简明扼要,并把构件区分清楚,便于施工、制表、查阅,有必要把每类构件给予代号。对于钢筋混凝土结构应按照现行结构标准图集 G101《混凝土结构施工图平面整体表示方法制图规则和构造详图》中各类构件规定的代号进行注写。

（4）尺寸标注

结构施工图中的尺寸标注要求与表达内容的深度有关。如在结构布置图中主要标注各承重构件的定位尺寸，而在结构详图中则要详细标注出构件的定形尺寸和构造尺寸。结构施工图中除标高尺寸以"m"为单位（标注到小数点后 3 位）外，其余尺寸均以"mm"为单位。结构布置图与结构详图中的有关尺寸必须统一，并与建筑图中的相关尺寸相吻合。

（5）比例

绘制结构施工图时，应根据图样的用途和所绘制图形的复杂程度，采用不同的比例。结构布置平面图常用的比例有 1∶50、1∶100、1∶200，一般采用 1∶100 的比例。结构基础平面图的比例通常与结构平面图的比例相同。基础详图及其他结构构件详图可根据具体情况选用较大的比例，如 1∶50、1∶20、1∶10，也可选用 1∶40、1∶30、1∶25、1∶5 等比例。当结构构件纵横向断面尺寸相差悬殊时，可在同一详图中选用不同的纵横比例。

（6）线型与线宽

结构施工图及建筑结构专业的其他图纸中的图线应按照表 7-1 中的图线宽度采用。

表 7-1 图线（结构施工图及其他建筑结构专业图纸适用）

名称		线型	线宽	用途
实线	粗	▬▬▬▬	b	螺栓、钢筋线、结构平面图中的单线结构构件线，钢木支撑及系杆线，图名下横线、剖切线
	中粗	▬▬▬	$0.7b$	结构平面图及详图中剖到或可见的墙身轮廓线、基础轮廓线、钢、木结构轮廓线、钢筋线
	中	——	$0.5b$	结构平面图及详图中剖到或可见的墙身轮廓线、基础轮廓线、可见的钢筋混凝土构件轮廓线、钢筋线
	细	——	$0.25b$	标注引出线、标高符号线、索引符号线、尺寸线
虚线	粗	▬ ▬ ▬ ▬	b	不可见的钢筋线、螺栓线、结构平面图中不可见的单线结构构件线及钢、木支撑线
	中粗	▬ ▬ ▬ ▬	$0.7b$	结构平面图中的不可见构件、墙身轮廓线及不可见钢、木结构构件线、不可见的钢筋线
	中	— — —	$0.5b$	结构平面图中的不可见构件、墙身轮廓线及不可见钢、木结构构件线、不可见的钢筋线
	细	— — —	$0.25b$	基础平面图中的管沟轮廓线、不可见的钢筋混凝土构件轮廓线

续表 7-1

名称		线型	线宽	用途
单点长画线	粗		b	柱间支撑、垂直支撑、设备基础轴线图中的中心线
	细		$0.25b$	定位轴线、对称线、中心线、重心线
双点长画线	粗		b	预应力钢筋线
	细		$0.25b$	原有结构轮廓线
折断线	细		$0.25b$	断开界线
波浪线	细		$0.25b$	断开界线

（7）各种详图的联系与配合

结构施工图的各种详图之间是相互联系和密切配合的。如结构布置图仅表示出承重构件在结构中的位置，而结构详图才表明承重构件的具体形状、大小和构造，两者缺一不可。为了表明结构布置图和结构详图中有关构件的对应关系，各种构件应采用统一的代号，以便相互对照查阅。

与此同时，结构施工图还要与建筑图相互联系配合。如定位轴线编号、各种构配件的形状和位置，以及有关尺寸等都必须统一无误。因此，阅读整套工程图的正确方法是，先看建筑图，后看结构图；先整体，后局部。在阅读过程中还需要把有关的图样（建筑图与结构图，整体图与详图）反复对照，才能逐步深入地读懂整套工程图。

7.2　基础图的绘制

由于第 6 章示例的独立房屋仅有 2 层，上部结构作用在地基上的荷载不大，采用天然地基上的浅基础即可满足承载力和变形方面的要求。根据建设场地地质勘探报告，经计算可选定墙下条形基础作为该房屋的基础类型。

7.2.1　设置绘图环境

由于结构施工图通常是在建筑设计方案已经确定、建筑施工图大体设计完成后开始的，因此，在建筑施工图的绘图环境已经设置过的前提下，如套用建筑施工图的 AutoCAD 文件，绘制结构施工图通常仅需新建一些图层即可。

用于绘制基础图及结构图注释的部分图层如图 7-1 所示。图层命名方式及各图层特性的设定初值可供读者参考。

当前图层: 0   搜索图层 🔍

状	名称	开	冻结	锁定	打印	颜色	线型	线宽	透明度	新视口冻结	说
	结构-基础-编号					■白	Continuous	—— 0.18 毫米	0		
	结构-基础-钢筋					■10	Continuous	—— 0.30 毫米	0		
	结构-基础-实线					□黄	Continuous	—— 0.50 毫米	0		
	结构-基础-填充					■200	Continuous	—— 0.18 毫米	0		
	结构-基础-虚线					□黄	DASHED	—— 0.50 毫米	0		
	结构-轴线-编号					■白	Continuous	—— 0.18 毫米	0		
	结构-轴线-标注					■绿	Continuous	—— 0.18 毫米	0		
	结构-轴线-轴网					■红	CENTER	—— 0.18 毫米	0		
	结构-注释-标高					□60	Continuous	—— 0.18 毫米	0		
	结构-注释-标注					■绿	Continuous	—— 0.18 毫米	0		
	结构-注释-表格					■180	Continuous	—— 0.18 毫米	0		
	结构-注释-符号					■30	Continuous	—— 1.00 毫米	0		
	结构-注释-索引					■白	Continuous	—— 0.18 毫米	0		
	结构-注释-图框					■白	Continuous	—— 0.18 毫米	0		
	结构-注释-文字					■253	Continuous	—— 默认	0		
	结构-注释-剖断线										

全部: 显示了 30 个图层, 共 30 个图层

图层特性管理器

图 7-1　基础图图层命名示例

7.2.2　修改轴网

轴线与轴线编号可从建筑平面图中复制而来。为与建筑图区分,可将复制的轴线移置到"结构-轴线-轴网"图层,将轴线编号移置到"结构-轴线-编号"图层,将轴网尺寸与总尺寸移置到"结构-轴线-标注"图层上。具体操作方法为:首先选中已复制的轴网对象,然后单击图层下拉列表,选中待转移的图层单击即可。

还应注意,在绘制建筑平面图时,为便于调用"Mline"命令绘制墙线和窗线,门窗洞口处的轴线已做了修剪处理。而在基础平面图中,地圈梁是沿所有纵、横墙贯通设置的,因此,这里所绘制的轴网应当是未修剪门窗洞口的基本轴网。

修改完成的基础平面图轴网如图 7-2 所示。

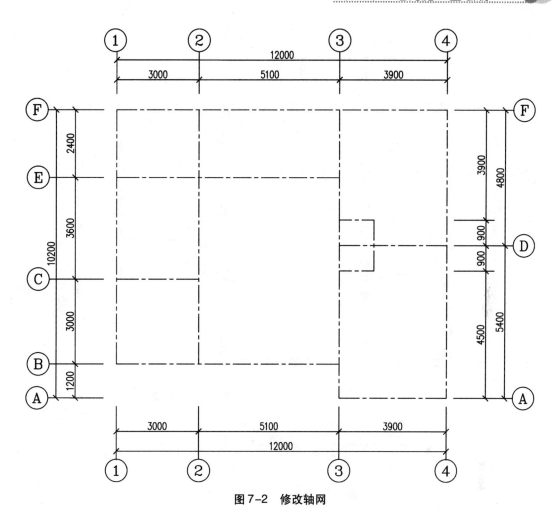

图 7-2　修改轴网

7.2.3　绘制构造柱及地圈梁

由于该房屋为砖砌体承重,为满足抗震要求,需要在房屋四角及部分纵横墙交汇部位设置构造柱。构造柱为钢筋混凝土构件,大部分构造柱(GZ1)的尺寸同墙厚,即 240 mm×240 mm。个别构造柱因兼做楼面梁支座,以及因门窗开洞造成墙肢截面过小时,其设计截面可适当增大。在本设计中,GZ2 的尺寸为 360 mm×240 mm,GZ3 的尺寸为 480 mm×240 mm。

所有纵、横墙体在室内地坪以下、室外地坪以上的部位均设置地圈梁。地圈梁为钢筋混凝土构件,其顶面标高为-0.060 m,截面尺寸为 240 mm×240 mm。地圈梁不仅起到墙体防潮的作用,更重要的是通过纵、横两个方向地圈梁的互相连接交圈,使整座房屋的整体性大大增强,对防止结构产生不均匀沉降,以及提高结构的抗震性能,均起到有益的作用。

构造柱和地圈梁绘制完成的图样如图 7-3 所示。

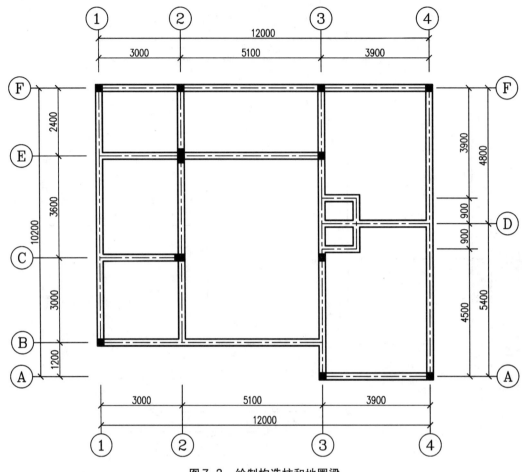

图 7-3   绘制构造柱和地圈梁

7.2.4   绘制条形基础轮廓线

砌体结构中最为常见的浅基础形式为墙下条形基础。条形基础可采用大放脚砖基础、毛石基础等刚性基础,也可采用钢筋混凝土柔性基础。在本例中,因房屋只有两层,采用大放脚砖基础即可满足承载及变形要求,并且具有良好的经济性。

在基础平面图中,不管砖基础有几道放脚,条形基础仅绘出其底面最外侧轮廓线即可,具体的细部尺寸应在基础详图中表达。

绘制完成的条形基础底面轮廓线的图样如图 7-4 所示。图中所有条基外侧轮廓线距轴线均为 600 mm。

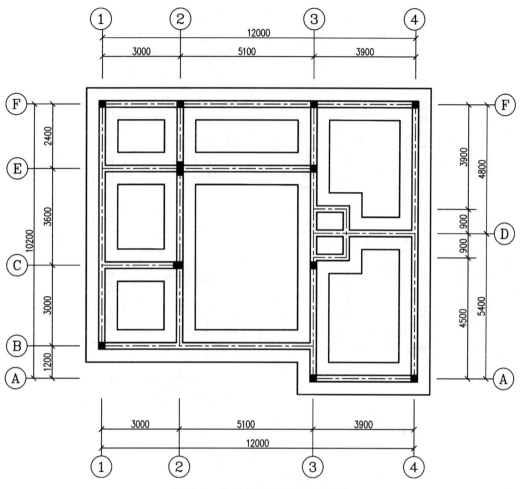

图 7-4 绘制条形基础底面轮廓线

7.2.5 标注尺寸及其他注释

至此,基础平面图上的主要图线已绘制完成。接下来对条形基础进行尺寸标注,主要应表达基础的底面尺寸以及与轴线之间的关系;绘制基础断面符号和断面编号。最后,对所有构造柱进行编号,即可得到图 7-5 所示的基础平面图。再加上必要的基础详图和基础设计说明,就构成了完整的基础施工图。

如采用其他类型的基础形式,基础平面图的表达内容与本例大体一致。如果建设场地地质条件较差,上部结构荷载较重,则还需要另绘地基处理图,或者采用箱形基础、桩基础等深基础形式。

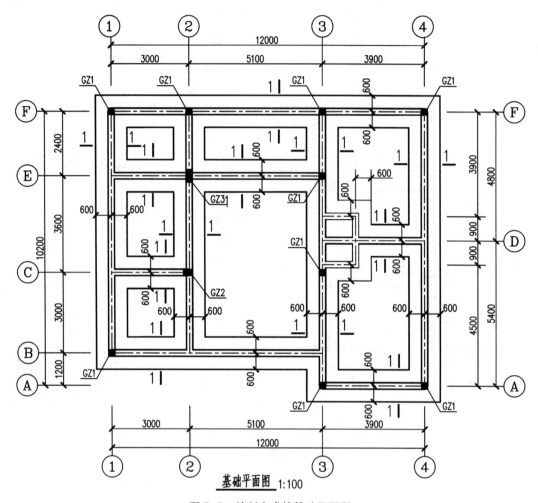

基础平面图 1:100

图 7-5　绘制完成的基础平面图

7.2.6　绘制基础详图

基础详图主要表示基础做法和使用的材料。在墙下条形基础详图中,应按照基础平面图中的断面符号位置,采用较大比例绘制条形基础的外轮廓线、材料图例填充及说明文字,绘出室外地坪线,并绘制基础尺寸及标高数据。

图 7-6 给出了图 7-5 中条形基础的 1-1 断面详图,并列出主要的绘图步骤,具体绘制过程不再详细阐述。

基础断面详图的主要绘图步骤为:

(1)绘制条形基础墙身轮廓线。

(2)绘制条形基础底部垫层轮廓线。

(3)绘制地圈梁轮廓线及其内部的钢筋。

(4)绘制墙身及垫层的材料图案填充。

（5）进行尺寸标注，注写必要的说明文字。

进行图案填充时，需注意墙体材料填充图案与垫层素混凝土材料填充图案之间的比例协调问题，读者可查阅第 3 章例题 3-6 的具体操作方法。

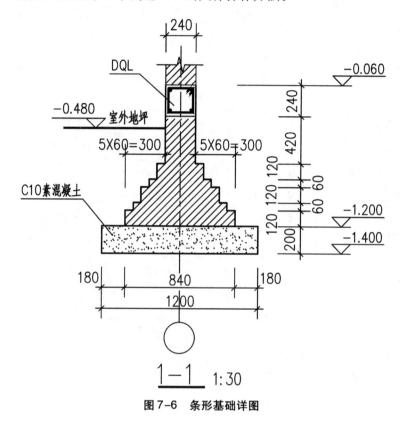

图 7-6　条形基础详图

地基与基础设计的其他内容，如地基承载力取值、地基处理方法、基础的材料、基础施工、回填土材料及施工方法、基础（坑）验槽的具体施工要求等，通常以文字的形式在结构设计总说明中出现，本书不再详述。

7.3　结构平面图的绘制

在结构平面图中，应绘出建筑轴网，墙、柱的位置和编号。在砌体结构房屋中，由于是砖砌体墙承重，所以楼面圈梁和屋面圈梁可采用较小比例（例如 1∶200）另绘圈梁平面图表示，在结构平面图中就不需要再绘出圈梁了。但用来分割较大房间楼板的现浇钢筋混凝土梁需要绘制并注写梁编号和尺寸。对于采用钢筋混凝土框架、剪力墙、框剪结构的多层或高层建筑，除了绘制结构平面图外，还需要绘制柱配筋图、剪力墙配筋图、梁配筋图。通常用 1∶100 的比例，采用钢筋混凝土结构平面整体表示方法绘制，对应的制图规则及构造详图应按照现行结构标准图集 G101《混凝土结构施工图平面整体表示方法制图规则和构造详图》执行。

7.3.1 设置绘图环境

在基础图所设置图层的基础上，再增加一些用于结构平面图的图层，如图 7-7 所示。

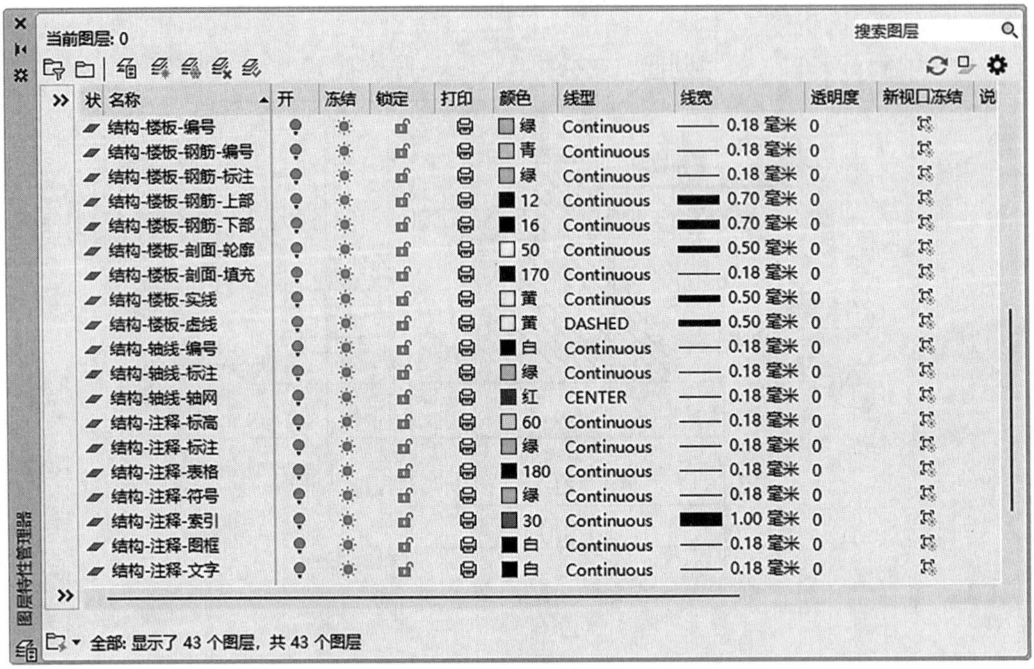
当前图层: 0
搜索图层
状 名称 开 冻结 锁定 打印 颜色 线型 线宽 透明度 新视口冻结 说
结构-楼板-编号 绿 Continuous 0.18 毫米 0
结构-楼板-钢筋-编号 青 Continuous 0.18 毫米 0
结构-楼板-钢筋-标注 绿 Continuous 0.18 毫米 0
结构-楼板-钢筋-上部 12 Continuous 0.70 毫米 0
结构-楼板-钢筋-下部 16 Continuous 0.70 毫米 0
结构-楼板-剖面-轮廓 50 Continuous 0.50 毫米 0
结构-楼板-剖面-填充 170 Continuous 0.18 毫米 0
结构-楼板-实线 黄 Continuous 0.50 毫米 0
结构-楼板-虚线 黄 DASHED 0.50 毫米 0
结构-轴线-编号 白 Continuous 0.18 毫米 0
结构-轴线-标注 绿 Continuous 0.18 毫米 0
结构-轴线-轴网 红 CENTER 0.18 毫米 0
结构-注释-标高 60 Continuous 0.18 毫米 0
结构-注释-标注 绿 Continuous 0.18 毫米 0
结构-注释-表格 180 Continuous 0.18 毫米 0
结构-注释-符号 绿 Continuous 0.18 毫米 0
结构-注释-索引 30 Continuous 1.00 毫米 0
结构-注释-图框 白 Continuous 0.18 毫米 0
结构-注释-文字 白 Continuous 0.18 毫米 0
全部: 显示了 43 个图层, 共 43 个图层
图层特性管理器

图 7-7 结构平面图图层命名示例

7.3.2 修改轴网

轴线与轴线编号可从基础平面图中复制而来。由于客厅的面积较大，该房间的开间、进深尺寸分别为 5100 mm 和 6600 mm，如整个房间设计为一块楼板将很不经济，就需要在二层楼面增设一道混凝土梁对楼板进行分割。因此，在轴网绘制中要增加该梁的轴线。

修改完成的结构平面图轴网如图 7-8 所示。

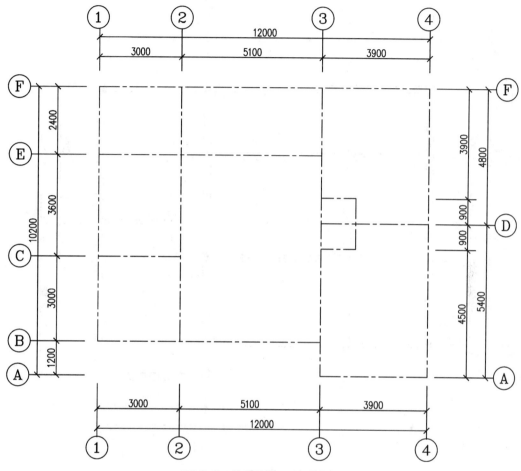

图7-8 绘制结构平面图轴网

7.3.3 绘制墙线、构造柱、梁线

接下来绘制各道承重墙线、构造柱轮廓线并用实体填充,以及增设的梁线。由于在结构平面图中主要表达内容为楼板及其配筋,因此除外墙外边线、楼梯间内边线外,其他的墙线、梁线均应采用虚线绘制,即采用"Dashed"线型,并注意调用"Ltscale"命令设置合适的线型比例。

对于楼梯结构详图,在结构平面图中不需要绘出,通常在楼梯间范围内绘出一条斜直线并注写说明文字即可。

绘制完墙线、构造柱、梁线的图样如图7-9所示。

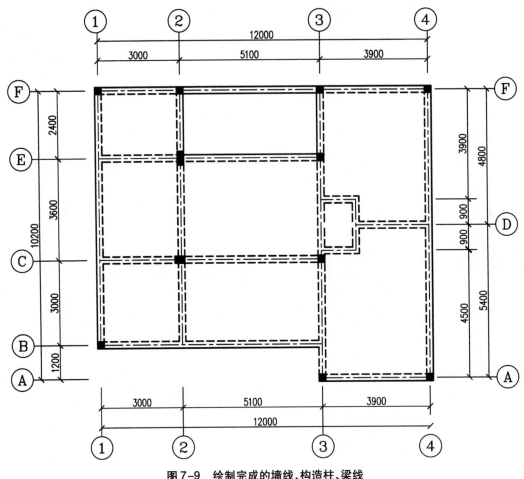

图 7-9　绘制完成的墙线、构造柱、梁线

7.3.4　绘制现浇楼板钢筋

现浇楼板内钢筋分板底钢筋和板面钢筋两种,绘图时应注意区分这两种钢筋端部弯钩形状和方向的不同。

板底钢筋用来承担楼板底部正弯矩,两端用 180°弯钩表示,弯钩方向为向上或向左,钢筋端部绘制到支承该块楼板的墙或梁的中心线位置。板面钢筋用来承担楼板顶部负弯矩或起构造作用,两端用 90°直钩表示,直钩方向为向下或向右,钢筋端部绘制到支承该块楼板的墙或梁的另一侧边线位置。在结构平面图中,钢筋应采用粗实线绘制。

板底钢筋需要标注其直径、间距,板面钢筋需要标注其直径、间距及长度。

绘制完成现浇板板底钢筋的图样如图 7-10 所示,绘制完成现浇板板底和板面钢筋的图样如图 7-11 所示。

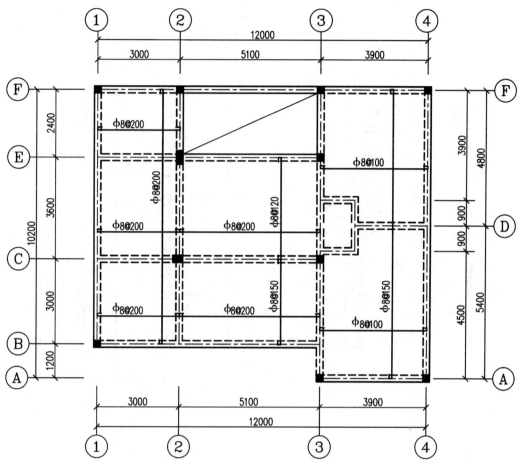

图 7-10　绘制完成的现浇板板底钢筋

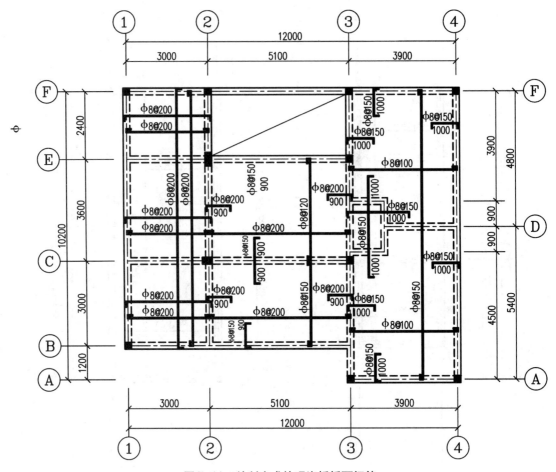

图 7-11 绘制完成的现浇板板面钢筋

7.3.5 尺寸标注及其他

至此,二层楼面结构平面图上的主要图线已绘制完成。接下来对结构平面进行尺寸标注,主要应表达楼层中各构件的尺寸以及与轴线之间的关系;绘制构造柱、梁的编号;注写图名,即可得到图 7-12 所示的二层结构平面图。

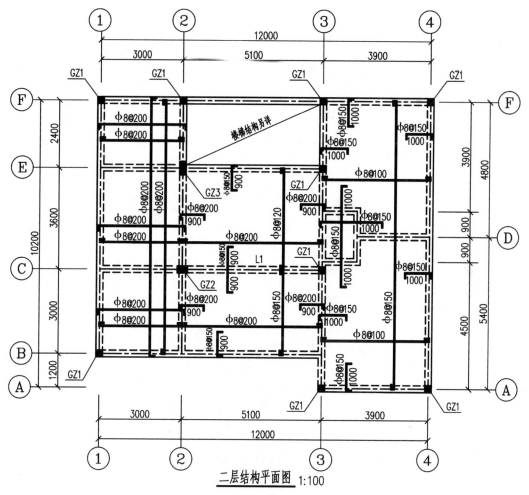

图 7-12 绘制完成的二层结构平面图

7.3.6 绘制构造柱、圈梁详图

为满足抗震设计要求,砌体结构房屋必须设置构造柱和圈梁。除绘制较小比例的圈梁平面图外,还需要用较大比例绘出构造柱和圈梁的结构详图,分别如图 7-13 和图 7-14 所示。

构造柱、圈梁详图的绘制过程比较简单,主要绘图步骤为:

(1)绘制构造柱、圈梁的外轮廓线。

(2)绘制构造柱、圈梁的钢筋线。

(3)尺寸标注、图名注写。

绘制钢筋线有两种方法:一种是用普通的直线段表示,调用"Line"命令绘制,但需要赋予其适当的线宽,显示时不一定真实;另一种是采用多段线表示,调用"Pline"命令绘制,与采用"Donut"命令绘制的钢筋点可以很好地匹配,显示效果逼真。读者可根据习惯自行选用。

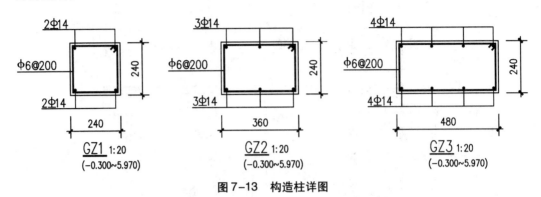

图 7-13 构造柱详图

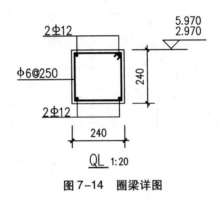

图 7-14 圈梁详图

该二层建筑屋面结构平面图的绘制过程和方法与二层结构平面图类似,但应注意:为实现坡屋面的结构形式,需要设置屋脊处的屋面斜梁。

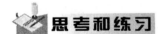 **思考和练习**

1.思考题

(1)结构施工图包括哪几部分? 每一部分的主要内容有哪些?

(2)基础平面图的绘制步骤有哪些?

(3)楼层结构平面图的绘制步骤有哪些?

(4)构件详图的绘制步骤有哪些?

(5)结构施工图的绘图比例一般取多少?

(6)结构施工图的线型、线宽是如何规定的?

(7)同一张图纸上如何绘制不同比例的图形? 尺寸标注怎样处理?

(8)楼层结构平面图、基础平面图的绘制步骤有哪些相同和不同点?

2.练习题

(1)练习绘制本章基础图、结构平面图示例。

（2）一钢筋混凝土简支梁，两端支承在 240 mm 的砖墙上，尺寸及配筋情况如题 7-1 图所示，试绘制该梁结构图。

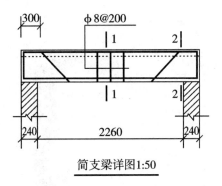

简支梁详图1:50

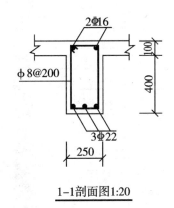

1-1剖面图1:20

题 7-1 图　钢筋混凝土简支梁结构图

（3）一框架-剪力墙结构楼梯结构平面配筋图如题 7-2 图所示，试绘制该图，比例为 1：50。其中柱子截面为 500 mm×500 mm，剪力墙宽 300 mm，TL1 宽 250 mm，TZ1 截面 250 mm×300 mm。

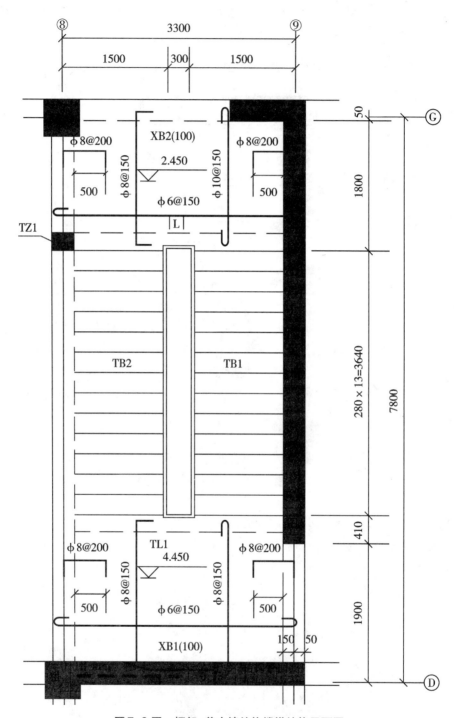

题 7-2 图　框架-剪力墙结构楼梯结构平面图

（4）绘出题 7-3 图中钢筋混凝土现浇楼梯梯段板配筋构造图，比例自定。

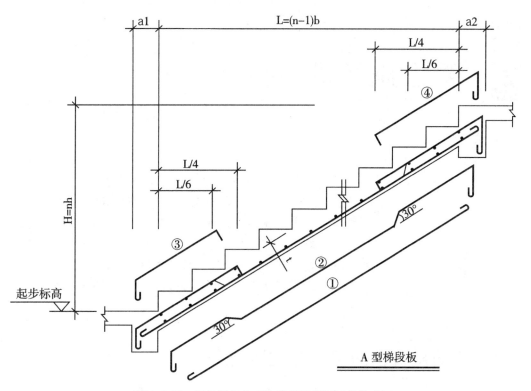

题 7-3 图　钢筋混凝土现浇楼梯梯段板配筋构造图

（5）绘出题 7-4 图中具有圆形孔洞梁配筋图，比例自定。

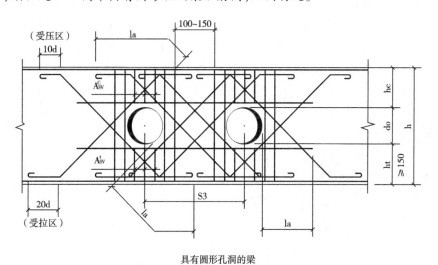

具有圆形孔洞的梁

题 7-4 图　具有圆形孔洞的钢筋混凝土梁配筋构造图

第 8 章 道路施工图绘制

内容提要　　本章介绍道路施工图的设计内容和绘图方法。主要内容有:地形图的比例、地形图图示、地形图的绘制方法;公路及城市道路平面图的绘图规定、绘制内容和方法;公路及城市道路纵断面图的绘图规定、绘制内容和方法;公路及城市道路横断面图的绘图规定、绘制内容和方法;支挡工程布置图的绘制内容和方法;交通标志的绘制内容和方法。

8.1　道路施工图的组成与主要内容

广义的道路施工图包括高速公路、普通公路、城市道路、林区道路、厂矿道路等各类道路工程及其附属设施的设计和制图。以新建公路工程基本建设项目为例,一般采用两阶段设计,即初步设计和施工图设计。对于技术简单、方案明确的小型建设项目,可采用一阶段设计,即一阶段施工图设计;技术复杂、基础资料缺乏和不足的建设项目或建设项目中的特大桥、长隧道、大型地质灾害治理等,必要时采用三阶段设计,即初步设计、技术设计和施工图设计。对于高速公路、一级公路必须采用两阶段设计。

新建公路工程基本建设项目的施工图设计文件由下列十二篇和附件组成。

▶第一篇　总体设计

▶第二篇　路线

▶第三篇　路基、路面

▶第四篇　桥梁、涵洞

▶第五篇　隧道

▶第六篇　路线交叉

▶第七篇　交通工程及沿线设施

▶第八篇　环境保护与景观设计

▶第九篇　其他工程

▶第十篇　筑路材料

▶第十一篇　施工组织计划

▶第十二篇　施工图预算

▶附　件　　基础资料

以上的施工图设计文件是由多专业共同配合设计完成的。按照专业划分,通常可分为道路工程、桥梁工程、隧道工程、交通工程及房建工程等几大部分。

狭义的道路施工图主要包括地形图、道路平面图、道路纵断面图、道路横断面图、平面及立体交叉图、交通工程图等,此外还包含大量的各类工程数量表。本章所述道路施工图的绘制仅指狭义的道路工程图所包含的内容,篇幅所限,主要涉及地形图、道路平面图、道路纵断面图、道路横断面图、支挡工程图、交通标志图的绘图规定、绘制内容和绘图方法。

8.2　地形图的绘制

地形图(topographic map)是指将地球表面某区域内的地表起伏形态及地物位置、形状按水平正射投影的方法(沿铅垂线方向投影到水平面上)和一定的比例,用规定的图式符号测绘在图纸上得到的投影图。如图上只有地物,不表示地面起伏的图称为平面图。地形图的绘制是道路平面图绘制的基础。

8.2.1　地形图的比例

地形图的比例是图上距离与相应实地水平距离之比。比例的确定是地形图的一个非常重要的尺度参数。有了比例,就可以把地面上的地物和地貌的实际尺寸,按照比例缩小在图纸上,供人们阅读和使用。

(1)大比例尺地形图

通常把 1∶500、1∶1000、1∶2000 比例的地形图称为大比例尺地形图,其中,1∶1000、1∶2000 的地形图是道路工程中常用的地形图。

(2)中比例尺地形图

通常把 1∶5000、1∶10000、1∶25000、1∶50000、1∶100000 比例的地形图称为中比例尺地形图,其中 1∶10000、1∶50000 比例的地形图是道路工程可行性研究阶段常用的地形图。

(3)小比例尺地形图

通常把 1∶200000、1∶500000、1∶1000000 比例的地形图称为小比例尺地形图。

8.2.2　地形图图式

地形是地物与地貌的总称。地物是地面上天然或人工形成的物体,如湖泊、河流、房屋、道路等。地貌是指地球表面高低起伏、凹凸不平的自然状态,它包括山地、丘陵和平原等。地面上的地物和地貌应按国家测绘总局颁布的地形图图式中规定的符号表示于图上,这些符号统称为地形图图式。

地形图图式有三种:地物符号、地貌符号和注记符号。具体表现如图 8-1 所示。

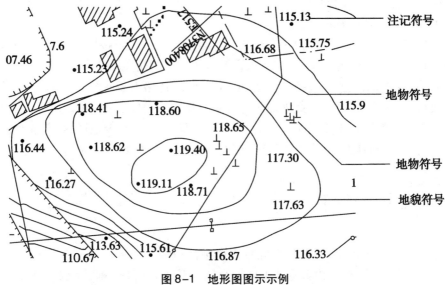

图 8-1   地形图图示示例

（1）地物符号

地物符号用以表示地面上的地物，又分为比例符号、半比例符号（也称为线形符号）和非比例符号。

▶比例符号：当地物的轮廓较大，如房屋、稻田、湖泊等，它们的形状和大小可以按测图比例缩小，并用规定的符号绘在图纸上，这种符号称为比例符号。

▶半比例符号（线形符号）：对一些带状延伸地物，如道路、通信线、管道、垣栅等，其长度可按比例缩绘，而宽度无法按比例表示的符号称为半比例符号。这种符号的中心线一般表示其实地地物的中心位置，但对于城墙和垣栅等，地物中心位置在其符号的底线上。

▶非比例符号：有些地物，如三角点、水准点、独立树和里程碑等，轮廓较小，无法将其形状和大小按比例绘制到图上，则不考虑其实际大小，而采用规定的符号表示，这种符号称为非比例符号。

在道路工程使用的地形图中常用的非比例符号如图 8-2 所示。需要注意的是，非比例符号不仅其形状大小不按比例绘制，而且符号的中心位置与该地物的实地中心位置也随各种不同的地物类型而异。典型的非比例符号中心位置的具体规定详见表 8-1。

图 8-2　常用非比例符号

表 8-1　非比例符号中心位置的规定

类型	示　例	中心位置的规定
规则的几何图形符号	圆形、矩形、三角形等	以图形几何中心点为实地地物的中心位置
底部为直角形的符号	独立树、风车、路标等	以符号的直角顶点为实地地物的中心位置
宽底符号	蒙古包、烟囱、岗亭、独立石等	以符号的底部中心为实地地物的中心位置
几种图案组成的符号	气象站、路灯、消火栓、雷达站、无线电杆等	在其下方图形的中心或交叉点
下方没有底线的符号	窑、亭、山洞等	以符号下方图形的几何中心作为实地地物的中心位置

注：各种符号均按直立方向绘制。

（2）地貌符号

地貌符号用于表示地面的高低起伏变化,常用等高线来表示。用等高线表示地貌,不仅能表示地面的起伏状态,而且还能表示出地面的坡度和地面点的高程。

为了能够正确理解各种地貌在地形图上的特征和表现方法,下面首先解释一下等高线和等高距的概念。

等高线是地面上高程相同的点连接而成的连续闭合曲线。比如设有一座位于平静湖水中的小山,山顶被湖水恰好淹没时的水面高程为 100 m。然后水位下降 5 m,露出山头。此时水面与山坡就有一条交线,而且是闭合曲线,曲线上各点的高程是相等的,这就是高程为 95 m 的等高线。然后水位又下降 5 m,山坡与水面又有一条交线,这就是高程为 90 m 的等高线。依此类推,水位每下降 5 m,水面就与地表面相交留下一条等高线,从而得到一组高差为 5 m 的等高线。设想把这组实地上的等高线沿铅垂线方向投影到水平面上,并按规定的比例缩绘到图纸上,就得到用等高线表示该山头地貌的等高线图。

相邻等高线之间的高差称为等高距。在同一幅地形图上,等高距是相同的。相邻等高线之间的水平距离称为等高线平距,由于在同一幅地形图上等高距是相同的,因此等高线平距的大小直接与地面坡度有关,等高线平距越小,地面坡度就越大;等高线平距越大,地面坡度就越小;坡度相同,则平距相等。故可以根据地形图上等高线的疏密来判定地面坡度的缓陡,同时还可看出,等高距越小,显示地貌就越详细;等高距越大,显示地貌就越粗略。

地面上地貌的形态是多样的,典型的地貌有:

▶山丘和洼地(盆地):山丘和洼地的等高线都是一组闭合曲线。在地形图上区分山丘和洼地的方法是:内圈等高线的高程注记大于外圈者为山丘,小于外圈者为洼地。如等高线上没有高程注记,则用示坡线来表示。示坡线是垂直于等高线的短线,用以指示坡度下降的方向。示坡线从内圈指向外圈,说明中间高,四周低,为山丘;示坡线从外圈指向内圈,说明四周高,中间低,为洼地。

▶山脊和山谷:山脊是沿着一个方向延伸的高地。山脊的最高棱线称为山脊线。山脊等高线表现为一组凸向低处的曲线。山谷是沿着一个方向延伸的洼地,位于两山脊之间。贯穿山谷最低点的连线称为山谷线。山谷等高线表现为一组凸向高处的曲线。山脊附近的雨水必然以山脊线为分界线,分别流向山脊的两侧,因此,山脊又称为分水线。雨在山谷中,雨水必然由两侧山坡流向谷底,向山谷线汇集,因此山谷线又称为集水线。

▶鞍部:鞍部是相邻两山头之间呈马鞍形的低凹部位。鞍部往往是山区道路通过的地方,也是两个山脊与两个山谷汇合的地方。鞍部等高线的特点是在一圈大的闭合曲线内,套有两组小的闭合曲线。

▶陡崖和悬崖:陡崖是坡度在70°以上的陡峭崖壁,有石质和土质之分。悬崖是上部突出、下部凹进的陡崖。这种地貌的等高线出现相交,俯视时隐蔽的等高线用虚线表示。

地貌在地图中的体现如图8-3所示,体现在地形图中如图8-4所示。

图8-3　地图中的地貌

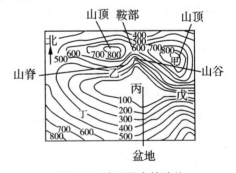

图8-4　地形图中的地貌

(3)注记符号

注记符号是用文字和数字对地物和地貌进行说明。如城镇、工厂、河流、道路的名称,桥梁的长宽和载重量,江河的流向、流速及深度,道路的走向,森林、果树的类别等,都能用文字或特定符号加以说明。

但是当等高距较小时,图上的等高线过于密集,注记符号将会影响图面的清晰醒目。因此在测绘地形图时,等高距的大小是根据测图比例与测区地形情况来确定的。

8.2.3 地形图的绘制方法

地形图的绘制,重点在于能够准确地绘制出各种地貌的等高线。等高线绘制完成后,再按照上一节的规定绘制各种地物符号及注记符号即可完成地形图。目前常用的等高线绘制方法是建立数字地面模型。

数字地面模型(digital terrain model,DTM),是指在一定的区域范围内的方格网点或三角形网点的平面坐标(X,Y)与其地物性质的数据集合。如果此地物性质是该点的高程Z,则此数字地面模型又称为数字高程模型(DEM)。地形测量中,建立 DTM 是将所有的离散地形点按一定的规则和要求连接成相邻的三角形,每个三角形代表空间一个面,所有的连续三角形代表了地面的一个部分。这个数据集合从微分角度三维地描述了该区域地形地貌的空间分布。

在 AutoCAD 中绘制等高线,首先要把图中的离散碎部高程点用三角形连接起来,形成如图 8-5 所示的三角网。然后用数学方法确定三角形的每一条边上是否有等高线通过,如有等高线通过,则按式(8-1)计算出等高线的平面坐标:

$$\begin{cases} X = X_1 + \dfrac{X_2 - X_1}{Z_2 - Z_1} \times (Z - Z_1) \\ Y = Y_1 + \dfrac{Y_2 - Y_1}{Z_2 - Z_1} \times (Z - Z_1) \end{cases} \tag{8-1}$$

式中,(X_1,Y_1,Z_1)和(X_2,Y_2,Z_2)为三角形边两端点的三维坐标,该值是已知的。根据等高距确定等高线的高程Z后,可代入式(8-1)计算出相应的平面位置X和Y。

例如在图 8-5 中的有 7 个高程点 $A \sim G$,构成了 6 个三角形。A、B 两点的高程分别为 68.51 m 和 64.51 m,65 m 的等高线从三角形边 AB 上通过。将 A、B 两点的坐标和高程,以及 $Z = 65$ 代入式(8-1),计算出在 AB 边上通过的位置,用"×"号标示;同样可计算出当 $Z = 66$、67 和 68 时等高线在边 AB 上通过的位置,并均用"×"号标示。

采用同样的方法分别计算出当等高线为 62 m、63 m、64 m、65 m、66 m、67 m 及 68 m 时,各三角形边通过的位置,然后将相邻三角形边上高程相同("×"号标示)的点调用"Pline"命令连接起来,可得到图 8-5 所示的未进行曲线拟合的等高线图。

调用"Pedit"命令将各段多段线连接,然后使用"Spline"命令对其进行曲线拟合,可得到如图 8-6 所示的等高线图。

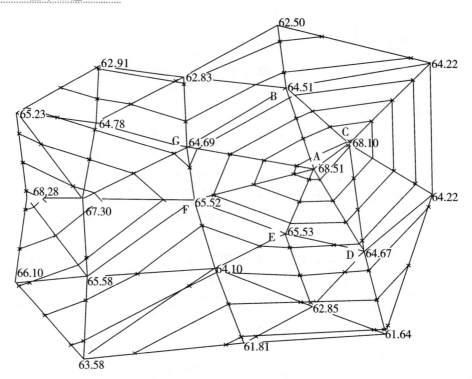

图 8-5   未进行曲线拟合的等高线图

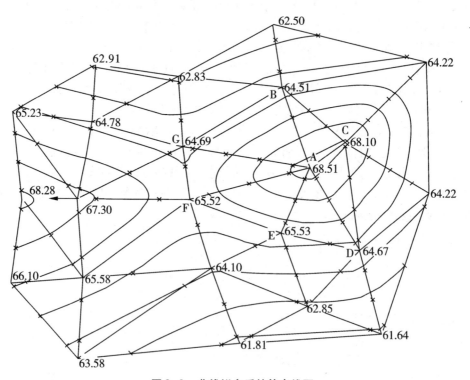

图 8-6   曲线拟合后的等高线图

8.3　平面图的绘制

平面图是道路工程设计文件中的主要内容,是平面设计的主要成果之一。它综合反映了路线的平面位置、线形和尺寸,还反映了沿线人工构造物和工程设施的布置以及道路与周围环境、地形、地物的关系。

8.3.1　平面图的比例

一般公路路线平面图采用 1∶2000 的比例,平原微丘陵区可采用 1∶5000 的比例。在地形特别复杂地段的路线初步设计、施工图设计中可用 1∶500 或 1∶1000。路线平面图上应标出路中心线及其里程桩号、平曲线要素、水准点、大中桥、路线交叉(注明形式及结构类型)、隧道、主要沿线设施的位置及县以上分界线等,其带状宽度为中线两侧各200～250 m。

高等级公路的平面图中尚应示出坐标格网、导线点、交点坐标表、桥涵、隧道、路线交叉、沿线排水系统、沿线主要设施的布置等。路线位置应标出中心线、中央分隔带、路基边线、坡脚(或坡顶)及曲线主要桩位,比例用 1∶1000 或 1∶2000。带状宽度为中线两侧各100～200 m。

城市道路平面图一般采用的比例为 1∶500～1∶1000,两侧范围应在红线以外各20～50 m,应标明路中心线,远、近期的规划红线、车行道线、人行道线、停车场、绿化带、交通岛、人行横道线、沿街建筑物出入口(接坡)、各种地上地下管线的走向位置、雨水进水口、窨井等,注明交叉口及沿线里程桩。弯道及交叉口处应标明曲线要素、交叉口侧石的转弯半径等。

8.3.2　平面图的绘图规定

根据《道路工程制图标准》,平面图的绘制应符合以下绘图规定。

(1)常用图线的线型与线宽

▶设计路线应采用加粗粗实线表示,比较线应采用加粗粗虚线表示。

▶道路中线应采用细点画线表示。

▶中央分隔带边缘应采用细实线表示。

▶路基边缘线应采用粗实线表示。

▶导线、边坡线、护坡道边缘线、边沟线、切线、引出线、原有通路边线等,应采用细实线表示。

▶用地界线应采用中粗点画线表示。

▶规划红线应采用粗双点画线表示。

(2)里程桩号的标注

里程桩号的标注应在道路中线上从路线起点至终点,按从小到大、从左到右的顺序排列。公里桩宜标注在路线前进方向的左侧,用符号"○"表示,百米桩宜标注在路线前进方向的右侧,用垂直于路线的短线表示。也可在路线的同一侧,均采用垂直于路线的短线表示公里桩和百米桩。

（3）平曲线特殊点的表示

平曲线特殊点如第一缓和曲线起点、圆曲线起点、圆曲线中点、第二缓和曲线终点、第二缓和曲线起点、圆曲线终点的位置,宜在曲线内侧用引出线的形式表示,并应标注点的名称和桩号。

平曲线特殊点的位置可参见图 8-7。

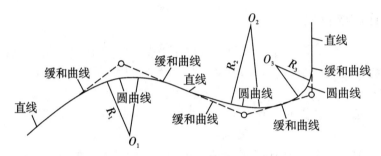

图 8-7　平曲线特殊点

（4）平曲线要素的标注

在图纸的适当位置,应列表标注平曲线要素:交点编号、交点位置、圆曲线半径、缓和曲线长度、切线长度、曲线总长度、外距等。例如表 8-2 中所列出的平曲线要素及主点桩号。

表 8-2　平曲线要素及主点桩号表

JD号	交点桩号	偏偏角 左	偏偏角 右	R	L_S	T	L	E	ZH	HY	QZ	YH	HZ
10	2+541.21		57°33′27″	100.00	60.00	85.66	160.46	15.80	2+455.55	2+515.55	2+535.78	2+556.00	2+616.00
11	2+768.53		36°04′32″	120.00	40.00	59.24	115.56	6.79	2+709.29	2+749.29	2+767.06	2+784.84	2+824.84
12	2+894.92	19°19′19″		264.46	50.00	70.08	139.18	4.20	2+824.84	2+874.84	2+894.44	2+914.03	2+964.03

（5）示意图标注和引出线标注

▶示意图中的主要构筑物可按图 8-8 标注。

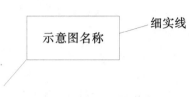

图 8-8 示意图中构筑物的标注

▶图中的文字说明除"注"外,宜采用引出线的形式标注,如图 8-9 所示。

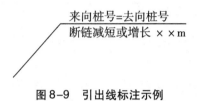

图 8-9 引出线标注示例

(6)有关图线的其他规定

▶图中原有管线用细实线表示,设计管线用粗实线表示,规划管线用虚线表示。

▶边沟水流方向应采用单边箭头表示。

▶水泥混凝土路面的胀缝应采用两条细实线表示;假缝应采用细虚线表示,其余应采用细实线表示。

8.3.3 公路平面图的绘制内容和方法

公路平面图中应绘制的内容和绘制方法如下。

(1)导线及道路中线的展绘

在展绘导线或道路中线之前,需按图幅的合理布局,绘出坐标方格网。坐标网格尺寸采用 5 cm 或 10 cm,要求图廓网格的对角线长度和导线点间长度误差均不大于 0.5 mm。然后按导线点(或交点)的坐标值(X,Y)精确地点绘在相应位置上。每张导线图展绘完毕后,要复核各点间距及每个角度是否和计算值一致。复核完毕,再按"逐桩坐标表"所提供的数据,展绘曲线,并注明各曲线主要点以及公里桩、百米桩、断链桩的位置。对导线点、交点逐个编号,注明路线在本张图中的起点和终点里程等。

路线一律按前进方向从左至右画,在每张图的拼接处画出接线图。在图的右上角注明共几张、第几张。在图纸的空白处注明曲线元素及主要点里程。

(2)控制点的展绘

各种比例的地形图均应展绘和测出各等级三角点、导线点、图根点、水准点等,并按固定的符号表示。

(3)各种构筑物的测绘

各种构筑物的测绘应满足以下规定:

▶各类建筑物、构筑物及其附属设施应按测量规范的规定测绘和表示。

▶各种线状地物,如管线、高、低压电线等应实测其支架或电杆的位置。

▶对穿越路线的高压线应实测其悬垂线距地面的高度并注明伏安。

▶地下管线应详细测定其位置。

▶道路及其附属物应按实际形状测绘。

▶公路交叉口应注明每条公路的走向。

▶铁路应注明轨面高程,公路应注记路面类型,涵洞应注明洞底标高。

（4）水系及其附属物的测绘

需测绘海洋的海岸线位置、水渠顶边及底边高程、堤坝顶部及坡脚的高程、水井井台高程、水塘顶边及塘底的高程等。河流、水沟等应注明水流流向。

（5）其他需要测绘的内容

地形、地貌、植被、不良地质地带等均应详细测绘并用等高线和国家测绘局制定的"地形图图式"符号及数字注明。

除路线平面图外,体现路线平面设计成果的还有路线设计的各种表格,如直线、曲线及转角表、逐桩坐标表、导线点一览表、路线固定表等。

（6）直线、曲线及转角表

直线、曲线及转角表是路线平面设计的重要成果之一。它集中反映了路线平面线形的成果和数据,是施工放线和复测的主要依据。表中应列出交点号、交点里程、交点坐标、转角、曲线各要素值、曲线主点桩号、直线长、计算方位角、断链等。在作路线的纵断面设计、横断面设计和其他构造物设计时,都要使用直线、曲线及转角表中的数据。

直线、曲线及转角表的示例如表8-3所示。

（7）逐桩坐标表

逐桩坐标表是高等级公路平面设计的成果组成之一,是道路中线放样的重要资料。高等级公路的线形设计标高,表现在平面上是圆曲线半径较大,缓和曲线较长,在测设和放样时,需采用坐标法,方能保证其测量精度。

逐桩坐标表即各个中桩的坐标,其计算和测量的方法是按"从整体到局部"的原则进行的。一般是根据导线点坐标用全站仪或 GPS 测量路线交点坐标或从图上直接量取(纸上定线时)交点坐标,计算交点转角和方位角、交点间距。再根据计算的结果、选定的曲线半径和缓和曲线长度,计算中线上各桩点坐标。

逐桩坐标表的示例如表8-4所示。

某公路×××段

表8-3　直线、曲线及转角表

交点号	交点坐标 X	Y	交点桩号	转角值	半径/m	缓和曲线长度/m	切线长度/m	曲线长度/m	外距/m	校正值
1	2	3	4	5	6	7	8	9	10	11
起点	41808.204	90033.595	K0+000.000							
2	41317.589	90464.099	K0+652.716	右35°35'25"	800.00	0.000	256.777	496.934	40.199	16.620
3	40796.308	90515.912	K1+159.946	左57°32'52"	250.00	50.000	162.511	301.100	35.692	23.922
4	40441.519	91219.007	K1+923.562	左34°32'06"	150.00	40.000	66.753	130.412	7.545	3.094
5	40520.204	91796.474	K2+503.273	右78°53'21"	200.00	45.000	187.380	320.375	59.533	54.385
6	40221.113	91898.700	K2+764.966	左51°40'28"	224.13	40.000	128.667	242.140	25.224	15.194
7	40047.399	92390.466	K3+271.318	左34°55'51"	150.00	40.000	67.323	131.449	7.715	3.197
8	40190.108	92905.941	K3+802.980	右22°25'25"	600.00	0.000	118.932	234.820	11.674	3.044
终点	40120.034	93480.920	K4+379.100							

交点号	曲线位置 第一缓和曲线起点	第一缓和曲线终点点或圆曲线起点	曲线中点	第一缓和曲线终点点或圆曲线终点	第二缓和曲线起点	直线长度/m	交点间距/m	计算方位(向)角	测量断链 桩号	增减长度/m	备注
1	12	13	14	15	16	17	18	19	20	21	22
起点											
2		K0+395.939	K0+644.406	K0+892.873		395.939	652.716	138°44'00"			
3	K0+997.435	K1+047.435	K1+147.985	K1+248.535	K1+298.535	104.562	523.850	174°19'25"			
4	K1+856.809	K1+896.809	K1+922.015	K1+947.221	K1+987.221	558.274	787.538	116°46'33"			
5	K2+315.893	K2+360.893	K2+476.081	K2+591.268	K2+636.268	328.672	582.805	82°14'27"			
6	K2+636.299	K2+676.299	K2+757.369	K2+838.439	K2+878.439	0.031	316.078	161°07'48"			
7	K3+203.995	K3+243.995	K3+269.720	K3+295.444	K3+335.444	325.56	521.546	109°27'20"			
8		K3+684.048	K3+801.458	K3+918.868		348.604	534.859	74°31'29"			
终点					460.307	579.239		96°56'54"			

表 8-4　逐桩坐标表

某公路×××段

桩号	坐标/m		方向角	桩号	坐标/m		方向角
	X	Y			X	Y	
K1+500.00	40632.336	90840.861	116°46′33.0″	K2+140.00	40471.158	91636.529	82°14′27.0″
K1+540.00	40614.316	90876.572	116°46′33.0″	K2+160.00	40473.858	91456.346	82°14′27.0″
K1+570.00	40600.801	90903.355	116°46′33.0″	K2+180.00	40476.558	91476.163	82°14′27.0″
K1+600.00	40587.286	90930.139	116°46′33.0″	K2+200.00	40479.258	91495.980	82°14′27.0″
K1+630.33	40573.623	90957.216	116°46′33.0″	K2+220.00	40481.959	91515.797	82°14′27.0″
K1+669.00	40556.202	90991.740	116°46′33.0″	K2+240.00	40484.659	91535.613	82°14′27.0″
K1+680.00	40551.246	91001.561	116°46′33.0″	K2+260.00	40487.359	91555.430	82°14′27.0″
K1+700.00	40542.236	91019.416	116°46′33.0″	K2+280.00	40490.095	91575.247	82°14′27.0″
K1+720.00	40533.226	91037.272	116°46′33.0″	K2+300.00	40492.759	91595.064	82°14′27.0″
K1+750.00	40519.711	91064.055	116°46′33.0″	ZH+315.89	40494.905	91610.809	82°14′27.0″
K1+780.00	40506.196	91090.838	116°46′33.0″	K2+340.00	40497.902	91634.730	84°05′26.5″
K1+800.00	40497.186	91108.694	116°46′33.0″	HY+360.89	40499.302	91655.568	88°41′08.7″
K1+820.00	40488.176	91126.549	116°46′33.0″	K2+380.00	40498.828	91674.665	94°09′37.3″
K1+840.00	40479.166	91144.405	116°46′33.0″	K2+400.00	40496.383	91694.506	99°53′23.8″
ZH+856.31	40471.593	91159.412	116°46′33.0″	K2+420.00	40491.969	91714.005	105°37′10.3″
K1+870.00	40465.708	91171.216	115°56′42.1″	K2+440.00	40485.631	91732.965	111°20′56.7″
HY+896.81	40455.191	91195.860	109°08′09.7″	K2+460.00	40477.431	91751.198	117°04′43.2″
K1+900.00	40454.177	91198.885	107°55′03.1″	QZ+476.08	40469.544	91765.206	121°41′06.9″
QZ+922.01	40448.963	91220.263	99°30′30.3″	K2+500.00	40455.794	91784.761	128°32′16.2″
K1+940.00	40447.061	91238.126	92°38′19.1″	K2+520.00	40442.573	91799.757	134°16′02.6″
YH+947.00	40446.902	91245.344	89°52′50.9″	K2+540.00	40427.920	91813.357	139°59′49.1″
K1+960.00	40447.413	91258.112	85°46′43.6″	K2+560.00	40411.983	91825.427	145°43′35.6″
K1+980.00	40449.567	91277.993	82°29′23.3″	K2+580.00	40394.921	91835.845	151°27′22.1″
HZ+987.22	40450.531	91285.148	82°14′27.0″	YH+591.27	40384.875	91840.947	154°41′05.3″
K2+000.00	40452.257	91297.811	2°14′27.0″	K2+600.00	40376.910	91844.518	156°56′35.0″
K2+010.00	40453.607	91307.719	82°14′27.0″	K2+620.00	40358.262	91851.740	160°17′15.4″
K2+030.00	40456.307	91327.536	82°14′27.0″	GQ+636.27	40342.893	91857.077	161°07′48.0″
K2+050.00	40459.007	91347.353	82°14′27.0″	K2+650.00	40329.916	91861.563	160°31′48.6″
K2+070.00	40461.707	91367.170	82°14′27.0″	K2+670.00	40311.219	91868.655	157°30′02.7″
K2+100.00	40465.757	91396.895	82°14′27.0″	K2+700.00	40284.324	91881.898	149°57′30.4″
K2+120.00	40468.458	91416.712	82°14′27.0″				

8.3.4　城市道路平面图的绘制内容和方法

城市道路平面图有两种图式：一种是直接在地形图上所作的平面图，红线以内和红线以外的地形地物一律保留；另一种是只绘红线以外的地形地物，红线以内只绘车道线和道路上的各种设施而不绘地形地物。

城市道路平面图的导线、中线及路线两侧的地形、地物、水系、植被等的绘制方法与公路平面图相同。

城市道路平面图中各种设施的绘制内容和方法如下。

（1）规划红线

道路红线是道路用地与城市其他用地的分界线，红线之间的宽度即是城市道路的总宽度，应按城市道路规划的宽度画出道路红线。如有远期规划时，应画出远期红线并标明。

（2）坡口、坡脚线

新建道路由于原地面凸凹不平必然有挖有填。填方路段在平面图中应画出路基的坡脚线，挖方路段画出路基的坡口线。量出路基横断面上的坡口或坡脚至中线的距离，点绘在平面图中相应桩号的横断面线上，然后用平滑的曲线分别将坡口点、坡脚点顺序连接，最后画上示坡线。

（3）车道

在路幅宽度内的各种车道线如机动车道（包括快车道、慢车道等）、非机动车车道等的位置、宽度应根据横断面布置图中的位置一一画在平面图中。车道的曲线部分按设计的圆曲线半径、缓和曲线长度绘制。各车道间的分隔带、路缘线等也应绘出。

（4）人行道、人行横线、交通岛

人行道、人行横线、交通岛需按设计要求绘制在平面图中。

（5）地上、地下管线和排水设施

上述设施的走向和位置、雨水进水口、窨井、排水沟等都应在图中标出。必要时需分别另绘排水管线平面图纸。

（6）交叉口

在平面图中画出平面交叉口、立体交叉口并详细注明交叉口的各路去向、交叉角度、曲线元素以及路缘石转弯半径。

一张完整的道路平面设计图，除了上述内容外，还可对某些细部设施或构件画出大样图，并在图中的空白处写明工程概况。

8.4　纵断面图的绘制

通过道路中线的竖向剖面，称为纵断面。它是道路设计的重要技术图表之一，主要反映路线起伏、纵坡与原地面的切割等情况。把道路的纵断面图与平面图、横断面图结合起来，就能够完整地表达出道路的空间位置和立体线形。

8.4.1 纵断面图的比例

道路的纵断面线形应根据道路的性质、任务、等级和地形、地物、地质、水文等因素,考虑路基稳定、排水及工程量等的要求,对纵坡的大小、长短、前后纵坡情况、竖曲线半径大小以及与平面线形的组合关系等进行组合设计。

纵断面图的绘制采用直角坐标系。其中用纵坐标表示高程,用横坐标表示里程桩号。在公路纵断面图中,横向比例通常采用1:2000,纵坐标比例通常采用1:500~1:1000。在城市主干道的纵断面图中,横向比例通常采用1:500~1:1000,纵坐标比例通常采用1:50~1:100。

8.4.2 纵断面图的绘图规定

根据《道路工程制图标准》,纵断面图的绘制应符合以下绘图规定。

(1)图面布置

纵断面图的图样应布置在图幅上部,测设数据应采用表格形式布置在图幅下部,高程标尺应布置在测设数据表的上方左侧,如图8-10所示。测设数据表也应按图8-10所列数据的顺序排列。表格内容可根据不同的设计阶段和不同道路等级要求而增减。纵断面图中的距离与高程宜按不同比例绘制。

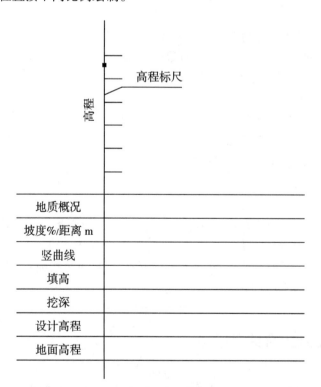

图 8-10 纵断面图的布置

（2）线型

道路设计线应采用粗实线表示,原地面线应采用细实线表示,地下水位线应采用细双点画线及水位符号表示,地下水位测点可仅用水位符号表示,如图 8-11 所示。

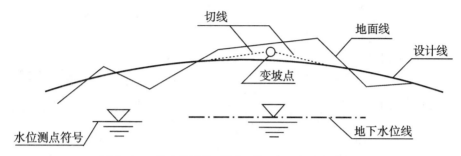

图 8-11　道路设计线、原地面线、地下水位线的标注

（3）断链的标注

当路线断链时,道路设计线应在相应桩号处断开,并按图 8-12(a)标注。路线局部改线而发生长链时,为利用已绘制的纵断面图,当高差较大时,宜按图 8-12(b)标注;当高差较小时,宜按图 8-12(c)标注。长链较长而不能利用原纵断面图时,应另绘制长链部分的纵断面图。

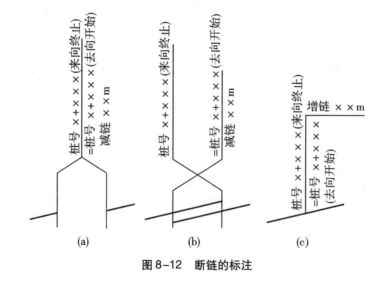

图 8-12　断链的标注

（4）竖曲线的标注

当路线坡度发生变化时,变坡点应用直径为 2 mm 的中粗线圆圈表示;切线用细虚线表示;竖曲线用粗实线表示。标注竖曲线的竖直细实线应对准变坡点所在桩号,线左侧标注桩号,线右侧标注变坡点高程。水平细实线两端应对准竖曲线的始、终点。两端的短竖直细实线在水平线之上为凹曲线,反之为凸曲线。竖曲线要素(半径 R、切线长 T、外距 E)的数值均标注在水平细实线上方,如图 8-13(a)所示。竖曲线标注也可布置在测设数

据表内,此时,变坡点的位置应在坡度、距离栏内示出,如图 8-13(b)所示。

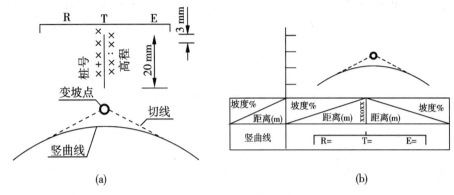

图 8-13　竖曲线的标注

(5)沿线构造物及交叉口的标注

道路沿线的构造物、交叉口,可在道路设计线的上方,用竖直引出线标注。竖直引出线应对准构造物或交叉口中心位置。线左侧标注桩号,水平线上方标注构造物名称、规格、交叉口名称,如图 8-14 所示。

(6)水准点的标注

水准点宜按图 8-15 所示标注。竖直引出线应对准水准点桩号,线左侧标注桩号,水平线上方标注编号及高程,线下方标注水准点的位置。

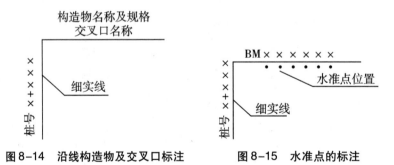

图 8-14　沿线构造物及交叉口标注　　　图 8-15　水准点的标注

(7)盲沟和边沟底线的标注

盲沟和边沟底线应分别采用中粗虚线和中粗长虚线表示。变坡点、距离、坡度宜按图 8-16 标注。变坡点用直径 1~2 mm 的圆圈表示。

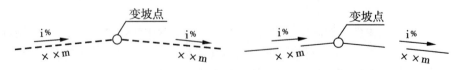

图 8-16　盲沟与边沟底线的标注

（8）里程桩号的标注

里程桩号应由左向右排列将所有固定桩及加桩桩号示出，桩号数值的字底应与所表示桩号位置对齐，整公里桩应标注"K"，其余桩号的公里数可省略，如图 8-17 所示。

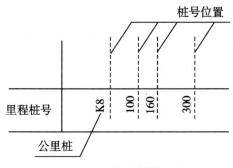

图 8-17　里程桩号的标注

（9）平曲线的标注

在测设数据表中的平曲线栏中，道路左、右转弯应分别用凹、凸折线表示。当不设缓和曲线段时，按图 8-18（a）标注；当设缓和曲线段时，按图 8-18（b）标注。在曲线的一侧标注交点编号、桩号、偏角、半径、曲线长。

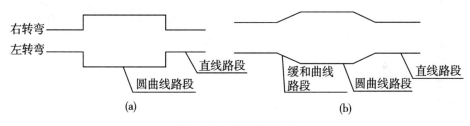

图 8-18　平曲线的标注

（10）其他规定

在纵断面图中可根据需要绘制地质柱状图，并示出岩土图例或代号。各地层高程应与高程标尺对应。探坑应按宽为 0.5 cm、深为 1：100 的比例绘制，在图样上标注高程及土壤类别图例。钻孔可按宽 0.2 cm 绘制，仅标注编号及深度，深度过长时可采用折断线示出。

纵断面图中，给排水管涵应标注规格及管内底的高程。地下管线横断面应采用相应图例，无图例时可自拟图例，并应在图纸中说明。

在测设数据表中，设计高程、地面高程、填高、挖深的数值均应对准其桩号，单位以 m 计。

8.4.3　纵断面图的绘制内容和方法

纵断面图是由上下两部分内容组成的。

上部分内容包括高程、地面线、设计线、竖曲线及其要素，注出桥涵、隧道、立体交叉等的位置、结构类型、孔数及跨径、水准点编号、位置及高程,以及断链、设计洪水位、影响路基设计的地下水位等。

下部分包括土壤地质说明、地面高程、设计高程、坡度及坡长、直线及平曲线(包括缓和曲线)、里程桩号等。城市道路纵断面中要特别注明沿线交叉口的位置标高、相交道路的路名、交叉口交点标高以及街坊重要建筑物出入口的地坪标高等。当城市道路设计纵坡小于 0.3% 时,道路两侧街沟应做锯齿形街沟设计,以满足排水要求,并分别算出雨水进水口和分水点的设计标高,注在纵断面图上。

8.5　横断面图的绘制

道路横断面是中线上各点的法向切面,其范围包括路面、路基(边坡)、路肩、中央分隔带、人行道以及在用地范围内设置的标志、照明灯柱、防护栅和专门设计的取土坑、弃土堆、边沟、植树等的整个断面。

8.5.1　横断面图的比例

道路横断面设计,应根据其交通性质、交通量(包括人流量)、行车速度,结合地形、气候、土壤等条件进行道路车行道、中央分隔带、人行道、路肩等的布置,以确定其横向几何尺寸,并进行必要的结构设计以保证它们的强度和稳定性。公路横断面图的比例一般采用 1∶200,城市道路横断图的比例一般采用 1∶100 或 1∶200。

8.5.2　横断面图的绘图规定

根据《道路工程制图标准》,横断面图的绘制应符合以下绘图规定。

(1)线型

路面线、路肩线、边坡线、护坡线均应采用粗实线表示,路面厚度应采用中粗实线表示,原有地面线应采用细实线表示,设计或原有道路中线应采用细点画线表示。横断面示意图如图 8-19 所示。

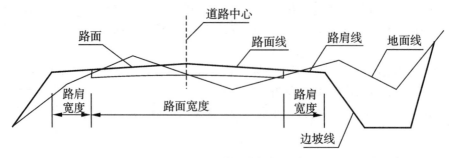

图 8-19　横断面示意图

当道路分期修建、改建时,应在同一张图中示出规划、设计、原有道路横断面,并注明各道路中线之间位置关系。规划道路中线应采用细双点画线表示,规划红线采用粗双点画线表示,在设计横断面图上注明路侧方向。不同设计阶段横断面示意图如图 8-20 所示。

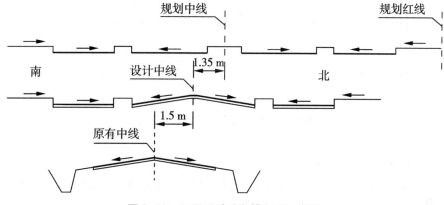

图 8-20　不同设计阶段横断面示意图

(2)管涵、管线的标注

横断面图中,管涵、管线的高程应根据设计要求。标注管涵管线横断面应采用相应图例。横断面图中管涵管线的标注如图 8-21 所示。

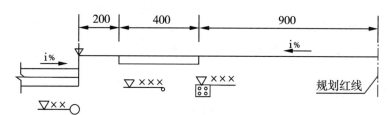

图 8-21　管涵、管线的标注

(3)道路超高、加宽的标注

道路的超高、加宽应在横断面图中,如图 8-22 所示。

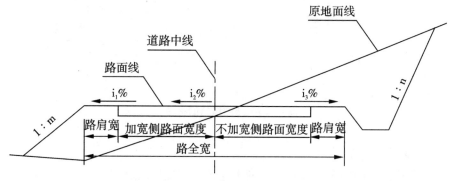

图 8-22　道路超高、加宽的标注

（4）填挖方的标注

用于施工放样及土方计算的横断面图如图 8-23 所示，并应在图样下方标注桩号。图样右侧应标注填高、挖深、填方、挖方的面积，并采用中粗点画线示出征地界线。

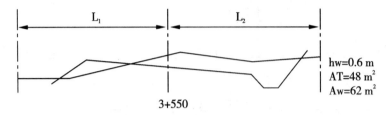

图 8-23　横断面图中填挖方的标注

（5）防护工程设施的标注

当防护工程设施标注材料名称时，可不画材料图例，其断面阴影线可省略，如图 8-24 所示。

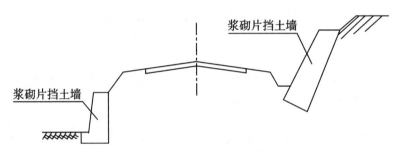

图 8-24　防护工程设施的标注

（6）路面结构的标注

路面结构图应符合下列规定：当路面结构类型单一时，可在横断面图上，用竖直引出线标注材料层次及厚度图，如图 8-25（a）所示；当路面结构类型较多时，可按各路段不同的结构类型分别绘制，并标注材料图例或名称及厚度，如图 8-25（b）所示。

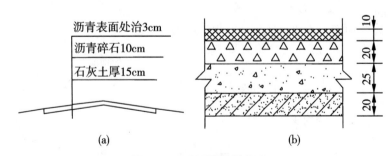

图 8-25　路面结构的标注

（7）路拱曲线大样的标注

在路拱曲线大样图的垂直和水平方向上应按不同比例绘制，如图 8-26 所示。

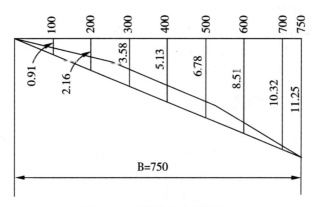

图8-26　路拱曲线大样的标注

8.5.3　横断面图的绘制内容和方法

（1）公路横断面图

在公路横断面图中应画出路幅宽度、填或挖的边坡坡线，在需要设置各种支挡工程和防护工程的地方画出该工程结构的断面示意图。根据综合排水设计，画出路基边沟、截水沟、排灌渠等的位置和断面形式，必要时须注明各部分尺寸。此外，对于取土坑、弃土堆、绿化带等也尽可能画出。

（2）城市道路横断面图

在城市道路横断面图上应绘出红线宽度、行车道、人行道、绿化带、照明、新建或改建的地下管道等各部分的位置和宽度，以及排水方向、路面横坡等。

8.6　支挡工程布置图的绘制

8.6.1　挡土墙布置图的绘制内容及步骤

挡土墙设计完成后，挡墙设置的起、终点桩号，挡墙类型，墙顶填土高，挡墙截面形式及尺寸均已确定，即可根据路线平、纵、横设计资料及地面线资料进行挡墙的具体布置，绘制挡土墙设计图。

挡土墙的设计图纸内容包括挡墙平面布置、立面布置、断面尺寸、工程数量表以及附注说明等。

挡土墙布置图的绘制步骤如下：

（1）由路线纵断面图和横断面设计图，以及所选定的挡墙形式与类型，绘制出墙趾地面线纵断面图。

（2）在墙趾地面线横断面图上按地基及地形情况进行分段，确定伸缩缝与沉降缝的位置，布置挡土墙的基础，绘制挡土墙立面图。

（3）由平面设计资料绘制挡墙的平面图。

（4）布置泄水孔的位置，包括数量、间隔和尺寸等。

（5）绘制挡土墙横断面图，计算工程数量。

（6）编写设计说明及施工要求与注意事项。

8.6.2　挡土墙布置图的图形布局

在挡土墙布置图绘制过程中，可将挡墙布置图中的各部分做成图块，既便于修改图形，也有利于图形的布置。当各图块绘制完成后，将各图块调入，置于图纸的相应位置即完成了挡土墙设计图的组装。挡墙的图纸一般按 A3 图幅出图。

各图块在 A3 图幅中的位置可以事先给定，图幅形成后，若图块布局安排不太合适，设计者亦可利用交互功能用鼠标拖动各个图块作相应移动，进行调整。对于路肩宽度较大及填土边坡较高，A3 图幅中无法将其表现完整时，应将立面图、平面图、剖面图相应部分在不影响表现设计意图前提下改用断线表示，使之保证图纸的清晰、美观和内容完整。

8.7　交通标志的绘制

交通标志，是用文字或符号传递引导、限制、警告或指示信息的道路设施，又称道路标志、道路交通标志。交通标志是实施交通管理，保证道路交通安全、通畅的重要措施。交通标志有多种类型，可用不同方式区分为：主要标志和辅助标志；可动式标志和固定式标志；照明标志、发光标志和反光标志以及反映行车环境变化的可变信息标志。

8.7.1　交通标志的一般使用规则

（1）正等边三角形：用于警告标志。

（2）圆形：用于禁令和指示标志。

（3）倒等边三角形：用于"减速让行"禁令标志。

（4）八角形：用于"停车让行"禁令标志。

（5）叉形：用于"铁路平交道口叉形符号"警告标志。

（6）方形：用于指路标志，部分警告、禁令和指示标志，旅游区标志，辅助标志，告示标志灯。

8.7.2　交通标志分类

道路交通标志分为主要标志和辅助标志两大类。

主要标志又分为警告标志、禁令标志、指示标志、指路标志、旅游区标志和道路施工安全标志 6 种。

警告标志起警告作用，是警告车辆、行人注意危险地点的标志。颜色为黄底、黑边、黑图案；形状为顶角朝上的等边三角形。

警告标志示例如图 8-27 所示。

十字交叉　　　　　　T形交叉　　　　　　T形交叉　　　　　　T形交叉

Y形交叉　　　　　　环形交叉　　　　　向左急弯路　　　　向右急弯路

图 8-27　警告标志示例

禁令标志起到禁止某种行为的作用,是禁止或限制车辆、行人交通行为的标志。除个别标志外,颜色为白底、红圈、红杠、黑图案,图案压杠;形状为圆形、八角形、顶角朝下的等边三角形。设置在需要禁止或限制车辆、行人交通行为的路段或交叉口附近。

禁令标志示例如图 8-28 所示。

禁止通行　　　　　　禁止驶入　　　　禁止机动车通行　　禁止载货汽车通行

禁止三轮机动车通行　禁止大型客车通行　禁止小型客车通行　禁止汽车拖、挂车通行

图 8-28　禁令标志示例

指示标志起指示作用,是指示车辆、行人行进的标志。颜色为蓝底、白图案;形状分为圆形、长方形和正方形。设置在需要指示车辆、行人行进的路段或交叉口附近。

指示标志示例如图 8-29 所示。

指路标志起指路作用,是传递道路方向、地点、距离信息的标志。颜色除里程碑、百米桩外,一般为蓝底、白图案;高速公路一般为绿底、白图案;形状除地点识别标志、里程碑、分合流标志外,一般为长方形和正方形。设置在需要传递道路方向、地点、距离信息的路段或交叉口附近。

指路标志示例如图 8-30 所示。

直行

向左转弯

向右转弯

直行和向左转弯

直行和向右转弯

向左和向右转弯

靠右侧道路行驶

靠左侧道路行驶

机动车行驶

机动车车道

非机动车行驶

非机动车车道

图 8-29 指示标志示例

十字交叉路口

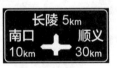

十字交叉路口

十字交叉路口

丁字交叉路口

丁字交叉路口

环形交叉路口

出口编号预告

出口预告

出口预告

出口预告

出口预告

出口预告

图 8-30 指路标志示例

　　旅游区标志是提供旅游景点方向、距离的标志。颜色为棕色底、白色字符图案;形状为长方形和正方形。旅游区标志又可分为指引标志和旅游符号两大类,设置在需要指示旅游景点方向、距离的路段或交叉口附近。

　　旅游区标志示例如图 8-31 所示。

旅游区方向	旅游区距离	问询处	徒步
索道	野营地	营火	游戏场
骑马	钓鱼	高尔夫球	潜水

图 8-31　旅游区标志示例

　　道路施工安全标志是通告道路施工区通行的标志,用以提醒车辆驾驶人和行人注意,共有 26 种。其中,道路施工区标志共有 20 种,用以通告高速公路及一般道路交通阻断、绕行等情况。设在道路施工、养护等路段前适当位置。

　　道路施工安全标志示例如图 8-32 所示。

中间封闭	中间封闭	中间封闭
车辆慢行	向左行驶	向右行驶

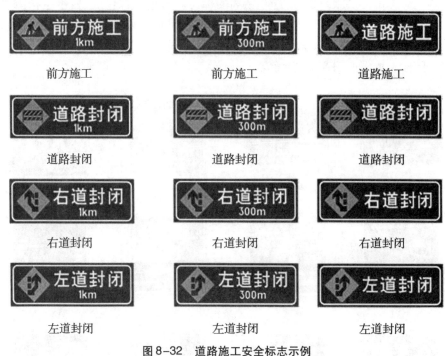

图 8-32   道路施工安全标志示例

辅助标志是在主标志无法完整表达或指示其内容时,为维护行车安全与交通畅通而设置的标志,为白底、黑字、黑边框,形状为长方形,附设在主标志下,起辅助说明作用。

8.7.3   交通标志绘制内容及技巧

在道路设计中,往往同种交通标志需要在多处使用,而且图纸中元素众多,直接复制粘贴容易误选到交通标志之外的元素。因此,可以事先按一定比例将交通标志绘制,然后将单个标志创建成块。在需要的部位插入相应的块,并根据需要调整大小。

交通标志的支撑方式可分为柱式、悬臂式(单悬臂、双悬臂)、门架式、附着式 4 种。因此在 CAD 绘图中,交通标志会和不同形式的支撑共同绘制。以下列举几种常见的交通标志及支撑方式,如图 8-33 所示。

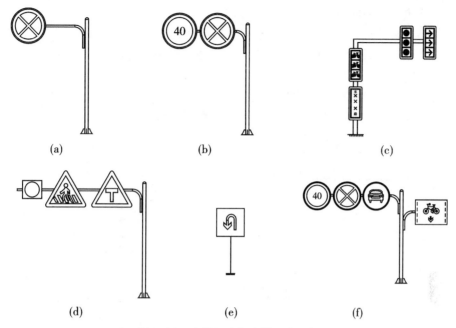

图8-33 交通标志与支撑组合示例

思考和练习

1.思考题

(1)广义的道路工程图和狭义的道路工程图分别包括哪些内容?

(2)什么是地形图中的比例?根据比例,地形图可分为几种类型?分别是什么?

(3)地形图图式包括哪几种?各种图式的含义和功能分别是什么?

(4)在地物符号中,比例符号、半比例符号、非比例符号有何区别?

(5)等高距相等的时候,等高线平距的大小与地面坡度有何关系?

(6)地形图中,等高距的疏密与断面坡度有何关系?

(7)道路平面图主要反映哪些设计内容?绘制时通常采用何种比例?

(8)道路平面图中,里程桩号如何标注?

(9)公路平面图的绘制内容有哪些?如何绘制?

(10)城市道路平面图的绘制内容有哪些?如何绘制?

(11)道路纵断面图主要反映哪些设计内容?绘制时通常采用何种比例?

(12)道路纵断面图的图面应如何布置?高程标尺应布置在图面的什么位置?

(13)在道路纵断面图中,如何标注各种竖曲线要素?

(14)道路纵断面图的绘制内容有哪些?如何绘制?

(15)道路横断面图主要反映哪些设计内容?绘制时通常采用何种比例?

(16)道路横断面图中,各种图线分别应采用哪种线型?在不同设计阶段中,横断面图的线型是如何规定的?

(17)公路横断面图的绘制内容有哪些?如何绘制?

(18)城市道路横断面图的绘制内容有哪些？如何绘制？

(19)挡土墙的设计内容有哪些？绘制步骤是什么？

(20)交通标志的类型有哪些？在 AutoCAD 中通常如何绘制？

2.练习题

(1)绘出题 8-1 图所示公路横断面图,比例自定。

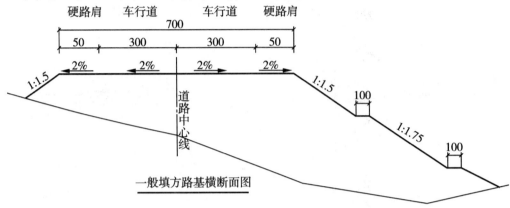

一般填方路基横断面图

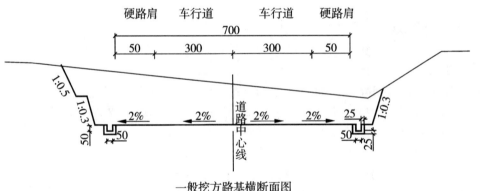

一般挖方路基横断面图

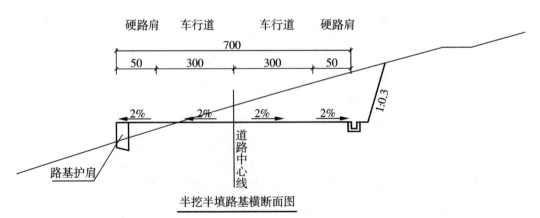

半挖半填路基横断面图

题 8-1 图　公路横断面图

（2）绘出题 8-2 图所示公路纵断面图，比例自定。

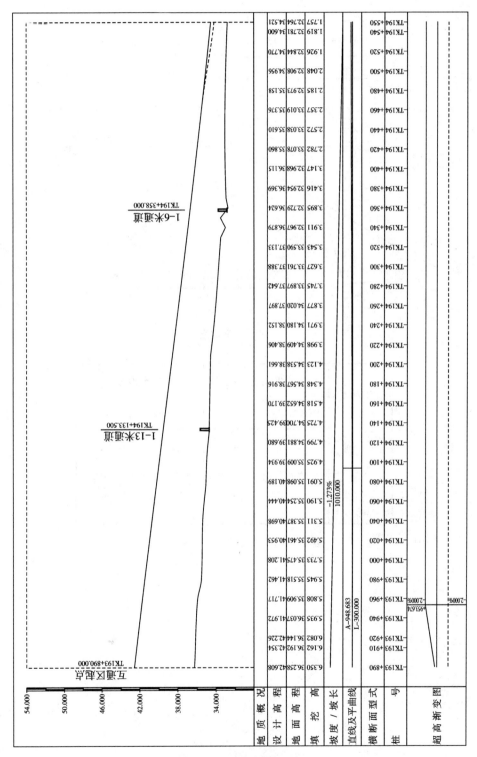

题 8-2 图　公路纵断面图

(3)绘出题8-3图所示挡土墙路基横断面图及路堤边坡坡度表,比例自定,未注明细部尺寸自定。

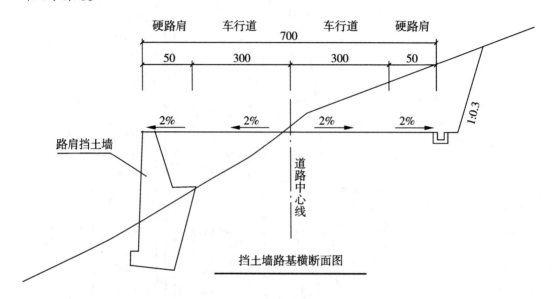

挡土墙路基横断面图

路堤边坡坡度

填料种类	边坡高度(m)		边坡坡度	
	上部高度	下部高度	上部坡度	下部坡度
黏质土,粉质土,砂类土	8	12	1:1.5	1:1.75
块石土,卵石土,砾类土,碎石土	8	12	1:1.5	1:1.75

题8-3图 挡土墙路基横断面图

（4）绘出题 8-4 图所示指路标志图，比例自定。

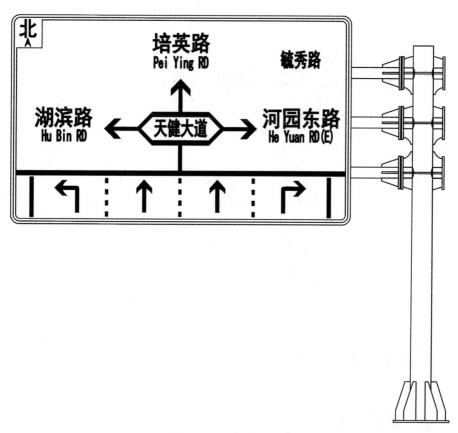

题 8-4 图　指路标志图

第9章 桥梁施工图绘制

内容提要　　本章介绍桥梁施工图的设计内容和绘图方法。主要内容有:桥梁施工图的组成与主要内容;桥梁施工图的绘图比例、尺寸标注;桥梁结构图的绘图规定。列举了 T 梁桥墩立面图和 T 梁一般构造立面图两个绘图示例,帮助读者快速掌握绘制桥梁施工图的方法和技巧。最后,简要介绍了目前常用的桥型设计软件。

9.1　桥梁施工图的组成与主要内容

9.1.1　桥梁的结构组成

桥梁,一般指架设在江河湖海上,使车辆行人等能顺利通行的构筑物。为适应现代高速发展的交通行业,桥梁亦引申为跨越山涧、不良地质或满足其他交通需要而架设的使通行更加便捷的建筑物。桥梁一般由上部结构、下部结构、支座和附属构造物组成,上部结构又称桥跨结构,是跨越障碍的主要结构;下部结构包括桥台、桥墩和基础;支座为桥跨结构与桥墩或桥台的支承处所设置的传力装置;附属构造物则指桥头搭板、锥形护坡、护岸、导流工程等。

桥梁按照受力特点大致可分为梁桥、拱桥、刚架桥、悬索桥和斜拉桥等5种基本体系。其中梁桥以受弯为主,拱桥以受压为主,刚架桥兼受压弯,悬索桥则以受拉为主,斜拉桥属于拉压并存的组合体系。桥梁按主要承重结构所用的材料来划分,又可分为木桥、钢桥、圬工桥、钢筋混凝土桥和预应力钢筋混凝土桥。现代混凝土桥梁主要是预应力钢筋混凝土桥,只在中等跨径以下的拱桥或中小跨径的梁桥中才采用钢筋混凝土结构。

桥梁主要由以下4个部分组成:

(1)桥跨结构

桥跨结构又称上部结构、桥孔结构。它是跨越河流、山谷或其他线路等障碍物的结构物。

（2）支座系统

支座系统设置在墩（台）顶部，是用于支承上部结构的传力装置，它不仅需要传递上部结构的荷载，并且要保证上部结构按设计要求能产生一定的变位。

（3）桥墩、桥台和基础

桥墩、桥台和基础又称下部结构。它是支承桥跨结构的建筑物，同时需承受地震、水流和船舶撞击等荷载，桥台还要起到衔接路堤，防止路堤垮塌的作用。由于基础往往埋置于水下地基中，在桥梁施工中是难度较大的一个部分，故它也是确保桥梁安全使用的关键。

（4）附属设施

附属设施包括桥面系、伸缩缝、桥台搭板、锥形护坡等附属结构，以及标志标牌、景观系统、通信和监控系统、收费系统等交通与机电工程设施。附属设施对于保证桥梁正常使用也是必不可少的。

9.1.2 桥梁施工图的组成与内容

桥梁施工图是根据对桥梁各种构件进行详尽的结构计算，在确保强度、稳定、刚度、裂缝、构造等各种技术指标满足规范要求的基础上绘制出的供施工用的结构设计详图，以及配套的文字说明等设计成果。

对于不同类型的桥梁，施工图的组成和内容会稍有区别。但一般来讲，各类桥梁施工图中均应包括以下几种图样：

（1）设计说明

施工图阶段的设计说明一般包括以下内容：初步设计（或技术设计）批复意见执行情况；特大、大、中桥的桥位、桥型，墩台及基础埋置深度等修正以及特大、大、中桥的结构设计说明；小桥、涵洞设计说明；主要材料及新技术、新工艺的采用情况；桥梁结构分析计算及计算参数的选取情况；桥梁耐久性设计、养护维修设施设计情况；施工方法及施工注意事项。

设计说明是最重要的设计成果之一，具体内容的多少同工程规模直接相关。

（2）桥位平面图

桥位平面图主要表明桥梁和路线连接的平面位置。通过地形测量绘出桥位处的道路、河流、水准点、钻孔及附近的地形和地物（如房屋、旧桥等），以便作为设计桥梁、施工定位的依据。这种图一般采用 1∶500、1∶1000、1∶2000 等较小的比例绘制。

（3）桥位地质断面图

桥位地质断面图是根据水文调查和钻探所得的地质水文资料，绘制桥位所在河床位置的地质断面图，包括河床断面线、最高水位线、常水位线和最低水位线，以便作为设计桥梁、桥台、桥墩和计算土石方工程数量的依据。

地质断面图为了显示地质和河床深度变化情况，特意把地形高度（标高）的比例较水平方向比例放大数倍画出。地形高度的比例通常采用 1∶200，水平方向的比例通常采用 1∶500。

（4）桥梁总体布置图

桥梁总体布置图也可称为桥型布置图，由立面图、平面图和横剖面图组成。它主要表明桥梁的形式、跨径、孔数、总体尺寸,各主要构件的相互位置关系及桥梁各部分的标高,桥面与桥头引道的坡度,桥宽,桥跨横断面布置,桥梁线形及其与公路的衔接,桥梁与河流或桥下路线的相交状况以及总的技术说明等。作为施工时确定墩台位置、安装构件和控制标高的依据。

　　桥梁总体布置图示例如下:立面图如图 9-1 所示,平面图如图 9-2 所示,剖面图如图 9-3 所示。

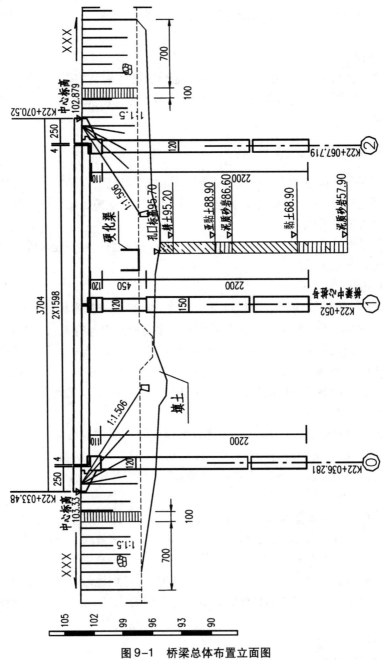

图 9-1　桥梁总体布置立面图

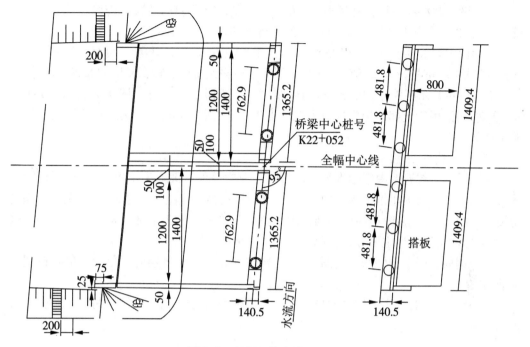

图9-2 桥梁总体布置平面图

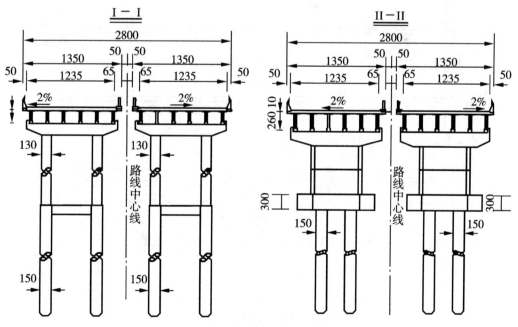

图9-3 桥梁总体布置剖面图

立面图反映桥梁的特征和桥型,由图9-1可见,该桥共有2跨,每跨跨径均为16 m,桥梁总长32 m。当比例较小时,立面图的人行道和栏杆可不画出。

平面图主要表明桥宽尺寸、桥梁同河流的相交情况。由图9-2可见:桥面净宽为28 m,桥梁中心桩号为K22+052。从平面图中还可得到桥墩、桥台、支座的布置及尺寸。

剖面图可显示桥跨结构形式、桥面横坡、墩台基础形式及尺寸。图9-3所示为I-I和Ⅱ-Ⅱ剖面,该桥梁上部结构为预应力混凝土T梁,梁高2.6 m;下部为双柱式桥墩和钻孔灌注桩基础。

(5)桥梁构件结构图

在桥梁总体布置图中很难将组成桥梁的各个构件很详细地表示出来,需根据桥梁总体布置图采用较大的比例把构件的形状、尺寸及配筋情况完整地表达,这样的图才能满足桥梁施工的需要,这种图称为构件结构图。桥梁结构主要分为上部结构和下部结构。因此,桥梁构件结构图也主要分为上部构件图和下部构件图。

对于钢筋混凝土构件的结构图,根据在构件内部是否绘出钢筋可分为一般构造图和配筋图。

▶一般构造图:仅画出构件的形状、大小,不画钢筋的构件图称为构件的一般构造图,如图9-4所示。

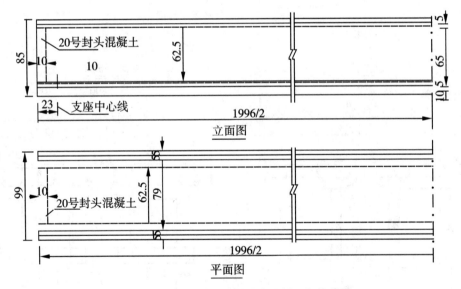

图9-4　20 m预应力混凝土空心板一般构造图

▶配筋图:画出构件的形状、大小,并且画出钢筋配置情况的图称为配筋图,如图9-5 所示。

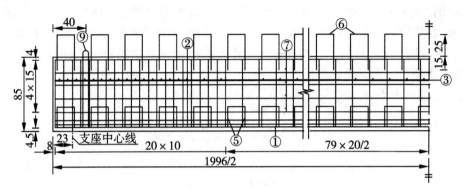

图9-5 20 m预应力混凝土空心板配筋图

构件图常用的比例为1︰10～1︰50。如构件的某一局部在构件图中不能清晰完整地表达出来,则应采用更大的比例,如1︰3～1︰10,画出局部放大图,这种图称为大样图或详图。

对于预应力钢筋混凝土桥梁,除了一般构造图、普通钢筋配筋图外,还需要绘出预应力筋的布置图,如图9-6所示。

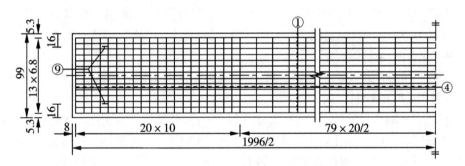

图9-6 20 m预应力混凝土空心预应力钢筋布置图

9.2 桥梁施工图的绘图规定

根据《道路工程制图标准》,桥梁施工图的绘制应符合以下绘图规定。

9.2.1 绘图比例

通常情况下,一个图样应选用一种比例。根据制图需要,同一图样也可选用两种比例。当构件的纵、横向断面尺寸相差悬殊时,可在同一详图中的纵、横向选用不同的比例绘制。轴线尺寸与构件尺寸也可选用不同的比例绘制。道路与桥梁平面图、立面图、剖面图等常用比例为 1：100、1：50 等,而节点构造做法等详图常用比例为 1：1、1：5、1：10 等。

 绘图比例的选择,应根据图面布置合理、匀称、美观的原则,按图形大小及图面复杂程度确定。比例应用阿拉伯数字表示,宜标注在图名的右侧或下方。字高可为视图图名字高的 70% ,如图 9-7(a)所示。当同一张图纸中的比例完全相同时,可在图标中注明,也可在图纸中适当位置采用标尺标注。当竖直方向与水平方向的比例不同时,可用 V 表示竖直方向比例,用 H 表示水平方向比例,如图 9-7(b)所示。

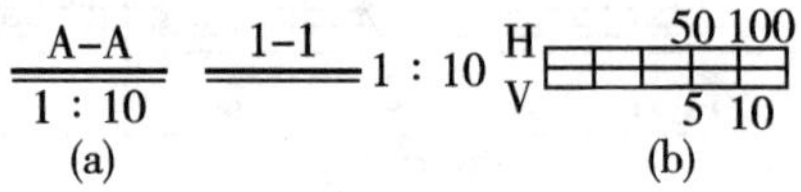

$$\frac{A{-}A}{1:10}\qquad \frac{1{-}1}{}\ 1:10 \qquad \begin{matrix}H\\V\end{matrix}\ \boxed{\quad} \begin{matrix}50\ 100\\5\ \ 10\end{matrix}$$

(a) (b)

图 9-7 绘图比例

9.2.2 尺寸标注

 图样上的尺寸标注,包括尺寸界线、尺寸线、尺寸起止符号和尺寸数字。尺寸应标注在视图醒目的位置,计量时应以标注的尺寸数字为准,不得用量尺直接从图中量取。尺寸界线与尺寸线均应采用细实线,尺寸起止符宜采用单边箭头表示。箭头在尺寸界线的右边时,应标注在尺寸线之上;反之应标注在尺寸线之下。图样上的尺寸单位,除标高及总平面以"m"为单位外,其他必须以"mm"为单位。尺寸数字一般应依据其方向注写在靠近尺寸线的上方中部。如没有足够的注写位置,最外边的尺寸数字可注写在尺寸界线的外侧,中间相邻的尺寸数字可错开注写。

 箭头大小可按绘图比例取值,尺寸起止符也可采用斜短线表示,把尺寸界线按顺时针转 45°作为斜短线的倾斜方向。

 在连续表示的小尺寸中,也可在尺寸界线同一水平的位置,用黑圆点表示尺寸起止符。尺寸数字宜标注在尺寸线上方中部,当标注位置不足时,可采用反向箭头。最外边的尺寸数字,可标注在尺寸界线外侧箭头的上方中部,相邻的尺寸数字可错开标注。尺寸标注的组成如图 9-8 所示。

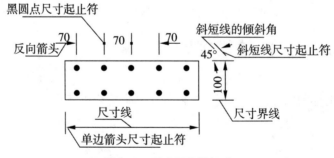

图 9-8 尺寸标注的组成

（1）尺寸界线的标注

用于标注尺寸的图线，除特别说明外，应以细线绘制。尺寸界线的一端应靠近所标注的图形轮廓线，另一端宜超出尺寸线 1～3 mm，图形轮廓线、中心线也可作为尺寸界线。尺寸界线宜与被标注长度垂直，当标注困难时也可不垂直，但尺寸界线应相互平行。尺寸界线的标注如图 9-9 所示。

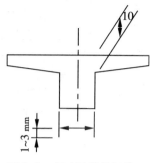

（2）尺寸线的标注

尺寸线必须与被标注长度平行，不应超出尺寸线，任何其他图线均不得作为尺寸线。在任何情况下，图线不得穿过尺寸数字。

图 9-9 尺寸界线的标注

相互平行的尺寸线应从被标注的图形轮廓线由近向远排列，平行尺寸线间的间距为 5～15 mm。分尺寸线应离轮廓线近，总尺寸线应离轮廓线远。尺寸线的标注如图 9-10 所示。

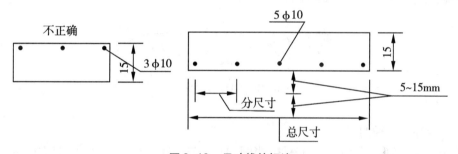

图 9-10 尺寸线的标注

（3）尺寸数字、文字的标注

尺寸数字及文字书写方向应按图 9-11 所示标注。

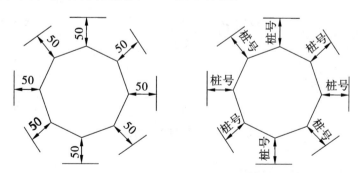

图 9-11 尺寸数字、文字的标注

（4）大样图范围的标注

当用大样图表示较小且复杂的图形时，其放大范围应在原图中采用细实线绘制圆形或较规则的图形圈出并用引出线标注，如图 9-12 所示。

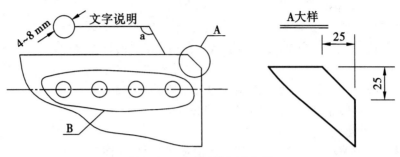

图 9-12　大样图范围的标注

（5）引出线的标注

引出线的斜线与水平线应采用细实线，其交角可按 90°、120°、135°、150° 绘制，当视图需要文字说明时，可将文字说明标注在引出线的水平线上。当斜线在一条以上时，各斜线宜平行或交于一点，如图 9-13 所示。

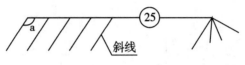

图 9-13　引出线的标注

（6）半径与直径的标注

半径与直径可按图 9-14（a）标注，当圆的直径较小时，半径与直径可按图 9-14（b）标注；当圆的直径较大时，半径尺寸的起点可不从圆心开始，如图 9-14（c）所示。半径和直径的尺寸数字前应标注"$r(R)$"或"$d(D)$"。

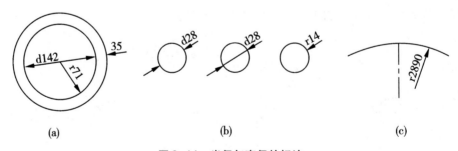

图 9-14　半径与直径的标注

（7）圆弧尺寸、角度尺寸的标注

标注圆弧的弧长时，尺寸线应以与该圆弧同心的圆弧线表示，尺寸界线应垂直于该圆弧的弦，起止符号用箭头表示。圆弧尺寸宜按图 9-15（a）标注，当弧长分为数段标注时，尺寸界线也可沿径向引出，如图 9-15（b）所示。弦长的尺寸界线应垂直该圆弧的弦，如图 9-15（c）所示。

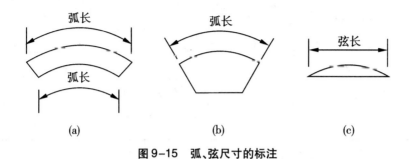

图 9-15 弧、弦尺寸的标注

角度的尺寸线以圆弧表示。该圆弧的圆心应是该角的顶点,角的两条边为尺寸界线。如没有足够位置画箭头,可用圆点代替,角度数字应按水平方向注写。角度数值宜写在尺寸线上方中部。当角度太小时,可将尺寸线标注在角的两条边的外侧,如图 9-16 所示。

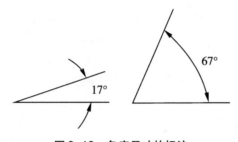

图 9-16 角度尺寸的标注

(8)尺寸的简化标注

尺寸的简化标注方法应符合下列规定:

▶连续排列的等长尺寸可采用"间距数乘间距尺寸"的形式标注,如图 9-17 示例所示。

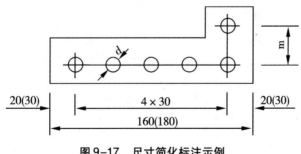

图 9-17 尺寸简化标注示例

▶两个相似图形可仅标注一个,未示出图形的尺寸数字可用括号表示,如有数个相似图形,当尺寸数值各不相同时,可用字母表示,其尺寸数值应在图中适当位置列表表示,如表 9-1 示例所示。

表 9-1   尺寸简化标注示例

编号	尺寸	
	m	d
1	25	10
2	40	20
3	60	30

(9)倒角尺寸的标注

倒角尺寸可按图 9-18(a)标注,当倒角为 45°时,也可按图 9-18(b)标注。

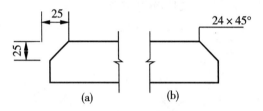

图 9-18   倒角尺寸的标注

(10)标高的标注

标高符号采用细实线绘制的等腰三角形表示。高为 2~3 mm,底角为 45°。标高符号的尖端应指至被注高度的位置。尖端一般应向下,也可向上。标高数字应注写在标高符号的左侧或右侧,在图样的同一位置需表示几个不同标高时,标高数字可按并列一起形式注写。

负标高应冠以"-"号,正标高及零标高数字前不应冠以"+"号。当图形复杂时可采用引出线形式标注,如图 9-19 所示。

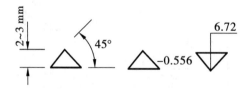

图 9-19   标高符号

(11)坡度的标注

当坡度值较小时,坡度的标注宜用百分率表示,并应标注坡度符号。坡度符号应由细实线、单边箭头以及在其上标注百分数组成。坡度符号的箭头应指向下坡。当坡度值较大时,坡度的标注宜用比例的形式表示,例如 1∶n,坡度的标注如图 9-20 所示。

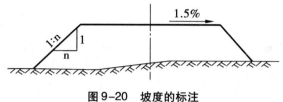

图 9-20　坡度的标注

（12）水位的标注

水位符号应由数条上长下短的细实线及标高符号组成,细实线间的间距宜为 1 mm,如图 9-21 所示。其标高的标注应符合图 9-19 的规定。

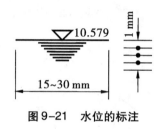

图 9-21　水位的标注

9.2.3　绘图规定

（1）砖石、混凝土结构绘图规定

砖石、混凝土结构图中的材料标注,可在图形中适当位置用图例表示,如图 9-22 所示。当材料图例不便绘制时,可采用引出线标注材料名称及配合比。

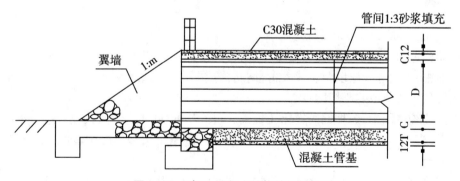

图 9-22　砖石、混凝土结构的材料标注

边坡和锥坡的长短线引出端应为边坡和锥坡的高端。坡度用比例标注,其标注应符合相关规定。边坡和锥坡的标注如图 9-23 所示。

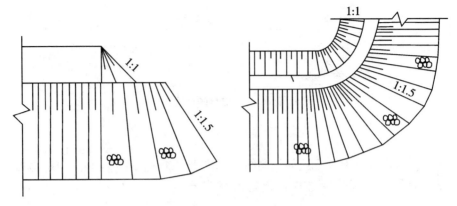

图 9-23　边坡与锥坡的标注

当绘制构造物的曲面时可采用疏密不等的影线表示,如图 9-24 所示。

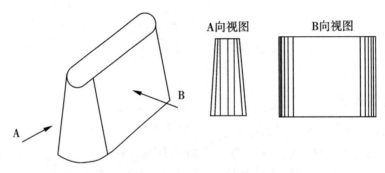

图 9-24　曲面的影线表示法

（2）钢筋混凝土结构绘图规定

钢筋构造图应置于一般构造之后,当结构外形简单时二者可绘于同一视图中。在一般构造图中,外轮廓线应以粗实线表示,钢筋构造图中的轮廓线应以细实线表示,钢筋应以粗实线的单线条或实心黑圆点表示。

在钢筋构造图中,各种钢筋应标注数量、直径、长度、间距、编号,其编号应采用阿拉伯数字表示,当钢筋编号时,宜先编主次部位的主筋,后编主次部位的构造筋。编号格式应符合下列规定:

▶编号宜标注在引出线右侧的圆圈内,圆圈的直径为 4～8 mm,如图 9-25(a)所示。

▶编号可标注在与钢筋断面图对应的方格内,如图 9-25(b)所示。

▶可将冠以 N 字的编号标注在钢筋侧面,根数应标注在 N 字之前,如图 9-25(c)所示。

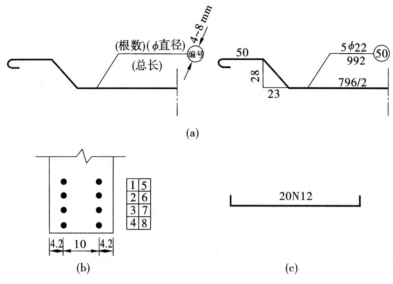

图 9-25 钢筋的标注

钢筋大样应布置在钢筋构造图的同一张图纸上。当钢筋加工形状简单时,也可将钢筋大样绘制在钢筋明细表内。

钢筋末端的标准弯钩可分为 90°、135°、180° 三种,如图 9-26 所示。当采用标准弯钩时(标准弯钩即最小弯钩),钢筋直段长的标注可直接注于钢筋的侧面,弯钩的增长值按相关规定采用。

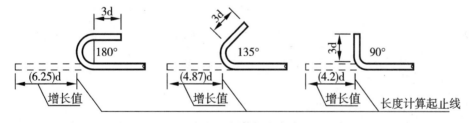

图 9-26 钢筋标准弯钩

(注:图中括号内数值为圆钢的增长值)

当钢筋直径大于 10 mm 时,应修正钢筋的弯折长度。45°、90° 的弯折修正值可按相应标准采用,除标准弯折外,其他角度的弯折应在图中画出大样,并示出切线与圆弧的差值。焊接的钢筋骨架可按图 9-27 标注。

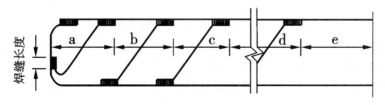

图 9-27 焊接钢筋骨架的标注

箍筋大样可不绘出弯钩,如图9-28(a)所示。当为扭转或抗震箍筋时,应在大样图的右上角增绘两条倾斜的斜短线,如图9-28(b)所示。

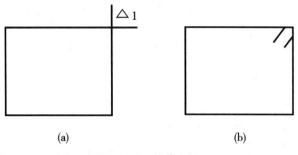

图9-28   箍筋大样

在钢筋构造图中,当有指向阅图者弯折的钢筋时,应采用黑圆点表示。当有背向阅图者弯折的钢筋时,应采用"×"表示。如图9-29所示。

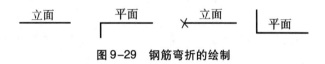

图9-29   钢筋弯折的绘制

当钢筋的规格形状间距完全相同时,可仅用两根钢筋表示,但应将钢筋的布置范围及钢筋的数量、直径、间距示出,如图9-30所示。

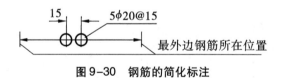

图9-30   钢筋的简化标注

(3)预应力混凝土结构绘图规定

预应力钢筋应采用粗实线或2 mm直径以上的黑圆点表示,图形轮廓线应采用细实线表示。当预应力钢筋与普通钢筋在同一视图中出现时,普通钢筋应采用中粗实线表示。一般构造图中的图形轮廓线应采用中粗实线表示。

在预应力钢筋布置图中,应标注预应力钢筋的数量、型号、长度、间距、编号。编号应以阿拉伯数字表示,编号格式应符合下列规定:

▶在横断面图中宜将编号标注在与预应力钢筋断面对应的方格内,如图9-31(a)所示。

▶在横断面图中,当标注位置足够时,可将编号标注在直径为4~8 mm的圆圈内,如图9-31(b)所示。

▶在纵断面图中,当结构简单时,可将冠以N字的编号标注在预应力钢筋的上方。当预应力钢筋的根数大于1时,也可将数量标注在N字之前,当结构复杂时,可自拟代号,但应在图中说明。

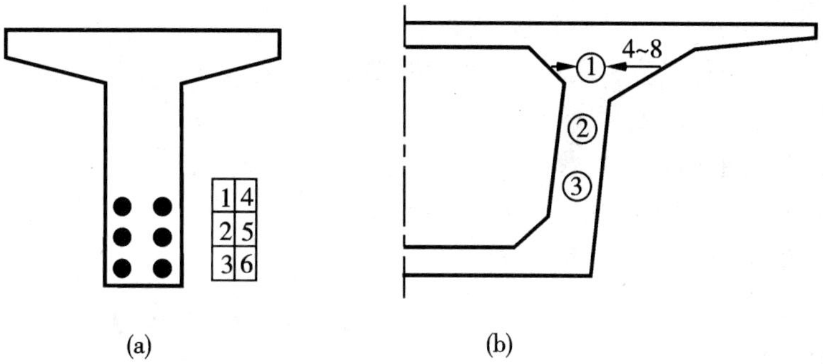

图 9-31　预应力钢筋的标注

在预应力钢筋的纵断面图中，可采用表格的形式，以每隔 0.5 ~ 1 m 的间距，标出纵、横、竖三维坐标值。

预应力钢筋在图中的几种表示方法应符合下列规定：

▶预应力钢筋的管道断面：○

▶预应力钢筋的锚固断面：⊕

▶预应力钢筋断面：＋

▶预应力钢筋的锚固侧面：⊢—

▶预应力钢筋连接器的侧面：—=—

▶预应力钢筋连接器断面：⊙

对弯起的预应力钢筋应列表或直接在预应力钢筋大样图中标出弯起角度、弯曲半径切点的坐标（包括纵弯或既纵弯又平弯的钢筋）及预留的张拉长度，如图 9-32 所示。

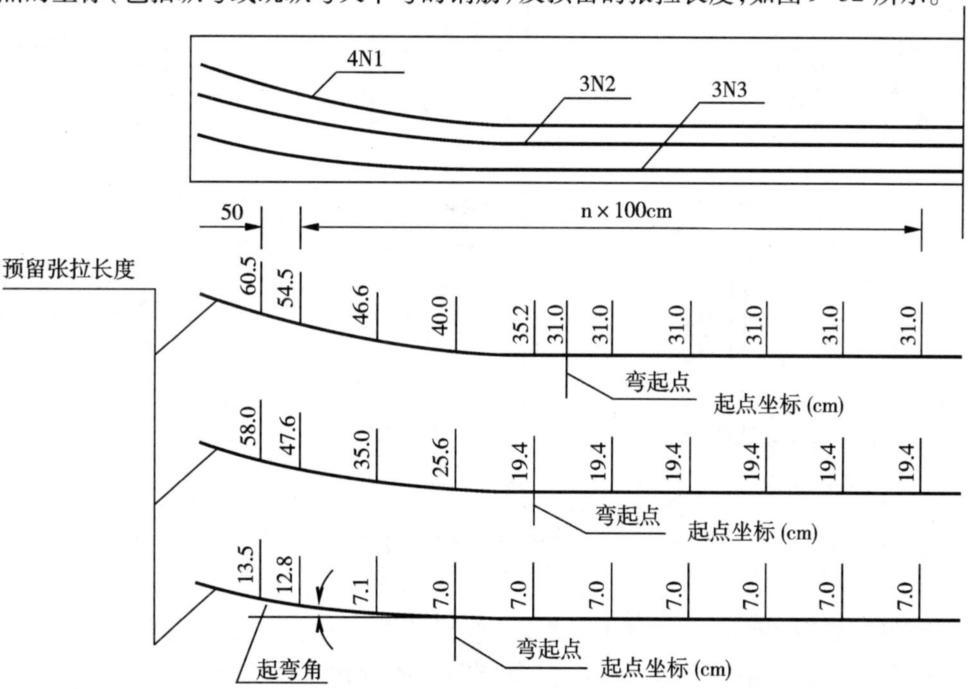

图 9-32　预应力钢筋大样

（4）钢结构绘图规定

钢结构视图的轮廓线应采用粗实线绘制,螺栓孔的孔线等应采用细实线绘制。

螺栓与螺栓孔代号的表示应符合下列规定:

▶已就位的普通螺栓代号:●

▶高强螺栓、普通螺栓的孔位代号:十 或 ⊕

▶已就位的高强螺栓代号:◆

▶已就位的销孔代号:◎

▶工地钻孔的代号或:⊬ 或 ⊕

▶当螺栓种类繁多或在同一册图中与预应力钢筋的表示重复时,可自拟代号,但应在图纸中说明。

螺栓螺母垫圈在图中的标注应符合下列规定:

▶螺栓采用代号和外直径乘长度标注,如 M10×100。

▶螺母采用代号和直径标注,如 M10。

▶垫圈采用汉字名称和直径标注,如垫圈 10。

型钢各部位的名称应按图 9-33 规定采用。

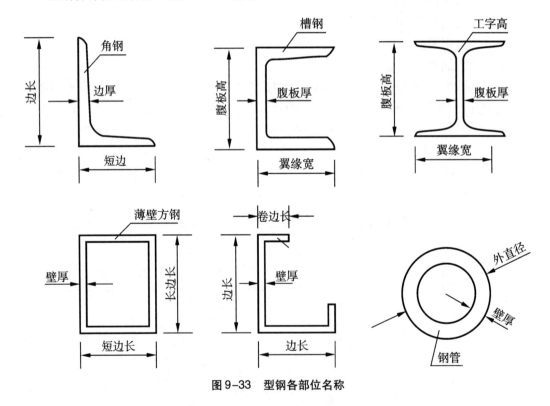

图9-33　型钢各部位名称

焊缝的标注除应符合现行国家标准有关焊缝的规定外,尚应符合下列规定:

▶焊缝可采用标注法和图示法表示,绘图时可选其中一种或两种。

▶标注法的焊缝应采用引出线的形式将焊缝符号标注在引出线的水平线上,还可在水平线末端加绘作说明用的尾部。

►一般不需标注焊缝尺寸,当需标注时,应按现行国家标准的规定标注。

►标注法采用的焊缝符号应按现行国家标准的规定采用。

►图示法的焊缝应采用细实线绘制,线段长 1~2 mm,间距为 1 mm,如图9-34 所示。

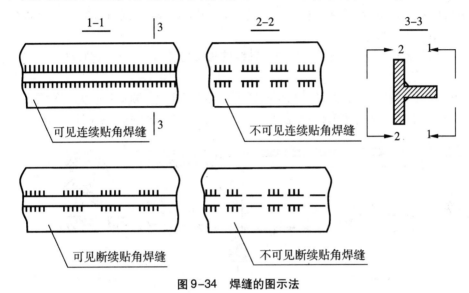

图9-34　焊缝的图示法

当组合断面的构件间相互密贴时,应采用双线条绘制,当构件组合断面过小时,可用单线条的加粗实线绘制,如图9-35 所示。

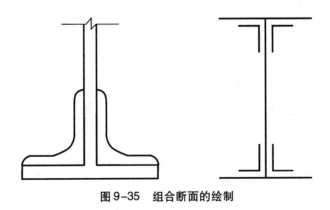

图9-35　组合断面的绘制

构件的编号应采用阿拉伯数字标注,如图9-36 所示。

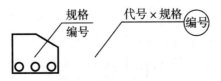

图9-36　构件编号的标注

(5) 斜桥涵、弯桥视图规定

斜桥涵视图及主要尺寸的标注应符合下列规定：

▶斜桥涵的主要视图应为平面图。

▶斜桥涵的立面图，宜采用与斜桥纵轴线平行的立面或纵断面表示。

▶各墩台里程桩号、桥涵跨径、耳墙长度均采用立面图中的斜投影尺寸，但墩台的宽度仍应采用正投影尺寸。

▶斜桥倾斜角 α，应采用斜桥平面纵轴线的法线与墩台平面支承轴线的夹角标注，如图 9-37 所示。

当绘制斜板桥的钢筋构造图时，可按需要的方向剖切，当倾斜角较大而使图面难以布置时，可按缩小后的倾斜角值绘制，但在计算尺寸时，仍应按实际的倾斜角计算。

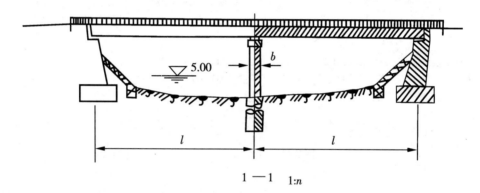

$$1 - 1 \quad 1:n$$

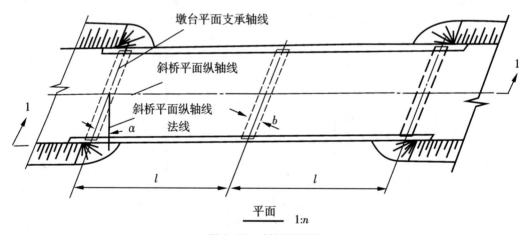

平面 $1:n$

图 9-37　斜桥涵视图

弯桥视图应符合下列规定：

▶当全桥在曲线范围内时，应以通过桥长中点的平曲线半径为对称线。立面或纵断面应垂直对称线，并以桥面中心线展开后进行绘制，如图 9-38 所示。

▶当全桥仅一部分在曲线范围内时，其立面或纵断面应平行于平面图中的直线部分，并以桥面中心线展开绘制，展开后的桥墩或桥台间距应为跨径的长度。

▶在平面图中,应标注墩台中心线间的曲线或折线长度、平曲线半径及曲线坐标。曲线坐标可列表示出。

▶在立面和纵断面图中可略去曲线超高投影线的绘制。

弯桥横断面宜在展开后的立面图中切取,并应表示超高坡度。

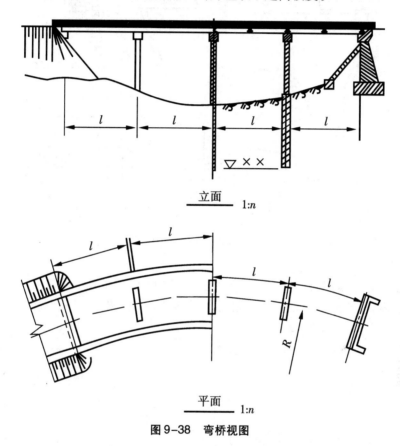

图9-38　弯桥视图

（6）坡桥、隧道、弯挡土墙视图规定

在坡桥立面图的桥面上应标注坡度;墩台顶、桥面等处,均应注明标高。竖曲线上的桥梁亦属坡桥,除应按坡桥标注外,还应标出竖曲线坐标表;斜坡桥的桥面四角标高值应在平面图中标注,立面图中可不标注桥面四角的标高。

隧道洞门正投影应为隧道立面,无论洞门是否对称均应全部绘制;洞顶排水沟应在立面图中用标有坡度符号的虚线表示;隧道平面与纵断面可仅示洞口的外露部分,如图9-39所示。

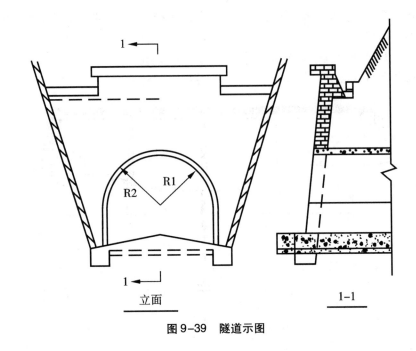

图 9-39   隧道示图

弯挡土墙起点、终点的里程桩号应与弯道路基中心线的里程桩号相同;弯挡土墙在立面图中的长度,按挡土墙顶面外边缘线的展开长度标注,如图 9-40 所示。

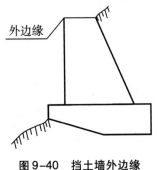

图 9-40   挡土墙外边缘

9.3   桥梁施工图绘图示例

在现代桥梁建设中,梁桥作为一种古老的桥型仍然占据最重要的地位,从中小跨径的钢筋混凝土梁桥到跨径 50～70 m 的预应力混凝土简支梁桥再到跨径达 300 m 的连续刚构桥,梁桥都发挥着重要的作用。

道路与桥梁工程施工图是将道路与桥梁构思变成现实的重要阶段,是道路与桥梁施工实施的主要依据。道路与桥梁施工图越详细越好,要准确无误。由于方案设计、初步设计等图纸绘制方法与施工图绘制原理是完全一样的,且施工图绘制的内容较为全面、详细,要求也较为综合。

本节以桥梁工程中应用最为广泛的 30 m 预应力混凝土 T 形梁桥为代表,举例说明桥梁施工图的绘图方法。篇幅所限,仅选取 T 梁桥墩立面图、T 梁一般构造立面图这 2 种图样为代表,详细给出其绘图过程。

9.3.1 T 梁桥墩立面图绘图示例

桥墩属于桥梁下部结构,其作用为将上部结构自重及活载传递给基础。通常桥墩结构图应包括平面图、正立面图和侧立面图。本节示例为 T 梁桥墩的正立面图。

（1）设置绘图环境

绘图环境的设置包括图幅、图层、颜色、线型、线宽的设定,以及标注样式、文字样式的设定。

通常情况下,新建图形文件中最少应创建以下几种图层:"轴线"、"外轮廓线"、"结构线"、"不可见线"、"图案填充"、"钢筋"、"预应力"、"尺寸"、"文字"。一般而言,"轴线"层用来绘定位轴线,应加载点画线"CENTER"线型;"不可见线"层用来绘制结构内部的不可见线,应加载虚线"DASHED"线型;其余图层均为"CONTINUOUS"线型。线宽方面,应按照 9.2.3 节中各种桥梁结构绘图规定的要求分别选用粗、中、细线,常用的线宽组为 0.70 mm、0.35 mm 和 0.18 mm。图层的颜色可根据个人喜好选用。

关于文字样式、尺寸样式的设置,读者可参见本书第 4 章相关内容,此处不再赘述。需要注意的是:桥梁施工图均采用 A3 图幅打印,而绘图时往往按照比例为 1∶1 的真实尺寸来绘制图形,因此绘制完图形后需将其按打印比例缩小,然后再注写文字和尺寸,这样在出图时图形与文字、标注方可比例协调。

（2）绘制定位轴线

按 1∶1 比例绘制桥墩中心线。由于基桩、立柱左右对称,因此可先绘制一侧的立柱,故还需要绘出桥墩的中心线辅助定位。此外,绘图过程中往往需要用到一些作图辅助线,用来定位各结构构件,可使用已绘好的轴线,调用"Offset"、"Copy"等命令复制完成。

（3）绘制基桩、立柱、盖梁及联系梁

绘制基桩、立柱时,由于立柱和基桩往往比较长,如按其实际尺寸全部绘出,所绘图样的比例势必要设得很小方可将其置于 A3 图框线内。因此,绘图时往往采用将基桩、立柱用折断符号截断的方法绘制。但应注意所标注的基桩、立柱的尺寸必须为全长,在使用 AutoCAD 的尺寸标注时要对标注好的尺寸进行修改。

由于桥面往往设有一定大小的横坡,而横坡的形成有几种不同的处理方式,其中一种是盖梁找坡。因此绘图时应注意盖梁是否为水平,只有盖梁为水平情况下方可利用结构的对称性绘图,此时可使用"Mirror"命令镜像复制已完成的一侧结构得到整体结构图样。具体操作过程如下。

【操作过程】

①将"轴线"图层设为当前图层,输入"Line"命令,在绘图窗口中绘制一根竖向直线作为基桩的定位轴线。

②调用"Offset"命令,将定位轴线向左、右各偏移 75,得到基桩的外轮廓线,并将其转

移到"外轮廓线"图层上。

③调用"Line"命令,绘出一条横向的作图辅助线。多次使用"Offset"命令,偏移复制出各条作图辅助线。

④将"外轮廓线"图层设为当前图层。根据绘出的定位轴线及作图辅助线绘制盖梁的左半部分及左侧立柱、基桩和联系梁。在此操作过程中多次调用"Trim"、"Extend"、"Fillet"等命令。

⑤在立柱及基桩截断处用"Arc"命令绘出折断符号。此时已绘制出的图样如图 9-41 所示。

⑥调用镜像命令"Mirror",对左侧的图形镜像复制,得到右侧图形,然后删除中心线及其他作图辅助线。绘出的图形如图 9-42 所示。

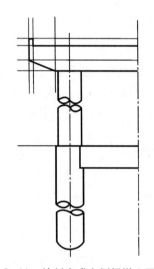

图 9-41　绘制完成左侧桥墩立面图

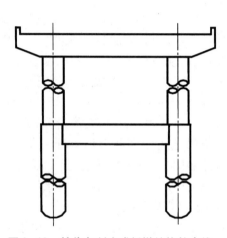

图 9-42　镜像复制完成桥墩结构轮廓线

（4）标注尺寸、注写标高

桥墩立面图中不需要绘制钢筋,因此接下来的工作就是进行尺寸标注、注写标高。最后注写图名。

【操作过程】

①新建文字样式,具体方法参见本书 4.1 节。至少需要新建两种文字样式,分别是用来输入汉字的文字样式"HZ"和输入数字的文字样式"SZ"。

②新建标注样式。在桥梁施工图中,尺寸箭头的类型可选用 AutoCAD 自带的"实心闭合";也可通过先创建单边箭头图块,再选用"用户箭头"的方式进行设定。标注样式的其余设置内容可参见本书 4.2 节。

③将"尺寸"图层设为当前图层,使用"标注"工具栏中的线性标注、基线标注、连续标注等标注工具对所绘图形进行尺寸标注。

④按照 9.2.2 节中的规定绘制标高符号,并在图中适当位置注写标高。

⑤对绘好的图形注写图名,至此立面图完成,如图 9-43 所示。

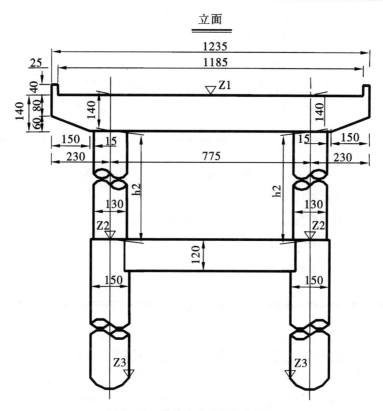

图 9-43　最终完成的桥墩立面图

9.3.2　T 梁一般构造立面图绘图示例

由于该 T 梁的纵向尺寸比横向尺寸大很多,而且该 T 梁是左右完全对称的结构,因此绘图时可绘出半结构,并标注对称符号。

（1）设置绘图环境

具体设置方法同 9.3.1 节示例,此处不再重复。

（2）绘制定位轴线

按 1∶1 比例绘图。在"轴线"图层中使用"Line"命令绘出 T 梁支座中心线等定位轴线。

（3）绘制 T 梁外轮廓线

在 T 梁一般构造图中,因不绘制钢筋线,故外轮廓线应采用粗实线绘制。

【操作过程】

①将"轴线"图层设为当前图层,输入"Line"命令,绘制一根竖向直线作为 T 梁立面图左侧的支座中心线。

②调用"Offset"命令,将该直线向右分别偏移 6、70、783、1500,得到 5 条竖向定位线。

③将"外轮廓线"图层设为当前图层。调用"Line"命令,由左边第二根轴线起始绘出上部纵向外轮廓线。

④调用"Offset"命令,将该直线向下偏移180,复制得到下部纵向外轮廓线。用"Line"连接两条外轮廓线的左端点。完成的图形如图9-44所示。

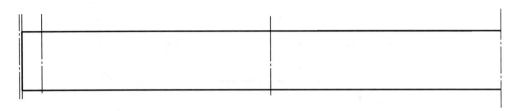

图9-44　绘出竖向定位线及上、下纵向外轮廓线

（4）绘制 T 梁内部结构线

T 梁内部需绘出细部构造及封锚端构造线,以上图线宜采用粗实线绘制。绘制过程需多次调用"Line"、"Trim"、"Offset"等命令。最后在最右端定位线位置绘出对称符号。完成的图形如图9-45所示。

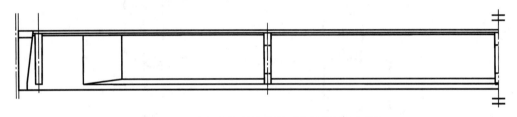

图9-45　绘制内部结构线及对称符号的立面图

（5）标注尺寸、注写标高

【操作过程】

①新建文字样式和标注样式。也可利用 AutoCAD 设计中心,从9.3.1节绘制的 T 梁桥墩立面图中导入已创建好的样式。

②将"尺寸"图层置为当前图层,进行外部及细部尺寸的标注。

③将"图案填充"图层置为当前图层。调用"Hatch"命令,选择图案"ANSI31",对封锚端进行图案填充。具体的填充方法可参见本书4.4节的相关内容。

④将"文字"图层置为当前图层,对绘好的图形注写文字。

⑤对绘好的图形注写图名,至此 T 梁一般构造立面图完成,如图9-46所示。

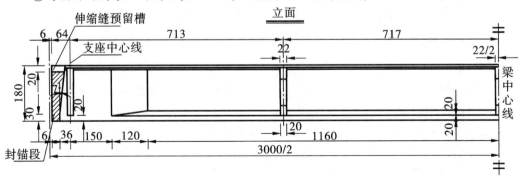

图9-46　最终完成的 T 梁一般构造立面图

9.4　桥型设计软件简介

　　QXCAD 是交通部公路科研所开发的桥型设计软件,主要用于绘制桥型布置图,其中包括立面、平面、横断面以及设计参数表等,是桥梁工程初步设计、施工图设计方便快捷的绘图工具,已通过交通部技术鉴定,在可靠性及实用性方面具有优良的性能。

　　QXCAD 主要用于绘制桥梁工程初步设计和施工图设计的桥型布置图,主要功能有:

　　(1)桥型

　　等截面简支梁桥或连续梁桥,变截面连续梁桥或 T 形刚构桥,拱桥,斜拉桥,悬索桥。

　　(2)上部结构截面形式

　　空心板,T 形或工字形梁,箱梁。其中空心板的内孔有圆形、多边形、椭圆形等,可根据需要选用;T 形或工字形梁包括带内孔的横隔板;箱梁包括一、二、三室箱和分离式一、二、三室箱。

　　(3)下部结构形式

　　轻型墩台和重力式墩台。轻型台的台身有桩式、肋板式,基础有桩基和扩大基础;轻型墩的墩身有柱式、薄壁式,基础有桩基和扩大基础。重力式台为常见的 U 形桥台;重力式墩为变截面实体墩。

　　(4)其他

　　可绘制地层和地质柱状图,设计水位及结构尺寸标注,桥台锥坡等。

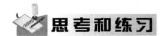 **思考和练习**

　　1.思考题

　　(1)桥梁结构主要由哪 4 部分组成? 桥梁施工图一般包括哪些内容?

　　(2)桥位平面图的功能是什么? 通常采用什么比例绘制? 主要包括哪些内容?

　　(3)桥梁总体布置图的功能是什么? 主要包括哪些内容?

　　(4)什么是桥梁构件结构图? 钢筋混凝土结构的桥梁构件结构图又可分为哪两类?

　　(5)什么情况下要绘制结构大样图或详图?

　　(6)桥梁施工图的尺寸标注由哪些要素组成? 有何具体要求?

　　(7)尺寸标注时应注意的问题有哪些?

　　(8)砖石、混凝土结构桥梁施工图的绘图规定有哪些?

　　(9)钢筋混凝土结构桥梁施工图的绘图规定有哪些?

　　(10)预应力混凝土结构桥梁施工图的绘图规定有哪些?

　　(11)钢结构桥梁施工图的绘图规定有哪些?

　　(12)斜桥涵、弯桥、坡桥、隧道、弯挡土墙视图的绘图规定有哪些?

　　(13)如何绘制桥梁结构图中的对称符号?

(14)绘制桥梁一般构造图和钢筋图时,外轮廓线分别应采用何种线型?

2.练习题

(1)绘出题9-1图所示空心板钢筋图,并注写文字和尺寸。

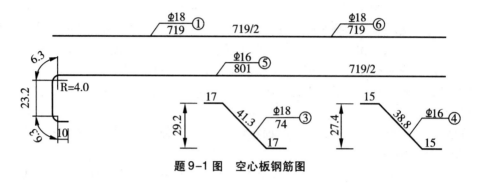

题9-1图 空心板钢筋图

(2)绘出题9-2图所示梁部轮廓图,并标注尺寸。

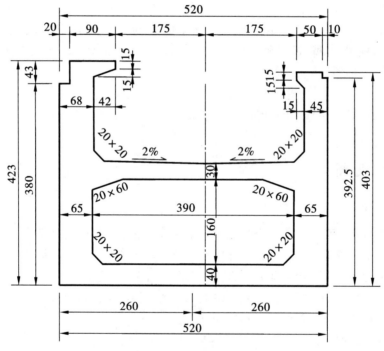

题9-2图 梁部轮廓图

（3）绘出题9-3图中挡块配筋横断面图,并标注尺寸,比例自定。

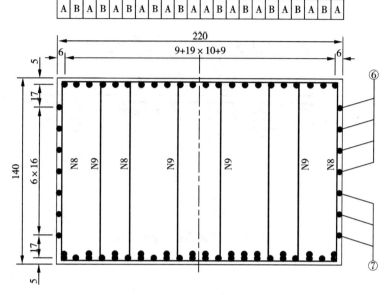

题9-3图 挡块配筋图

（4）绘出题9-4图中空心板配筋图,并标注尺寸,比例自定。

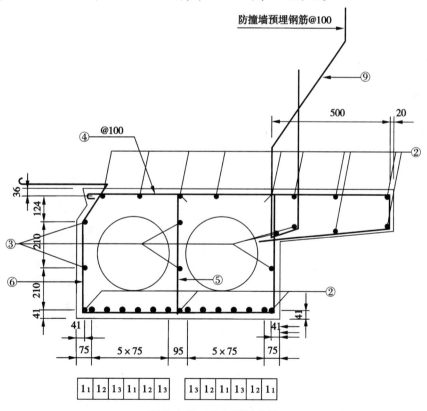

题9-4图 空心板配筋图

(5)绘出题 9-5 图中 T 梁齿板钢筋布置图,并标注尺寸,比例自定。

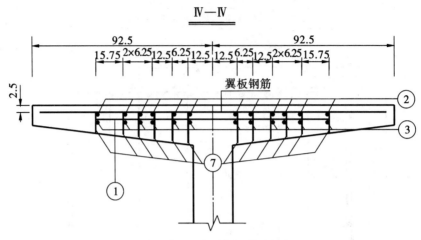

题 9-5 图 T 梁齿板钢筋布置图

第10章

地下建筑基坑支护施工图绘制

内容提要 本章以掌握地下建筑基坑支护施工图的绘制步骤和内容为目标。介绍了基坑支护施工图的组成与绘制内容。通过土钉墙支护绘图示例讲解基坑支护施工图的具体绘制过程和绘图技巧。

10.1 基坑支护施工图绘制内容

地下建筑通常指建造在岩层或土层中的建筑。它是现代城市高速发展的产物,起缓和城市用地不足矛盾,改善生活环境的作用,也为人类开拓了新的生活领域。地下建筑物按使用功能分类,一般可分为工业建筑、民用建筑、交通运输建筑、水工建筑、矿山建筑、军事建筑、公用和服务性建筑等;按施工方法分类,可分为明挖和暗挖。在明挖施工中,为保护地下主体结构施工和基坑周边环境的安全,对基坑采用的临时性支挡、加固、保护措施,称为基坑支护。为了方便学习,本章简要介绍最基础的基坑支护施工图绘制方法和技巧。

10.1.1 基坑支护施工图的组成

基坑支护图纸一般包含设计施工总说明、基坑周边环境示意图、支护平面图、支护设计剖面图、支护设计立面图、支护节点大样图及支护结构配筋设计详图、基坑监测布置图等内容。

(1)设计施工总说明

设计施工总说明根据工程复杂情况不同,一般包含以下内容:

▶工程概况。

▶设计依据。

▶设计条件及设计内容。

▶结构材料。

▶结构设计及施工要求。

▶结构检测要求。

▶监测要求及应急预案。

(2)基坑周边环境示意图

基坑周边环境示意图主要包括以下内容:

▶基坑平面形状,基坑深度。

▶基坑周边地貌。

▶规划用地红线平面距离。

▶基坑周边建筑物、构筑物距离,平面形状,基础埋深。

▶基坑周边道路平面位置。

▶基坑周边管线距离、埋置深度。

(3)支护平面图

支护平面图主要包括以下内容:

▶图名、比例。

▶定位轴线的位置、坐标和编号。

▶基础轮廓。

▶基坑平面形状、转角点坐标、大小与轴线相对位置关系。

▶标注尺寸及必要的说明。

▶剖断面的剖切位置及编号。

(4)支护设计立面图

支护设计立面图主要包括以下内容:

▶图名、比例。

▶基坑深度及标高。

▶支护构件形状、尺寸、标高、大小。

▶标注尺寸及必要的说明。

(5)支护设计剖面图

支护设计剖面图主要包括以下内容:

▶图名、比例。

▶基坑深度及标高。

▶必要的地质柱状图。

▶支护构件形状、尺寸、标高、大小、材料及配筋。

▶标注尺寸及必要的说明。

▶详图索引。

(6)支护节点大样图及支护结构配筋设计详图

支护节点大样图及支护结构配筋设计详图主要包括以下内容:

▶图名、比例。

▶构件位置和编号。

▶支护构件形状、尺寸、标高、大小、材料、做法及配筋。

▶标注尺寸及必要的说明。

(7)基坑监测布置图

基坑监测布置图主要包括以下内容:

▶基坑平面形状,基坑深度。

▶基坑周边建筑物、构筑物距离,平面形状。

▶基坑周边道路平面位置。

▶基坑周边管线距离。

▶各监测点位置及编号。

10.1.2　基坑支护施工图的线型和比例

基坑支护施工图有关绘图规定要求如下：

（1）线型

基坑支护施工图的图线和宽度 b（b 为基本宽度，其值可为 0.18 mm、0.25 mm、0.35 mm、0.50 mm、0.70 mm、1.00 mm、1.40 mm、2.00 mm）及其线型的使用一般应符合表 10-1 的规定。

表 10-1　基坑支护施工图中线型的使用

线型	线宽	一般用途
粗实线	b	剖面图中地面线，可见锚杆，特殊范围线，重要边界分界线
中实线	$0.5b$	平面图中基坑轮廓线，剖面图、详图中可见粗钢筋混凝土构件轮廓线
细实线	$0.35b$	剖面图、详图可见钢筋混凝土构件的轮廓线、尺寸线，标注线
粗虚线	b	不可见锚杆，特殊范围线，重要边界分界线
中虚线	$0.5b$	平面图中结构轮廓线，剖面图、详图中不可见粗钢筋混凝土构件轮廓线
细虚线	$0.35b$	剖面图、详图不可见钢筋混凝土构件的轮廓线、尺寸线
粗点画线	b	用地红线
中点画线	$0.5b$	地下不可见结构轮廓线，平面图、剖面图中示意线
细点画线	$0.35b$	地下不可见结构轮廓线，平面图、剖面图中示意线、轴网

（2）比例

绘制基坑支护施工图时，应根据图样的用途和所绘制的图形的复杂程度，选用表 10-2 中的常用比例，特殊情况下也可选用可用比例。

表 10-2　基坑支护施工图的比例

图名	常用比例	可用比例
基坑周边环境示意图	1：500　1：1000　1：2000	1：200　1：300　1：1500
支护平面图	1：500　1：1000　1：2000	1：200　1：300　1：1500
支护设计剖面图	1：100　1：200　1：500	1：50　1：150　1：250
支护设计立面图	1：100　1：200　1：500	1：50　1：150　1：250
支护节点大样图及支护结构配筋设计详图	1：10　1：20　1：100	1：5　　1：50
基坑监测布置图	1：500　1：1000　1：2000	1：200　1：300　1：1500

10.2　基坑支护施工图绘制步骤

在 AutoCAD 中,基坑支护施工图绘制步骤大致如下:

(1)设置绘图环境,确定图幅大小、绘图比例。

(2)根据建筑、结构施工图,结构计算书,地质勘察报告等资料绘制基坑平面图及基坑剖面图。

(3)依据周边环境情况绘制基坑周边环境示意图。

(4)绘制基坑支护设计立面图。

(5)绘制支护节点大样图及支护结构配筋设计详图。

(6)绘制基坑监测布置图。

(7)编制图纸设计施工总说明。

(8)添加图框和标题栏。

(9)打印输出。

10.3　基坑支护施工图绘图示例

土钉墙是由天然土体通过土钉就地加固并与喷射混凝土面板相结合,形成一个类似重力挡墙,以此来抵抗墙后的土压力,从而保持开挖面的稳定。下面以绘制土钉墙支护介绍基坑支护施工图的绘制过程。

(1)设置绘图环境

设置图幅、比例、图层、标注样式、文字样式等。

基坑支护施工图常用的图幅尺寸有 A1、A2、A3 等,为了方便使用及与其他专业接口,在 AutoCAD 中一般平面图、剖面图、立面图通常采用 1∶1 比例绘制,AutoCAD 默认绘图单位为"mm",图纸基本信息绘制完成后按图纸内容多少确定采用图幅及出图比例,通常图面内容较多,平面尺寸较大的基坑图纸如基坑支护平面图、基坑周边环境图、基坑支护立面图、基坑监测图等采用 A1、A2 图幅,图面内容较少,平面尺寸较小的基坑图纸如基坑支护剖面图、支护节点大样图、支护结构配筋详图等采用 A2、A3 图幅。

参照本书前面各章内容,依序设置图层、尺寸标注样式、文字样式等,此处不再赘述。

(2)绘制基坑支护平面图

▶根据建筑结构施工图绘制轴网。

▶根据结构施工图绘制基础轮廓。

▶根据支护结构计算结果绘制基坑上口线、基坑下口线、基坑放坡线、基坑平台线。

▶标注尺寸、坐标、标高及指北针。

▶标注文字及说明。

绘制完成的基坑平面图如图 10-1 所示。

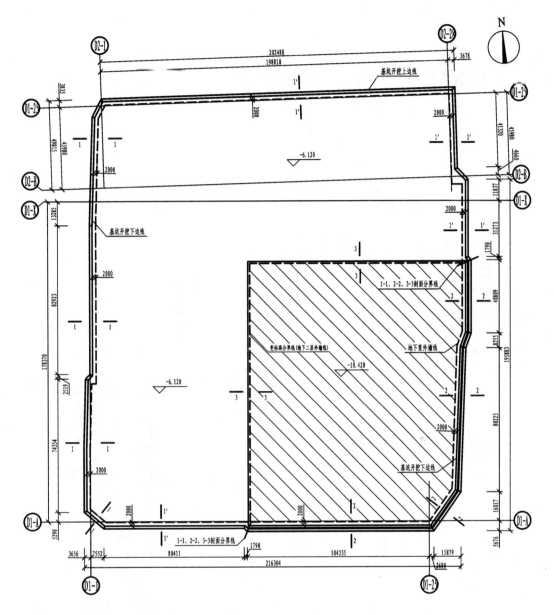

注：图中尺寸为示意尺寸，详细尺寸以结构图定位为准。

图 10-1　基坑平面图

（3）绘制基坑支护剖面图

▶根据支护结构计算结果绘制基坑上口地面线、基坑下口基坑底线、基坑放坡线、基坑平台线。

▶根据支护结构计算结果绘制支护主要构件。

▶标注尺寸及标高。

▶标注文字及说明。

绘制完成的基坑剖面图如图 10-2 所示。

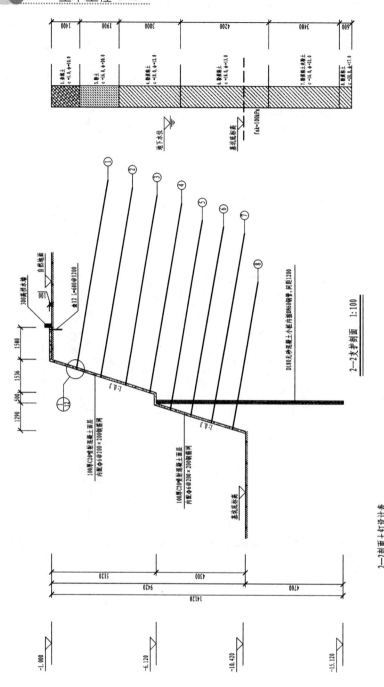

2—2支护剖面 1:100

基坑剖面图

图 10—2 基坑剖面图

（4）绘制基坑周边环境示意图

▶根据基坑平面图及基坑周边环境资料绘制基坑轮廓和周边环境平面关系。

▶标注尺寸、坐标、标高及指北针。

▶标注文字及说明。

绘制完成的基坑周边环境示意图如图 10-3 所示。

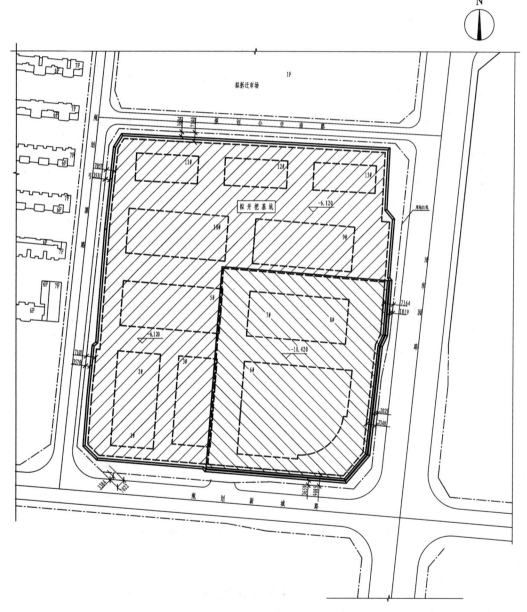

图 10-3　基坑周边环境示意图

(5)绘制支护节点大样图及支护结构配筋设计详图

▶根据支护剖面图及结构计算书绘制节点大样图。

▶根据结构计算书绘制配筋设计详图。

▶标注尺寸、坐标、标高。

▶标注文字及说明。

绘制完成的基坑节点大样图及支护结构配筋设计详图如图10-4所示。

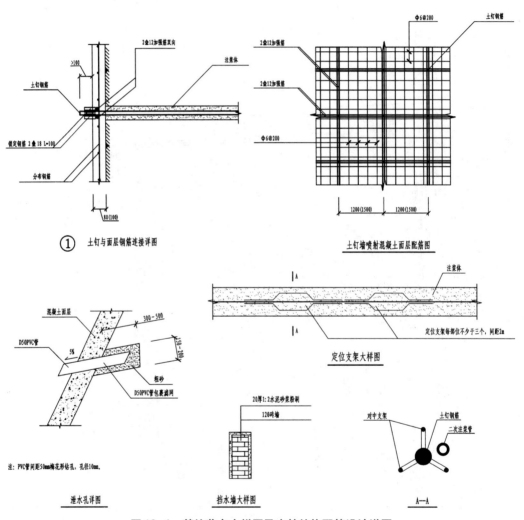

图10-4 基坑节点大样图及支护结构配筋设计详图

(6)绘制基坑监测布置图

▶根据基坑平面图及基坑周边环境平面图布置监测项目及监测点。

▶标注尺寸、坐标、标高及指北针。

▶标注文字及说明。

绘制完成的基坑监测布置图如图10-5所示。

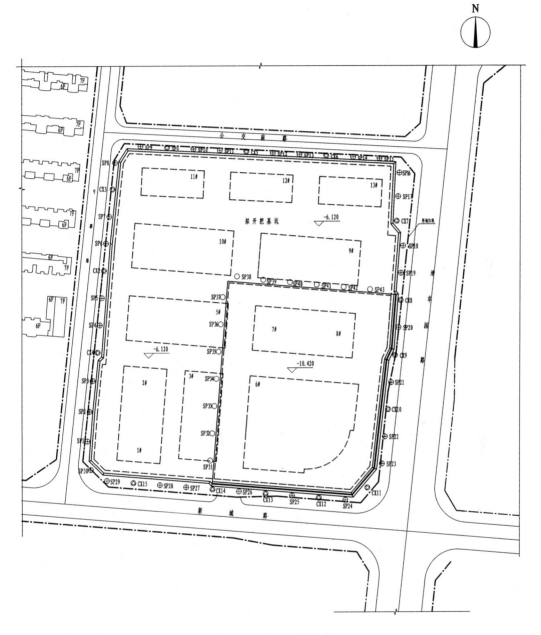

⊕ SP1—水平位移观测点　　数量43个
◎ CX1—深层位移测斜监测孔　数量15个

图 10-5　基坑监测布置图

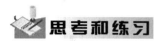**思考和练习**

1. 思考题

(1)基坑支护施工图包括哪几部分? 每一部分的内容主要有哪些?

(2)基坑监测布置图的主要内容有哪些?

(3)基坑支护平面图的主要内容有哪些?

(4)基坑支护施工图的绘制步骤有哪些?

(5)基坑周边环境示意图的绘图比例一般取多少?

(6)基坑支护施工图常用的图幅尺寸是多少?

(7)基坑支护工程一般常用字体为长仿宋体,字体高度常用的有哪些?

2. 练习题

(1)绘制题 10-1 图所示基坑平面图。

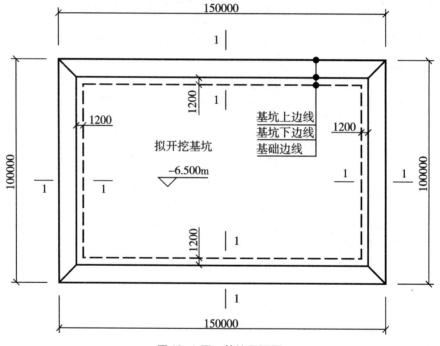

题 10-1 图　基坑平面图

（2）绘制题 10-2 图所示基坑剖面图。

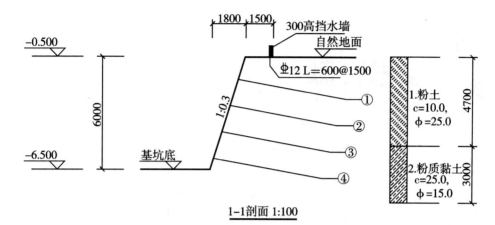

1-1剖面 1:100

1-1剖面土钉设计表

土钉/锚杆编号	位置深度(m)	土钉配筋	承载力设计值(kN)	锚固体直径(mm)	土钉长度(m)	倾斜角度(°)	水平间距(m)
1	1.20	1Φ20	110	120	6.00	10	1.50
2	2.60	1Φ20	110	120	6.00	10	1.50
3	4.00	1Φ20	110	120	6.00	10	1.50
4	5.40	1Φ20	110	120	6.00	10	1.50

题 10-2 图　基坑剖面图

参考文献

[1]尚守平,吴炜煜.土木工程 CAD[M].武汉:武汉理工大学出版社,2006.

[2]吴银柱.土建工程 CAD[M].北京:高等教育出版社,2002.

[3]刘剑飞.建筑 CAD 技术[M].2 版.武汉:武汉理工大学出版社,2012.

[4]李静斌.土木工程 CAD[M].郑州:郑州大学出版社,2011.

[5]李静斌.土木建筑工程 CAD[M].北京:清华大学出版社,2015.

[6]朱育万,卢传贤.画法几何及土木工程制图[M].4 版.北京:高等教育出版社,2010.

[7]张岩.建筑工程制图[M].3 版.北京:中国建筑工业出版社,2013.

[8]陈倩华,王晓燕.土木建筑工程制图[M].北京:清华大学出版社,2011.

[9]张志清.道路勘测设计[M].北京:科学出版社,2005.

[10]张金水,张廷楷.道路勘测与设计[M].上海:同济大学出版社,2005.

[11]高远.建筑与结构施工图识读一本通[M].北京:机械工业出版社,2012.

[12]褚振文.建筑识图入门[M].3 版.北京:化学工业出版社,2013.

[13]田永复.城市别墅建筑设计[M].北京:化学工业出版社,2011.

[14]骆中钊,蒋万东,纪晓春.现代小城镇庭院住宅图集(一)[M].北京:化学工业出版社,2011.

[15]骆中钊,黄亚辉,杨少亮.现代小城镇庭院住宅图集(二)[M].北京:化学工业出版社,2011.

[16]叶列平.混凝土结构[M].2 版.北京:清华大学出版社,2006.